# 机械制造生产实习

（第二版）

陈　朴　主　编

苏　蓉
车纵荣　副主编

殷国富　主　审

重庆大学出版社

## 内容简介

本书介绍了生产实习的组织与管理,简要介绍了机械制造中的一些常用基础知识,着重介绍了东风汽车公司商用车公司发动机厂的发动机典型零件制造与发动机装配等相关内容,包括涉及的新设备与新工艺方法。具有很强的针对性、先进性、启发性、指导性和实用性。

本书可作为机类专业、近机类专业的生产实习教材。借助本书,教师可更方便快捷地组织和实施生产实习,学生对生产实习的方式也有明确的了解,对机械制造生产现场的相关知识在教师的指导下能较系统全面地了解,有助于稳定地保障生产实习教学环节的质量。本书也可作为有关专业工程技术人员的参考书。

**图书在版编目(CIP)数据**

机械制造生产实习/陈朴主编.--2版.--重庆:
重庆大学出版社,2018.12(2025.1重印)
ISBN 978-7-5624-5636-0

Ⅰ.①机… Ⅱ.①陈… Ⅲ.①机械制造—生产实习
Ⅳ.①TH16-45

中国版本图书馆CIP数据核字(2018)第295719号

**机械制造生产实习**
(第二版)
陈 朴 主 编
苏 蓉 车纵荣 副主编
殷国富 主 审
策划编辑:周 立
责任编辑:周 立 版式设计:周 立
责任校对:任卓惠 责任印制:张 策
*
重庆大学出版社出版发行
出版人:陈晓阳
社址:重庆市沙坪坝区大学城西路21号
邮编:401331
电话:(023) 88617190 88617185(中小学)
传真:(023) 88617186 88617166
网址:http://www.cqup.com.cn
邮箱:fxk@cqup.com.cn(营销中心)
全国新华书店经销
重庆新生代彩印技术有限公司印刷
*
开本:787mm×1092mm 1/16 印张:12.25 字数:306千
2018年12月第2版 2025年1月第5次印刷
ISBN 978-7-5624-5636-0 定价:30.00元

---

# 前言

一直以来，生产实习是高等院校各工科类专业培养方案中非常重要的一个实践性教学环节，而且从当前人才培养方案的总体发展方向和普通本、专科学生就业等方面来看，该环节越来越重要。为适应工程实践教学内容与体系改革的需要，确保该环节教学质量，我们根据教学大纲要求，以当前全国工程类专业最重要的生产实习基地——东风汽车公司商用车公司发动机厂的生产为基本素材，结合多年来工程实践教学的经验编著了本书。

本书取材于东风汽车公司商用车公司发动机厂，并完全结合该企业生产现状和特点而编写。本书理论阐述简而精，注重典型性和系统性；介绍了生产实习的组织与管理，简要介绍了机械制造中的一些常用基础知识，着重介绍了东风汽车公司商用车公司发动机厂的发动机典型零件制造与发动机装配等相关内容，包括了涉及的新设备与新工艺方法；有很强的针对性、先进性、启发性、指导性和实用性。

本书可作为机类专业、近机类专业的生产实习教材。借助本书，教师可更方便快捷地组织和实施生产实习，学生对生产实习的方式也有明确的了解，对机械制造生产现场的相关知识在教师的指导下能较系统全面地了解，有助于稳定地保障生产实习教学环节的质量。本书也可作为有关专业工程技术人员的参考书。

本书主、参编人员均长期从事机械制造类专业课教学、指导生产实习等实践性教学环节。其中：第1章、第2章由陈朴编写；第4章4.3节、附录等由车纵荣编写；第3章、第4章4.1节和4.2节由苏蓉编写；第5章、第6章由陈守强编写；第4章4.4~4.6节和第7章由周利平编写。本书由西华大学陈朴担任主编，苏蓉、车纵荣担任副主编，由殷国富主审。陈朴负责全书的统稿。

本书由教育部机械设计制造专业教学指导委员会委员、教育部全国工程教育专业认证专家委员会委员、四川大学殷国富教授主审。

本书在编写过程中得到了东风汽车公司商用车公司发动机厂实习管理与接待部门的大力支持和指导,在此深表诚挚的敬意。本书的编写,参考了东风汽车公司商用车公司发动机厂生产现场资料和企业派出指导实习人员提供的资料,在此未能一一列举,借此深表感谢。

限于篇幅及编者的业务水平,本书在内容上仍不免有局限性和欠妥之处,竭诚希望读者赐予宝贵的意见。

编　者
2018 年 3 月

## 主审殷国富教授简介

四川大学先进制造技术省级重点实验室主任。社会兼职:教育部机械设计制造专业教学指导委员会委员,教育部全国工程教育专业认证专家委员会委员,全国高校制造自动化研究会常务理事西南分会理事长,全国现代设计理论与方法委员会副理事长,中国机械工程学会机械工业自动化分会常务理事,中国机械工程学会机械设计分会常务委员,四川省机械工程学会常务理事,四川省制造业信息化工程专家组副组长,成都市数控机床产业技术创新联盟理事长,重庆大学机械传动国家重点实验室学术委员会委员,《四川大学学报(工程科学版)》、《中国测试技术》、《机械》编委。

# 目录

第1章 绪 论 …… 1
1.1 生产实习的目的与要求 …… 1
1.2 生产实习的内容与实习方法 …… 3
1.3 生产实习的方式与考核 …… 5
1.4 生产实习的管理 …… 7
第2章 机械制造基础知识 …… 9
2.1 常用工程材料及其热处理 …… 9
2.2 零件机械加工质量 …… 14
2.3 常用量具 …… 18
2.4 毛坯制造方法 …… 23
2.5 机械加工工艺及机床夹具 …… 32
2.6 机械产品的装配工艺 …… 45
第3章 汽车基本知识 …… 49
3.1 汽车的总体构造 …… 49
3.2 汽车发动机的基本工作原理 …… 51
第4章 典型零件加工实习 …… 59
4.1 连杆加工 …… 60
4.2 曲轴加工 …… 76
4.3 汽缸体加工 …… 95
4.4 汽缸盖加工 …… 122
4.5 凸轮轴加工 …… 128
4.6 齿轮加工 …… 135
第5章 机械功能原理及结构实习 …… 143
5.1 车间常见设备功能原理介绍 …… 143
5.2 较大零件的结构工艺性 …… 146
第6章 发动机装配 …… 150
6.1 装配工艺分析 …… 150
6.2 东风汽车有限公司发动机厂装配车间装配线布局及工艺 …… 154
6.3 发动机装配工艺设备 …… 157
6.4 发动机装配线上的检测设备 …… 158

第7章　机械加工设备 …… 163
7.1　通用机床 …… 163
7.2　数控机床 …… 173
附　录 …… 183
附录1　东风汽车有限公司商用车公司发动机厂简介 …… 183
附录2　东风汽车有限公司商用车公司发动机厂平面简图 …… 185
参考文献 …… 186

# 第 1 章 绪论

机械产品的制造过程是指从原材料投入生产开始到产品生产出来准备交付使用的全过程。它是在现代企业管理的条件下由生产技术准备、毛坯制造、机械加工(热加工和冷加工)、热处理、装配、检验、运输、储存等一系列相互关联的劳动过程所组成的,如图 1.1 所示。

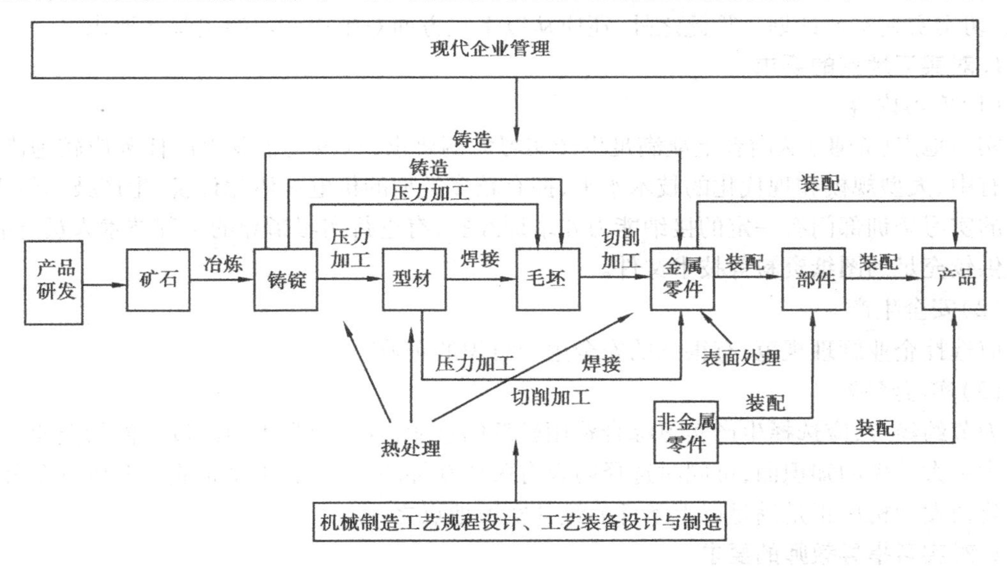


图 1.1 机械产品的制造过程

生产实习环节就是让学生到生产现场认识和了解机械产品制造全过程的相关内容。

## 1.1 生产实习的目的与要求

### 1.1.1 生产实习的目的

生产实习是高等院校各工科类专业培养方案中一个重要的实践性教学环节,是学生建立工程意识、获得工程实践知识的必要途径。同时,生产实习也使学生了解社会、接触生产实际,增强责任感、劳动观点，培养学生独立和协作工作能力，获得本专业初步的生产技术和管理知识，并为后续课程学习直至毕业设计增强感性认识。

1）通过生产现场对机械产品从原材料到成品的生产过程的观察，使学生建立起对机械制造生产基本过程的感性认识，了解和掌握本专业基本的生产实际知识，印证和巩固已学过的专业（学科）基础课与部分专业课知识，并为后续专业课的学习、课程设计和毕业设计打下良好的基础。同时，还可开阔学生的专业视野，拓宽专业知识面，了解专业的国内外科技发展水平和现状。

2）引导和培养学生在生产现场中调查研究、发现问题的能力，以及理论联系实际，运用所学知识分析问题、解决问题的能力。

3）通过到生产企业进行较长时间（一般为3～4周）的学习、生活，了解社会，接近工人，克服学生中轻视实践、轻视劳动群众的思想；通过分组实习、讨论等活动，树立实践观点、劳动观点，培养独立工作和协作工作能力与意识。

### 1.1.2 生产实习的要求

要达到以上的实习目的，学校（学院）应从思想上高度重视生产实习的组织与管理，认真组织、切实实施实习计划。除此之外，还应从以下三方面对生产实习提出具体要求。

**1. 对实习地点的要求**

（1）实习内容

实习地点（企业）从内容上能满足生产实习大纲要求，且该类企业生产任务应较饱满。企业具有中、大型规模和现代化的技术水平，拥有较多类型的机电一体化设备，生产技术较先进。工厂的实习培训部门有一定的接纳能力和培训经验，有进行实习指导的工程技术人员，同时应能提供较充足的图纸资料等技术文件。

（2）安全生产

应选择企业管理规范，有很强的安全生产意识的企业。

（3）实习经费

为节约经费，应选择生产实习综合费用较低的企业，且实习师生生活较方便的企业。

为扩大学生的知识面，可同时选择内容有关或互补的几个大、中型企业。东风汽车公司商用车公司发动机厂正是满足以上条件的最佳实习地点之一。

**2. 对实习指导教师的要求**

1）实习指导教师应责任心强，认真刻苦，身体健康。实习中要强调教书育人，加强对学生的思想教育工作。

2）实习指导教师应具有一定的专业理论知识和较强的实践能力。指导学生写实习日记，写实习报告等。实习结束后，对学生实习成绩给出实事求是的评定。

3）实习指导教师应能合理搭配，应具有较强的组织、协调和社交能力；应作学生的良师益友，关心学生的实习、生活等。

4）实习结束后，及时全面地作出本次实习的总结。

**3. 对学生的要求**

1）明确实习任务，认真学习实习大纲，提高对实习的认识，做好思想准备。

2）认真完成实习内容，按规定收集相关资料，写好实习日记，认真撰写实习报告。不断提高分析问题、解决问题的能力。

3）虚心向工人和技术人员学习，尊重知识，敬重他人。

4）自觉遵守学校、实习单位的有关规章制度，服从指导教师的领导，培养良好的风气。切实注意安全，尤其是在企业生产现场的安全。

5）同学之间在学习和生活上团结协作，互相关心、互相帮助。

6）及时整理实习笔记、报告等，应按规定时间和质量提交实习日记、实习报告等。

## 1.2 生产实习的内容与实习方法

### 1.2.1 生产实习的内容

机械制造生产实习是对机械产品的制造全过程进行实践性教学，其具体内容如下：

**1. 企业总体方面**

①企业的历史、现状及发展规划。

②企业管理的模式、企业的组织机构及生产管理系统。

③企业的规模、主要产品、生产纲领、主要车间布局等。

④企业文化、职工工作与生活、安全生产、环保状况等。

**2. 机械加工工艺**

（1）毛坯与热处理

①了解毛坯的常用制造方法。

②了解热处理与表面处理技术的应用和作用。

（2）典型零件加工

一般要求的典型零件为发动机生产的五大件：连杆、曲轴、汽缸体、缸盖、凸轮轴，以及其他有关零件（如齿轮加工等）。

①深入分析典型零件的技术要求及结构工艺性，结合现场加工拟定该零件的加工工艺。用工序简图的方式详细记录现场指定零件的工艺过程，包括工序名称、设备型号、刀具与夹具的类型、工件的定位与夹紧方式以及切削用量的选取等。注意热处理工序、检验上序和其他辅助工序的安排。

②分析典型零件加工的基准选择、定位原理。分析各主要表面的加工方法，了解表面加工新技术在生产现场的应用。分析各典型零件加工工艺采用的工序集中与分散的形式及其原因。

③了解典型工序的切削用量、加工余量、加工精度、表面粗糙度、技术要求，以及保证这些加工精度采取的工艺措施。

④了解指定零件重点工序专用设备的性能、结构、工作原理及选用的依据。了解先进设备在加工中的应用。

⑤了解现场所用切削刀具的类型、结构、夹持方式、刃磨与换刀方法、工作状况及存在的问题。

⑥深入分析指定工序的专用夹具。用结构简图的形式全面了解夹具的组成部分、各定位

机构和夹紧机构的结构、刀具引导机构的结构，分析其设计要点与技巧。

⑦齿轮加工实习。了解各种齿轮加工方法与适应范围，了解齿轮加工的现场工艺、了解齿轮的检验项目和方法，分析所检项目和精度之间的关系，熟悉各类齿轮加工设备。

⑧了解并分析现场质量管理与质量检验的方法，并分析废品产生的原因及防护措施。

⑨了解生产现场先进工艺、技术革新和机械加工自动化的应用以及生产的组织管理与安全防护组织措施等。

**3. 装配工艺**

重点选择一个较复杂的部件（如汽车发动机）装配线为主要实习内容，再选择产品总装配线实习。

1）了解常用装配方法及其在生产现场的应用，装配常用的工具。

2）了解主要部件（发动机）装配线的布局及特点。

3）了解主要部件（发动机）装配工艺流程的特点、装配线的动作节拍、装配车间（或厂）的立体布局、零部件的供应和储存、产品最终检验和试车等。

4）了解产品（汽车）总装配线的装配流程。

**4. 产品原理与结构分析**

1）实习企业主要产品（如发动机）的工作原理，主要组成部分及功能分析。

2）实习企业主要产品（如发动机）的主要零（部）件结构及其功能分析。

3）生产中常见其他装备（或机构）的原理与结构分析。

**5. 加工装备（机床）的实习**

1）各类通用机床的型号、布局特点（用简图形式）、主要加工范围、主要运动、导轨形状及特点。

2）组合机床及其自动线的特点及应用范围，自动线的工作循环和控制系统。

3）组合机床及自动线的平面布置简图，自动线中工件自动上下料、工件安装及输送、随行夹具、机械手与工业机器人等情况。

4）了解现场生产线的组成、布局、传动方式、工作循环与控制原理。

5）其他专用机床的结构特点与使用。

6）数控加工机床、加工中心的加工特点、机床的主要组成部分，各主要组成部分的基本结构。

**6. 其他厂的参观实习**

1）铸、锻厂的参观实习，主要了解机械加工中所实习的典型零件的毛坯制造过程。特别是现代化生产的铸造自动线和锻造自动线，以及这些自动线的合理布局。

2）辅助厂（车间）的参观实习。为了开阔工程视野、扩大丰富学生的知识面，应根据具体情况，组织学生到其他生产类型的相关企业进行参观学习。选择刀、量、模具制造企业，设备制造企业等参观实习。

### 1.2.2 生产实习的方法

实习中学生主要是通过仔细看、认真听、深入思、不耻问、详实记等方法来获取知识。

（1）仔细看

深入到生产现场后，根据车间的具体情况，选择一种典型产品或一个典型零件工艺，从备料直到产品加工完毕，从头到尾跟踪这个产品或典型零件全部加工过程；认真、详实地记录典型产品的各加工工序的主要的工艺参数、达到该目的的主要手段，所使用的仪器、设备的工作原理和特征参数。还要多注意工人的操作方法，看的技巧还体现在特别要注意工人装卸工件的时候。最后写出典型产品的完整工艺规程。

(2)认真听

学生在实习中要认真听取指导教师和工厂技术人员的讲课和生产现场的分析与讲解，通过讲课使学生对所实习车间生产的产品的品种、规格及主要生产工艺过程有一个基本的认识，然后再通过生产现场的讲解，进一步加深理解，建立起产品加工工艺过程的完整概念。

(3)深入思

通过生产现场仔细的、认真的观察后，又要返回来重新理解和认识学校课本上的相关内容。对现场的问题应多思考、对书本上的内容怎样反映在现场多思考。要善于发现问题，带着问题实习才能深入下去，学到知识。

(4)不耻问

不懂、不明白的问题要及时与同学讨论，查阅相关参考资料，向现场工人师傅、现场技术人员请教，向指导教师请教。

(5)详实记

认真做好实习日记。包括实习课堂讲课的记录、生产现场讲解和现场考察的记录、思考问题的记录等部分。每一部分的记录都有不同的侧重点，既要以文字形式记录，更要习惯用简图的形式记录。

## 1.3　生产实习的方式与考核

### 1.3.1　生产实习的方式

生产实习应有主有次，形成互补的方式进行。宜选择一个适宜的企业集中、深入地实习，再选择一些相关企业参观实习。实习一般由以下部分组成。

**1. 现场实习**

现场实习是学生进行生产实习的主要方式，学生应根据规定的内容认真进行实习。深入现场，仔细观察、认真分析，阅读资料、图样，向现场工人和技术人员请教，与同学、指导教师讨论，并作好归纳总结，将所得与实习感受如实记入实习日记。实习日记是检查和考核实习单元成绩的重要依据之一。

对于一些重点实习内容，指导教师应安排较多时间(或反复进入现场)进行更为深入、细致地实习。

**2. 专题报告和专题讲座**

应在现场实习之间适当安排专题报告和专题讲座。专题报告和专题讲座要请企业生产与管理方面的工程技术人员与专家来进行。主要内容如下：

1)企业概况、产品介绍、生产安全防护等方面的专题报告。

2)典型零件的工艺分析、质量管理、夹具设计、刀具设计、设备剖析与技术工作经验介绍等专题技术报告。

3)企业管理、企业文化等专题报告。

3. 专题讨论

在教师的指导和组织下对一些零件典型的工艺或工装组织学生进行讨论,加深学生对问题的认识。教师主要讲授分析问题、认识问题的基本原理和基本方法,尽量采用实习中的内容,理论联系实际,进一步促使学生能力的提高,引导学生深入实习。

具体方式:首先让学生尽量去生产现场看;一定时间后,引导学生去发现问题或直接给学生提出问题,让学生在查阅资料的基础上再回到生产现场去分析问题;最后教师再组织一组(或一批)学生集中讨论问题,教师在必要时加以引导,在此基础上得出问题的答案;如有必要,还可让学生再去生产现场印证问题。如此反复进行,学生就会真正深入进去,学到在课堂上学不到的知识,还可培养学生的动手、动脑能力。

4. 参观实习

教师应根据教学需要组织参观相关企业,形成与主要实习企业互补的状况。重点了解不同生产类型企业的生产特点、设备及工装,以开阔学生视野。

5. 阅读实习教材、相关参考书和现场图样资料

生产实习教材是学生实习过程中进行预习、复习和自学的主要资料。

学生还应参考一些已经学习过的知识的相关资料,如互换性与技术测量(产品几何技术规范 GPS)、机械加工工艺、金属切削机床、切削原理与刀具等,以加深对这些知识的认识并了解其在生产现场的应用。

现场图样资料和工艺文件是生产现场直接用于指导生产的技术性文件,也是学生应该学习的重要实践知识。在取得企业方同意的原则下,借阅企业方的图纸、资料或工艺文件(可以用企业刚淘汰的产品的相关资料),认真阅读这些资料文件是深入实习的重要条件。

6. 实习日记与实习报告

实习中,教师应根据现场实习的内容要求学生完成每天实习日记的基本内容。至少每个实习单元结束时应检查一次,也可要求学生完成单元实习报告,以此作为考核实习单元成绩的重要依据之一。

生产实习结束后,学生应按要求写出一个总的实习报告,内容应为实习的主要内容和体会,它是考核实习成绩和实习效果的重要依据。

### 1.3.2 生产实习的考核

生产实习的考核对衡量教师的指导效果、督促和检查学生学习成绩有着重要的作用。生产实习的考核可按以下内容进行评定:

(1)平时表现

包括实习态度、实习期间学习和生活的组织纪律性;也包括实习单元的考核,实习单元的考核主要是检查实习日记、单元实习报告的完成情况,实习讨论的实际情况和生产现场的随机口试等。

(2)实习报告

按实习报告提纲要求撰写实习报告。考核主要是根据实习报告内容的全面性、正确性,写作质量与规范等。

(3)实习内容的考试

主要包括实习内容的理论考试(笔试)和实习现场内容及相关内容的考核(口试)。

如有必要可对实习现场内容进行笔试,但该成绩所占比例不宜太大。更多的方式是对学生进行单独口试。

在以上三部分的考核中,各部分所占比例应根据当时实习的具体情况确定。一般而言,平时表现占总考核成绩的50%左右,实习报告占总考核成绩的30%~40%,实习内容的考试占总考核成绩的10%~20%。

平时实习所占比例较大,可以促使学生重视平时实习的各个环节,保证实习的顺利进行,保证学生实习期间的安全学习与生活。

实习报告占有一定比例,可以系统检查实习内容的掌握情况,扩大实习成果,使学生对工程问题从感性认识上升到理性认识,培养学生提出问题、分析问题、解决问题的能力和工程实践能力。

实习内容的考试所占比例较小,主要是用来反映学生对实习内容掌握的灵活性和真实性。

同时,教师也可以从实习报告和实习内容考核两个环节中发现实习教学中的不足,有利于改革和完善今后的生产实习教学。

## 1.4 生产实习的管理

生产实习让学生在一个较长的时间内离开熟悉的学习生活环境去到一个新的地方,其地理、环境、学习方式与在学校都大不一样,再加上年轻人的好奇心,如不严明组织纪律,就可能有意想不到的事发生。所以,要使实习有计划、有步骤的进行并达到要求,要确保实习学生安全,就要制定更为严格、细致的实习纪律对学生进行全面管理。

制定实习纪律,既要考虑学生进入企业生产现场实习这方面的内容,也要考虑实习企业驻地的特殊地理情况,如到东风汽车发动机厂实习,附近有水库、野山,就要明令阻止学生私自上山下水。

生产实习纪律主要归纳如下:

1)整个实习期间,任何学生必须服从实习队及指导教师的安排,遵守校方、厂方有关规定。认真学习,切实注意安全。

2)严格遵守实习企业的一切规章制度,主要有上下班制度、门卫制度、技术安全制度、安全生产制度、卫生制度和作息制度等。

3)说话文明,举止礼貌,尊敬师傅、工程技术人员和管理人员。

4)实习期间,必须按时进厂,不得无故早退;应提前按通知时间在指定地点集合参加实习,晚上22:30就寝。

5)进入实习企业或其他参观企业,不得穿短裤、凉鞋、拖鞋、高跟鞋、背心等不符合安全防护规定的服装,应按企业规定戴安全帽。

6)严禁在实习企业或其他参观企业厂区内吃零食、游动吸烟(指定地点可以吸烟)、乱扔垃圾、随地吐痰,嬉闹及其他不文明行为。

7)未经许可,不得到设定参观、学习区域以外的其他生产现场、重要危险部位(如油库、化学品库、压力容器等储存场所)和办公区域;不得擅自动用实习企业或其他参观企业的任何设备、设施。严禁随意动机床或其他设备的按钮。未经许可,严禁用手触摸任何工件。

8)严禁打架、斗殴、酗酒,严禁赌博,严禁外宿和留宿他(她)人。

9)严禁到河(沟)、水库、堰塘洗澡(游泳),严禁攀爬野山。

10)爱护公共财物、爱护室内和环境清洁卫生。

11)不允许擅自离开实习驻地,实行请、销假制度,休息日也不得无故离开实习所在市(镇)区,不允许单独外出。

12)任何情况下只能事先向指导教师请假,请假获准后方可行动,返回实习队后向指导教师销假。

13)违纪者实习队将视其情况给予处理,直至停止其实习,送回学校,再由学校、学院处分。

实习纪律必须做到学生人人皆知,实习前在学校举行的实习动员会上需明确宣讲,而且管理条例做到人手一份,如有必要,可在学生辅导员(或班主任)的配合下在实习前签定安全实习协议。在实习期间必须严格执行实习纪律,时时检查违纪情况(如晚上到学生宿舍检查就寝情况),如有违纪现象应立即处理,如有必要可在实习队大会上宣布处理结果。

# 第2章 机械制造基础知识

## 2.1 常用工程材料及其热处理

机械制造业中的各种产品都是由种类繁多、性能各异的工程材料通过各种加工方法制成的零件构成的。

工程材料是指固体材料领域中与工程(结构、零件、工具等)有关的材料,包括金属材料和非金属材料等。金属材料因其具有良好的力学性能、物理性能、化学性能和工艺性能,所以成为机器零件最常用的材料。

金属材料的基础知识主要包括材料的微观知识(如晶体知识和微观结构)、宏观的力学性能与改变材料力学性能的方法。

### 2.1.1 工程材料的力学性能

工程材料的力学性能主要有强度、塑性、硬度、冲击韧度和疲劳强度等。

**1. 强度**

强度是指工程材料在静载荷作用下,抵抗塑性变形和断裂的能力。由于载荷的作用方式有拉伸、压缩、弯曲、剪切等形式,因此强度也分为抗拉强度、抗压强度、抗弯强度、抗剪强度等,其中以抗拉强度最为常用。

材料的抗拉强度是采用标准拉伸试棒,由拉伸试验测定。材料内部单位面积上承受的力称为应力,以符号 $\sigma$ 表示。材料原始长度与相对变化长度的百分比称为应变,以符号 $\varepsilon$ 表示。

$\sigma_e$ 为材料的弹性极限,$\sigma_s$ 为材料的屈服强度,$\sigma_b$ 为材料的抗拉强度。

设计机械零件时,应选择不同强度极限为依据。工作中不允许有微量塑性变形的零件(如精密的弹性元件、炮筒等),$\sigma_e$ 是设计与选材的重要依据。而机器零件或构件工作时,通常不允许发生塑性变形,因此多以 $\sigma_s$ 作为强度设计的依据。对于脆性材料,因断裂前基本不发生塑性变形,故无屈服点可言,在强度计算时,则以 $\sigma_b$ 为依据。

**2. 塑性**

金属材料在外力作用下产生永久变形(塑性变形)而不致引起破坏的性能称为塑性。塑性常由伸长率和断面收缩率表示。

伸长率是试样拉断后标距长度的增长量与标距长度的百分比,用符号 $\delta$ 表示。

断面收缩率是试样拉断处横截面面积的减少量与原横截面面积的百分比,用符号 $\psi$ 表示。

材料的 $\delta$ 或 $\psi$ 值愈大,塑性愈高。考虑到机器零件工作时的可靠性,材料应具有一定的塑性,在偶然过载时,由于产生塑性变形,能够避免突然断裂。同时,良好的塑性是金属材料能够进行塑性变形加工的必要条件。

**3. 硬度**

金属材料抵抗更硬物体压入其体内的能力称为硬度。金属材料的硬度是在硬度计上测定的。常用的硬度指标有布氏硬度(HBS、HBW)、洛氏硬度(HRA、HRB、HRC),有时还用维氏硬度(HV)。

硬度是材料性能的一个综合物理量,它表示金属材料在一个小的体积范围内抵抗弹性变形、塑性变形或断裂的能力。一般来说,硬度越高,耐磨性越好,强度也较高。由于硬度试验设备简单,操作迅速方便,又可直接在零件或工具上进行试验而不破坏工件,故可根据测得的硬度值近似估计材料的抗拉强度和耐磨性。

**4. 冲击韧度**

强度和硬度等指标均是在静载荷下的力学指标,但很多机件如蒸汽锤的锤杆、柴油机曲轴、冲床的一些部件工作时要受到冲击作用,由于瞬时冲击的破坏作用远大于静载荷的作用,在设计受冲击载荷件时必须考虑材料的抗冲击性能。

材料抵抗冲击的性能称为冲击韧度,用符号 $\alpha_k$ 表示。

冲击韧度值愈大,材料的韧性愈好。冲击韧度是对材料一次性冲击破坏测得的,而实际应用中许多受冲件,往往是受到较小冲击能量的多次冲击而破坏,此种情况与高能量的较少次冲击不同,应予以区别。

由于冲击韧度的影响因素较多,因而其值仅作为设计时的选材参考,不直接用于强度计算。

**5. 疲劳强度**

许多机械零件是在交变应力下工作的(如机床主轴、齿轮和弹簧等)。所谓交变应力,是指零件所受应力的大小和方向随时间作周期性变化。零件在交变应力作用下,当交变应力值远低于材料的屈服强度时,经较长时间运行也会发生破坏,这种破坏称为疲劳破坏。

疲劳破坏往往会突然发生,常常造成事故。材料抵抗疲劳破坏的能力由疲劳试验获得。

材料能够承受无数次应力循环时的最大应力称为疲劳强度。对称应力循环时疲劳强度用 $\sigma_{-1}$ 表示。

### 2.1.2 工程材料的物理、化学和工艺性能

**1. 物理性能**

工程材料的物理性能是金属材料对自然界各种物理现象,如温度变化、地球引力等所引起的反应。金属材料的物理性能主要有密度、熔点、热膨胀性、导热性、导电性和磁性等。

**2. 化学性能**

金属材料的化学性能主要是指在常温或高温时,抵抗各种活泼介质的化学侵蚀的能力,如

耐酸性、耐碱性、抗氧化性等。

**3. 工艺性能**

工艺性能是指金属对于零件制造工艺的适应性，它包括铸造性、锻造性、焊接性、切削加工性等。

### 2.1.3　常用工程材料

常用工程材料包括金属材料、非金属材料和复合材料三大类。按其化学成分与组成不同可进行如下的分类：

- 工程材料
  - 金属材料
    - 黑色金属材料：钢、铁等
    - 有色金属材料：铜、铝、金、银等
  - 非金属材料
    - 高分子材料：塑料、合成纤维、橡胶
    - 陶瓷材料
  - 复合材料

**1. 钢**

在铁碳合金相图中，碳的质量分数小于2.11%的铁碳合金称为碳钢，如加入一定量的合金元素称为合金钢。如表2.1所示，一般情况下，需要通过热处理才能更好地发挥合金元素在钢中的作用。

**表2.1　常用钢分类、牌号及用途**

| 类别 | | 名称 | 常用牌号 | 用途举例 |
|---|---|---|---|---|
| 碳素钢 | | 碳素结构钢 | Q195、Q215、Q235、… | 各类钢板和型钢，如钢管、角钢、槽钢等 |
| | | 体质碳素结构钢 | 15、20 | 冲压产品或渗碳零件 |
| | | | 40、45 | 轴、齿轮、曲轴 |
| | | | 60、65 | 小弹簧 |
| | | 碳素工具钢 | T9、T10、T11 | 小丝锥、钻头 |
| | | | T12、T13 | 锉刀、刮刀 |
| 合金钢 | 合金结构钢 | 低合金高强度结构钢 | Q295、Q345 | 船舶、桥梁、车辆、大型钢结构、起重机械 |
| | | 合金结构钢 | 20CrMnTi、40Cr | 汽车齿轮、凸轮、轴连杆、曲轴 |
| | | 合金弹簧钢 | 65Mn、60Si2Mn | 汽车减震板簧、螺旋弹簧 |
| | | 滚动轴承钢 | GCr15 | 中、小型轴承内外圈及滚动体 |
| | 合金工具钢 | 量具刃具钢 | 9SiCr | 丝锥、板牙、冷冲模、铰刀 |
| | | 高速工具钢 | W18Cr 4V | 齿轮铣刀、插齿刀 |
| 不锈钢 | | 奥氏体不锈钢 | 1Cr18Ni9Ti | 飞机蒙皮、涡喷发动机导管等 |

**2. 铸铁**

铸铁是指碳的质量分数大于2.11%，不能锻造或不能塑性变形的铁碳合金。铸铁除了含碳外，还含有锰、硅、磷、硫等杂质。根据碳在铸铁中存在形态的不同，可分为白口铸铁（碳主要以化合物,如 $Fe_3C$ 形态存在);灰(口)铸铁(碳大部分以片状石墨形态存在),见表 2.2;球墨铸铁(碳大部分以球状石墨形态存在),见表 2.3;可锻铸铁(碳大部分以团絮状石墨形态存在),见表 2.4。

**表 2.2 常用灰铸铁的牌号、性能和用途**

| 类别 | | 牌号 | 铸件壁厚/mm | 抗拉强度/MPa | 硬度HBS | 用途举例 |
|---|---|---|---|---|---|---|
| 灰铸铁 | 普通灰铸铁 | HT100 | 2.5~10<br>10~20<br>20~30<br>30~50<br>注:HT250最小壁厚为4 | 130~80 | 167~82 | 负荷很小的不重要件,如重锤、防护罩、盖板等 |
| | | HT150 | | 175~120 | 205~105 | 承受中等负荷,如机座、支架、箱体、带轮、法兰、轴承座、泵体、阀体等 |
| | | HT200 | | 220~160 | 236~129 | 承受中等负荷的重要零件,如汽缸、齿轮、齿条、机床床身、飞轮、底架等 |
| | 孕育铸铁 | HT250 | | 270~200 | 262~159 | 机体、阀体、油缸、齿轮箱、床身、凸轮、衬套等 |
| | | HT300 | 10~20<br>20~30<br>30~50 | 290~230 | 272~161 | 齿轮、凸轮、剪床、压力机、重型机床床身、液压件 |
| | | HT350 | | 340~260 | 298~171 | |

**表 2.3 常用球墨铸铁的分类、牌号及应用**

| 牌号 | 抗拉强度 $\sigma_b$/MPa | 延伸率 $\delta$/% | 主要特性 | 应用举例 |
|---|---|---|---|---|
| QT400-18 | ≥400 | 18 | 焊接性、切削性好,韧性高 | 农机具,汽车轮毂、驱动桥壳,阀门的阀体、齿轮箱等 |
| QT500-07 | ≥500 | 7 | 中等强度与塑性,切削性尚可 | 机油泵齿轮,机器座架、传动轴、飞轮等 |
| QT600-03 | ≥600 | 3 | 中高强度,低塑性,耐磨性较好 | 轻型汽车的曲轴、连杆、齿轮、凸轮轴,部分机床主轴等 |
| QT800-02 | ≥800 | 2 | 有较高的强度和耐磨性,塑性韧性较低 | 缸体、起重机滚轮、水轮机主轴等 |
| QT900-02 | ≥900 | 2 | 高的强度和耐磨性,较高的接触疲劳强度和一定的韧性 | 农机上的犁铧,汽车上的伞齿轮、传动轴,内燃机曲轴、凸轮轴 |

**3. 有色金属**

1)铝合金。铝和铝合金由于其质量轻、比强度(强度/密度)高、导电导热性好等特点,在航空、汽车、电力及日常用品中得到了广泛应用。

2)铜合金。铜合金中以黄铜和青铜应用最为广泛。

黄铜具有良好的耐蚀性及加工工艺性,常用于制造弹壳、热交换器、船用螺旋桨等。

青铜可用于制造弹簧、钟表零件、波纹管、轴承、轴套等。

表2.4　常用可锻铸铁的分类、牌号及应用

| 类　型 | 牌　号 | 试样直径 $d$/mm | 抗拉强度 $\sigma_b \geq$/MPa | 延伸率 $\delta$/% | 硬度 HBS | 应用举例 |
|---|---|---|---|---|---|---|
| 黑心可锻铸铁 | KTH300-06 | 12或15 | 300 | 6 | ≤150 | 汽车、拖拉机零件,如后桥壳、轮壳、转向机构壳体、弹簧钢板支座等;各种管接头、低压阀门等 |
| | KTH350-10 | | 350 | 10 | | |
| 珠光体可锻铸铁 | KTZ450-06 | 12或15 | 450 | 6 | 150~200 | 曲轴、连杆、齿轮、凸轮轴、摇臂、活塞环等 |
| | KTZ550-04 | | 550 | 4 | 180~230 | |
| | KTZ650-02 | | 650 | 2 | 210~260 | |
| | KTZ700-02 | | 700 | 2 | 240~290 | |

**4. 塑料**

塑料是以高分子合成树脂为主要成分,加入填料、增塑剂、染料、稳定剂等组成的材料。塑料具有重量轻、比强度(强度/密度)高、耐腐蚀性好、耐磨性好、绝缘性好等优点,但塑料的强度、硬度较低,耐热性差、容易老化。

1)通用塑料。目前主要有聚乙烯、聚丙烯、聚氯乙烯、苯乙烯、酚醛塑料和氨基塑料。它们可作为日常生活用品、包装材料以及受力轻的小型机械零件。

2)工程塑料。工程塑料可作为结构材料,常见的品种有聚甲醛、聚碳酸酯、ABS、聚四氟乙烯、有机玻璃、环氧树脂等。它们比通用塑料具有较好的力学性能、电性能、化学性能以及耐热性、耐磨性和尺寸稳定性等,故在汽车、机械、化工等部门用来制造机械零件及工程结构件。

**5. 其他工程非金属材料**

1)橡胶。有天然橡胶和合成橡胶两类,在机械工业中常用作密封件、减震件、传动件等。

2)复合材料。通常可分为功能复合材料和结构复合材料,具有单一材料所不具备的某种特殊性能,如隔热性、耐烧蚀性以及特殊的电、光、磁等性能。

### 2.1.4　钢的热处理

在固态下将钢加热到一定温度,进行必要的保温,以适当的冷却速度冷至室温,改变钢的组织结构和性能的工艺方法称为钢的热处理。

热处理的目的在于不改变材料的形状和尺寸,只通过改变材料内部的组织结构来得到所需要的性能。不同的热处理工艺可以分别提高材料的硬度和强度,或者增加材料的塑性、降低硬度等。热处理工艺是提高零件寿命的重要途径。

热处理的工艺方法主要有如下几种:

**1. 退火**

退火是将钢加热到一定温度,保温一定时间,随后在炉中缓慢冷却的一种热处理方法。

退火可以降低钢的硬度,增加钢的塑性和韧性,以利于切削加工;细化钢中的粗大晶粒,改善组织和性能,为以后的热处理作准备;消除内应力,以防止变形和开裂。退火有完全退火、球化退火和去应力退火等。

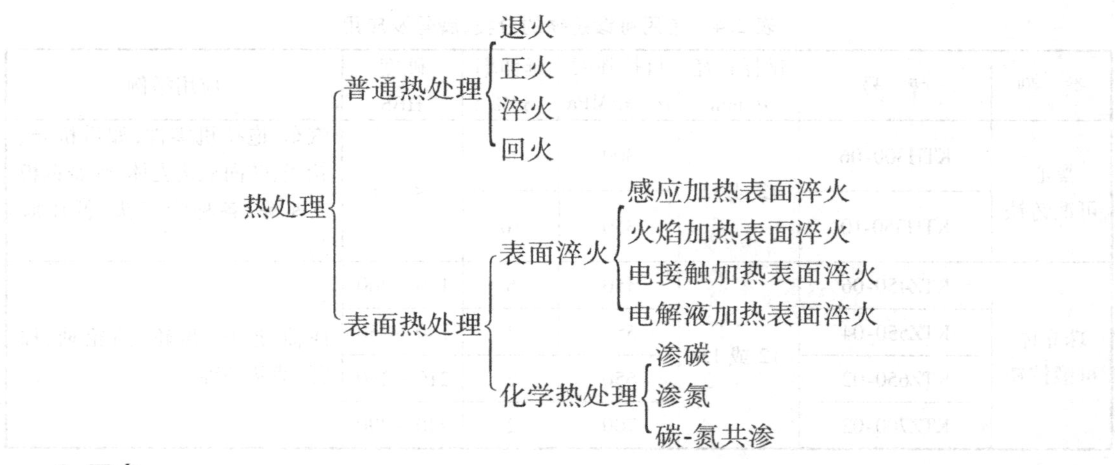


**2. 正火**

正火是将钢加热到 Ac3 线(亚共析钢)、Ac1 线(共析钢)、Accm 线(过共析钢)以上 30 ~ 50 ℃,保温一定的时间,出炉在空气中冷却的工艺方法。

正火的作用与退火有许多相似之处,但正火的冷却速度较快,所得到的组织结构较细,可得到比退火较高的强度和硬度,且生产率高、成本低,因此正火也可作为一些使用性能要求不高的中碳钢零件的最终热处理。

**3. 淬火和回火**

淬火是将钢加热到 Ac3(亚共析钢)、Ac1(共析钢和过共析钢)线以上 30 ~ 50 ℃,保温后在水或油中迅速冷却的热处理方法。

淬火处理可以提高材料的硬度、强度和使用寿命。各种工具、模具和许多重要件都需通过淬火来提高其力学性能。

回火是将淬火后的钢重新加热至 Ac1 线以下的某一温度,保温后在空气中冷却的一种热处理。由于淬火马氏体是一种不稳定的组织结构,并且使淬火后工件的内应力和脆性也较大,因此,为了稳定组织、减少内应力、降低脆性和调整淬火工件的硬度,淬火后必须进行回火。回火方法见表 2.5。

**表 2.5　碳素钢常用的回火方法**

| 回火方法 | 回火温度 /℃ | 硬度 /HRC | 力学性能特点 | 应用示例 |
|---|---|---|---|---|
| 低温回火 | 150 ~ 250 | 58 ~ 64 | 高硬度、高耐磨性高 | 刃具、量具、冷冲模、滚动轴承 |
| 中温回火 | 350 ~ 450 | 35 ~ 50 | 弹性和韧性较好的 | 弹簧、热锻模具 |
| 高温回火 | 500 ~ 650 | 20 ~ 30 | 综合力学性能 | 轴、齿轮、螺栓、连杆 |

## 2.2　零件机械加工质量

机器零件均由几何形体组成,并具有各种不同的尺寸、形状和表面状态。为了保证机器的性能和使用寿命,设计时应根据零件的不同作用对制造质量提出要求,包括尺寸精度、形状精度、位置精度、表面粗糙度以及零件的材料、热处理和表面处理(如电镀、发黑)等。尺寸精度、形状精度和位置精度统称为加工精度。

### 2.2.1 尺寸精度

尺寸精度是指零件实际尺寸与设计理想尺寸的接近程度。尺寸精度是用尺寸误差的大小来表示的。尺寸误差由尺寸公差(简称公差)控制。

**1. 公差**

公差是尺寸的允许变动量。公差越小,则精度越高;反之,精度越低。公差等于最大极限尺寸与最小极限尺寸之差,也等于上偏差与下偏差之差。在图2.1中,代表上下偏差的两条直线所限定的区域称为公差带。

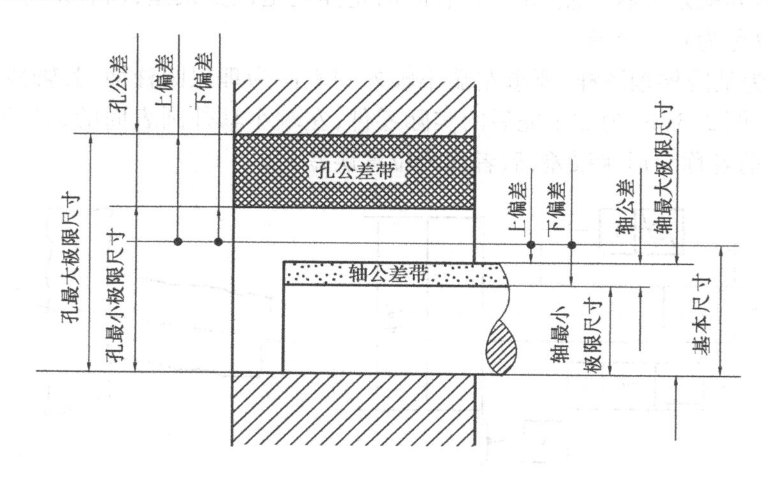


图2.1 孔与轴的公差示意图

国家标准将反映尺寸精度的标准公差(代号为IT)分为20级。表示为IT01,IT0,IT1,IT2,…,IT18。IT01的公差值最小,精度最高。常用公差为IT6~T11级。

**2. 配合**

配合即基本尺寸相同,相互结合的孔与轴公差带之间的关系。在装配图上用来反映孔与轴之间的相互关系。

配合分为间隙配合、过渡配合和过盈配合三种形式。

国家标准将配合的基准制分为基孔制和基轴制两种。

国家标准规定了常用配合(基孔制59种、基轴制47种),又在其中规定了优先配合(基孔制、基轴制均为13种)。

图2.2是某气门阀杆的零件图,其尺寸精度标注如图所示。

### 2.2.2 形状和位置精度(几何公差)

图纸上画出的零件都是没有误差的理想几何体,但是由于在加工中机床、夹具、刀具和工件所组成的工艺系统本身存在着各种误差,而且在加工过程中出现受力变形、振动、磨损等干扰,致使加工后零件的实际形状和相互位置与理想几何体的规定形状和相互位置存在着差异,

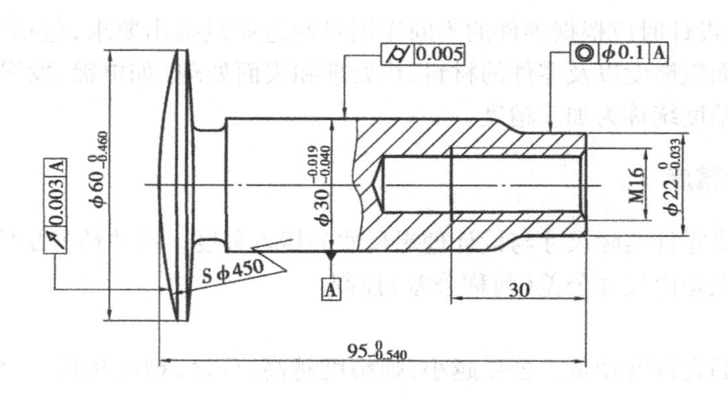


图 2.2　某气门阀杆零件图

这种形状上的差异就是形状误差，相互位置间的差异就是位置误差，两者统称为形位误差，新国家标准将其改称为几何公差。

图 2.3(a)为某阶梯轴图样，要求左端小轴外圆表面为理想圆柱面、其轴线应与右端大轴左端面相垂直。图 2.3(b)为加工完后的实际零件，左端小轴外圆表面的圆柱度不好，轴线与端面也不垂直，前者称为形状误差，后者称为位置误差。

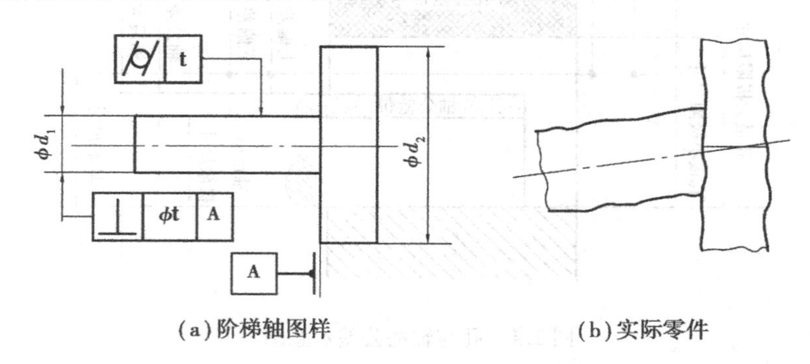


图 2.3　零件形位公差图

零件的形位误差对零件使用性能产生着重大的影响，所以它是衡量机器、仪器产品质量的重要指标。

形位公差的项目和符号如表 2.6 所示。

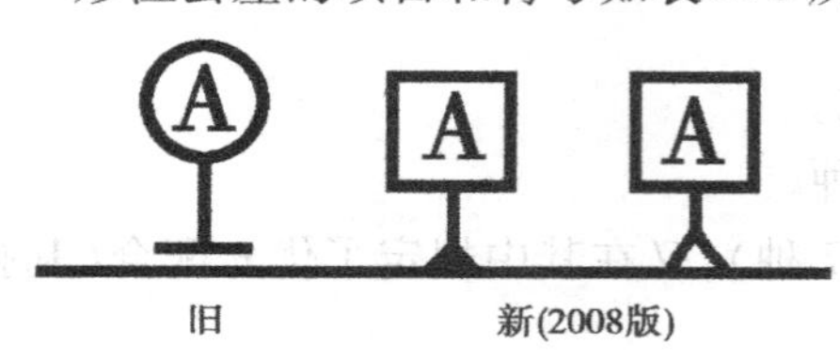


图 2.4　基准符号图

根据国家标准，形位公差在零件图纸上采用符号标注。其标注主要包括：被测要素指引线、公差特征符号、公差值和基准代号等，如图 2.2、图 2.3、图 2.4 所示。

### 2.2.3　表面粗糙度

在切削加工过程中，由于刀痕及振动、摩擦等原因，会使已加工工件表面产生微小的峰谷，在工件表面上存在的一种由较小间距和微小峰谷形成的微观几何形状误差就是表面粗糙度。

表 2.6　形位公差项目和表示符号

| 分类 | 名称 | 符号 | 分类 | | 名称 | 符号 |
|---|---|---|---|---|---|---|
| 形状公差 | 直线度 | — | 位置公差 | 定向 | 平行度 | // |
| | 平面度 | ▱ | | | 垂直度 | ⊥ |
| | 圆度 | ○ | | | 倾斜度 | ∠ |
| | 圆柱度 | ⌭ | | 定位 | 同轴度 | ◎ |
| | 线轮廓度 | ⌒ | | | 对称度 | ⌯ |
| | 面轮廓度 | ⌓ | | | 位置度 | ⌖ |
| | | | | 跳动 | 圆跳动 | ↗ |
| | | | | | 全跳动 | ⌰ |

表面粗糙度直接影响产品的质量，对零件表面许多功能都有影响。其主要表现：配合性质、耐磨性、耐腐蚀性、抗疲劳强度。

表面粗糙度的评定参数为轮廓算术平均偏差($R_a$)、微观不平度十点高度($R_z$)和轮廓最大高度($R_y$)，但最常用的是轮廓算术平均偏差($R_a$)，其常用参数值(μm)为：0.012,0.025,0.05,0.1,0.2,0.4,0.8,1.6,3.2,6.3,12.5,25,50,100；最常用的为 0.2～12.5。

表面粗糙度符号、代号一般标注在可见轮廓线、尺寸界线、引出线或它们的延长线上。符号的尖端必须从材料外指向表面，其标注示例如图 2.5 所示。

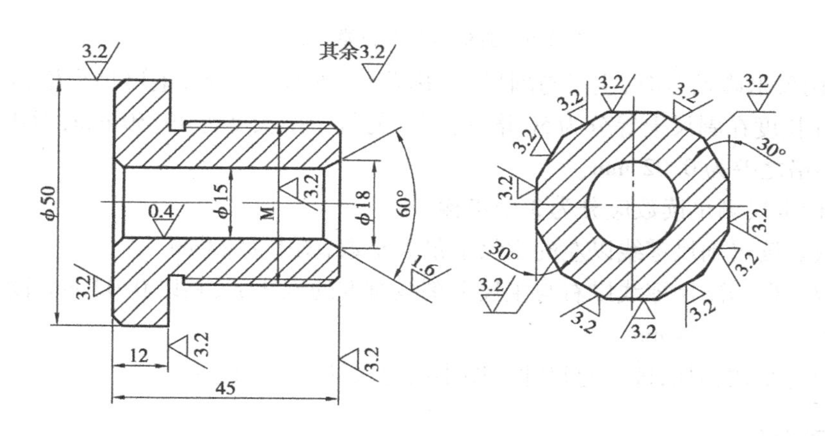


图 2.5　粗糙度标注示意图

## 2.3 常用量具

切削加工中使用的量具量仪很多。一般使用通用的量具,在大批量生产中还常用专用量具。下面介绍几种常用的量具。

### 2.3.1 游标卡尺

游标卡尺是一种常用的中等精度的量具,如图2.6所示。游标卡尺由主尺和附在主尺上能滑动的游标两部分构成。主尺一般以毫米为单位,而游标上则有10、20或50个分格,根据分格的不同,其读数准确度分别为0.1 mm,0.05 mm,0.02 mm。可测量的尺寸范围有0～125 mm,0～150 mm,0～200 mm和0～300 mm等规格。可测量外径、内径、长度和深度尺寸。

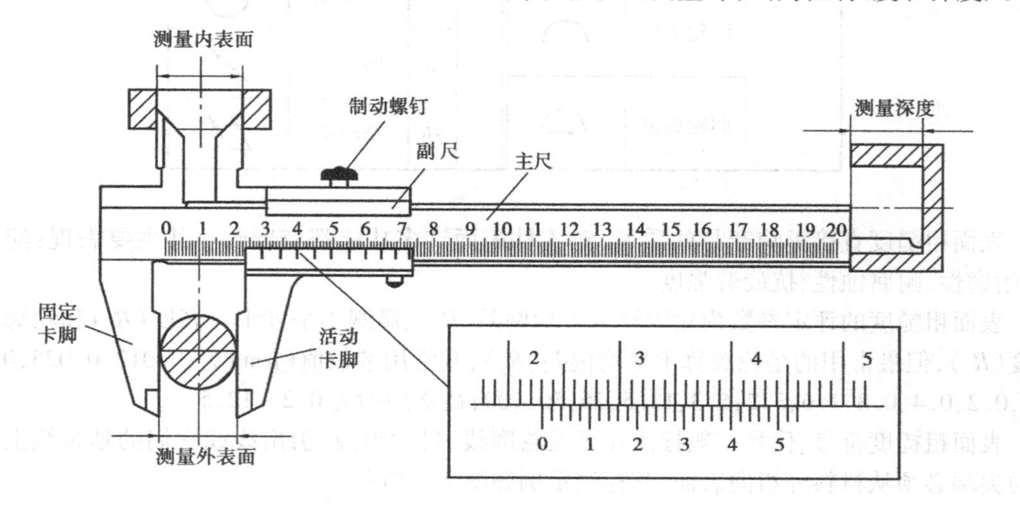


图2.6 游标卡尺及读数示意图

当主、副两尺卡脚贴合时,主尺与副尺(又称游标)的零线对齐,主尺每小格为1 mm,然后取主尺49 mm长度在副尺上等分为50格,则副尺的每小格长度为49/50 mm,即0.98 mm。主尺与副尺每小格之差为0.02 mm。

因此,游标卡尺测量读数应分为3个步骤:

1)读整数。读出副尺零线以左的主尺上最大整数,图中为23 mm。

2)读小数。根据副尺零线以右与主尺上刻线对准的刻线数,乘以0.02 mm读出小数。图中为12 ×0.02 mm =0.24 mm。

3)将整数与小数相加,即为总尺寸。图中的总尺寸为23.24 mm。

### 2.3.2 百分尺

百分尺是利用螺旋原理制成的精确度很高的量具,精确度达0.01 mm,也叫分厘卡,精确度达0.001 mm的叫千分尺。可分为外径百分尺、内径百分尺、深度百分尺和螺纹百分尺等。通常所说的百分尺是指外径百分尺。测量范围有0～25 mm,25～50 mm,500～75 mm,75～

100 mm 等规格。

如图2.7所示为0～25 mm外径百分尺。螺杆与活动套筒连在一起，当转动活动套筒时螺杆即可向左或向右移动。螺杆与砧座之间的距离，即为零件的外圆直径或长度尺寸。

百分尺的读数机构由固定套筒和活动套筒组成，如图2.7所示。固定套筒（即主尺）在轴线方向有一条中线（基准线），中线的上、下方两排刻线每格均为1 mm，但上下刻线相互错开0.5 mm。活动套筒左端圆周上均布50根刻线。活动套筒每转一周，带动测量螺杆沿轴向移动0.5 mm，所以活动套筒上每转一格，测量螺杆轴向移动距离0.01 mm。

当百分尺的测量螺杆与砧座接触时，活动套筒边缘与轴向刻度的零线重合；同时，圆周上的零线应与中线对准。

百分尺的读数方法见图2.7所示。

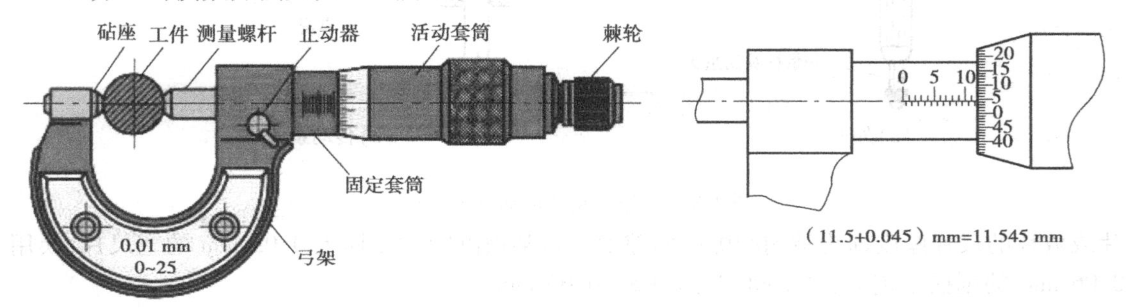


图2.7　外径百分尺及读数示意图

### 2.3.3　百分表

百分表是一种精度较高的比较量具，一般测量精度为0.01 mm。百分表只能测出相对数值，不能测出绝对数值。主要用于测量工件形位误差和位置误差，也可用于工件或其他部件安装时找正。

百分表的读数原理如图2.8所示。百分表有大指针和小指针，大指针刻度盘上有100个等分格刻度，小指针刻度盘上有10格刻度。当测量杆向上或向下移动1 mm时，通过表内的机构带动大指针转一周，小指针转一格。大指针每格的读数值为0.01 mm。小指针每格读数为1 mm。百分表的读数方法为：先读小指针转过的刻度线（即毫米整数），再读大指针转过的刻度线（即小数部分），并乘以0.01，然后两者相加，即得到所测量的数值。测量时指针读数的变动量即为尺寸变化量。刻度盘可以转动，以便测量时大指针对准零刻线。

使用百分表时必须把百分表固定在可靠的夹持架，如万能表架、磁性表架和普通表架上，一般磁性表架用得较多，如图2.9所示。

测量平面时，百分表的测量杆要与平面垂直。测量圆柱面时，测量杆要与工件的轴心线垂直，否则，会使测量杆移动不灵活或测量结果不准确。

### 2.3.4　塞尺

塞尺又称测微片或厚薄规，是用于检验间隙的测量器具之一。如图2.10所示，它由一组厚度不等的薄钢片组成，每片钢片上印有厚度标记。测量时根据被测间隙的大小选择厚度接近的薄片插入被测间隙（可用几片重叠插入）。若一片或数片尺片刚好能塞进被测间隙，则一

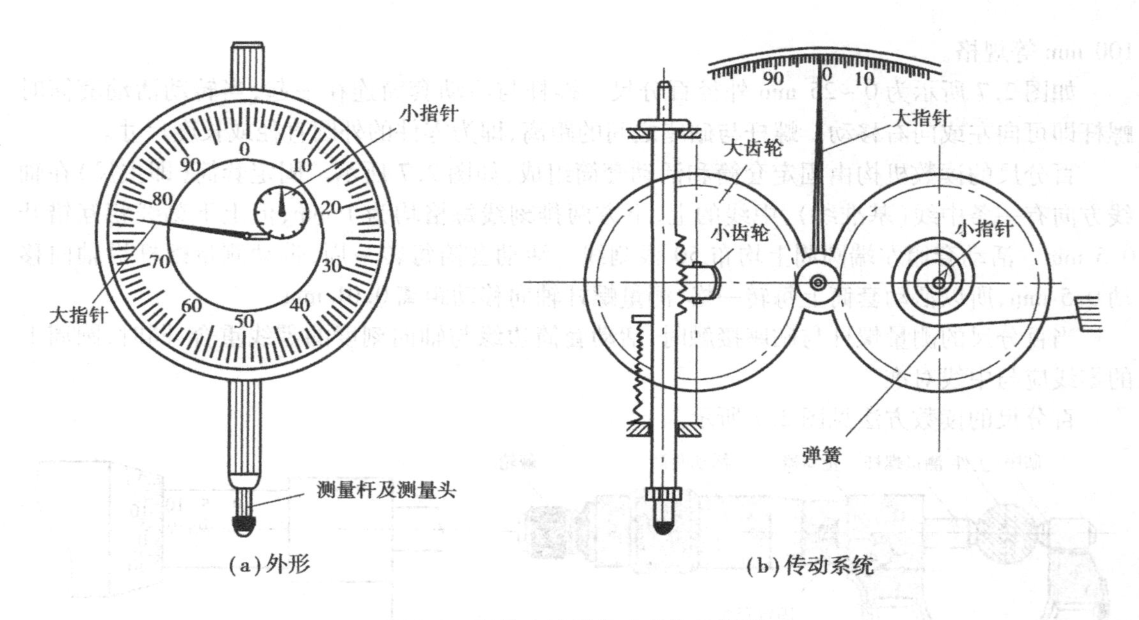


图 2.8　百分表及其传动系统示意图

片或数片的尺片厚度即为被测间隙的间隙值。若某被测间隙能插入 0.05 mm 的塞尺片，换用 0.06 mm 的则插不进去，说明间隙为 0.05 ~0.06 mm。

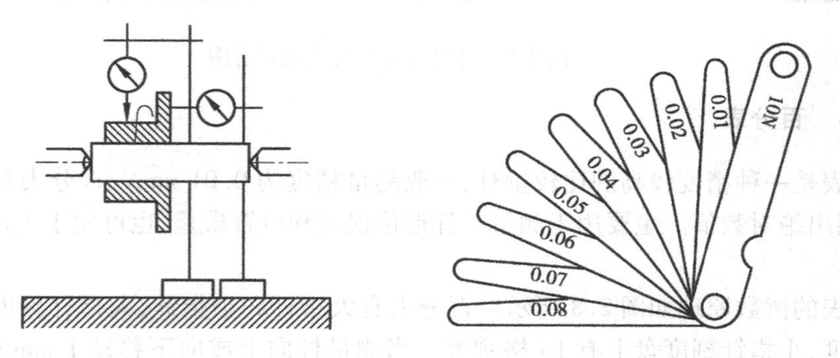


图 2.9　百分表检查圆跳动示意图　　　　图 2.10　塞尺

测量时选用的尺片数越少越好，且必须先擦净尺面和工件，插入时用力不能太大，以免折弯尺片。

### 2.3.5　刀口尺

刀口尺主要用于以光隙法进行直线度测量和平面度测量，也可与量块一起用于检验平面精度。它具有结构简单，重量轻，不生锈，操作方便，测量效率高等优点，是机械加工常用的测量工具。刀口尺的精度一般都比较高，直线度误差控制在 1 μm 左右，其应用如图 2.11 所示。

### 2.3.6　三坐标测量机

三坐标测量机是指在一个六面体的空间范围内，能够表现几何形状、长度及圆周分度等测量能力的仪器，又称为三坐标测量仪或三次元。

三坐标测量机是一种高效率大型的新型精密测量仪器。由于它的通用性强、测量范围大、精度高、效率高、性能好、能与柔性制造系统相连接，故有“测量中心”之称。

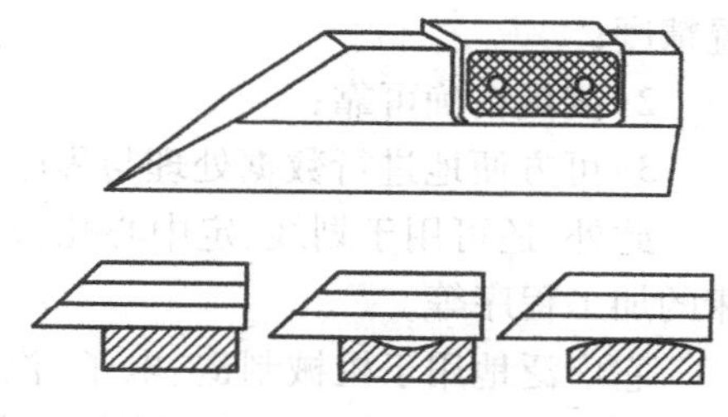

图2.11　刀口形直尺及其应用

**1. 按三坐标测量仪结构的分类**

(1)移动桥架型

移动桥架型为最常用的三坐标测量仪的结构。如图2.12所示，竖直的主轴可在垂直方向移动，厢形架导引主轴可沿水平梁在横方向移动，此水平梁垂直于主轴且被两支柱支撑于两端，梁与支柱形成“桥架”。

(2) 床式桥架型

其轴为主轴在垂直方向移动，厢形架导引主轴沿着垂直轴的梁而移动，而梁沿着两水平导轨在轴方向移动，导轨位于支柱的上表面，而支柱固定在机械本体上。

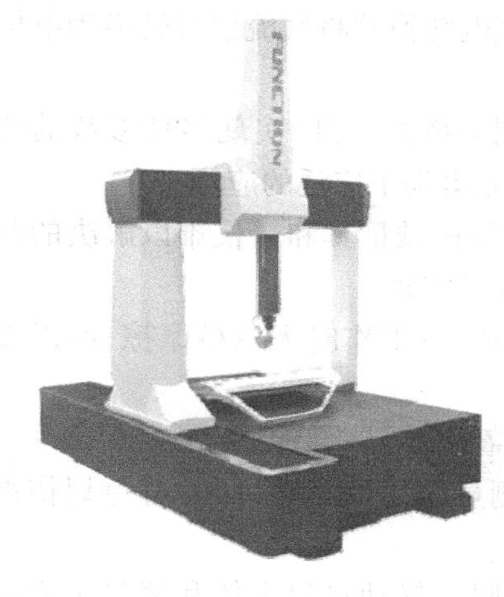

图2.12　三坐标测量机

(3)柱式桥架型

与床式桥架型式相比，柱式桥架型其架是直接固定在地板上，又称为门型，比床式桥架型有较大且更好的刚性，大部分用在较大型的三坐标测量仪上。

此外还有：固定桥架型、L形桥架型、轴移动悬臂型、单支柱移动型、单支柱测量台移动型、水平臂测量台移动型、水平臂测量台固定型、闭环桥架型等形式。

**2. 三坐标测量机的测量原理**

将被测物体置于三坐标测量空间，可按所要求的采样策略自动获得被测物体上各测点的坐标位置，根据这些点的空间坐标值，经数据处理软件自动计算求出被测物体的几何尺寸、形状和位置。基本原理就是通过探测传感器(探头)与测量空间轴线运动的配合，对被测几何元素进行离散的空间点位置的获取，然后通过一定的数学计算，完成对所测的点(点群)的分析拟合，最终还原出被测的几何元素，并在此基础上计算其与理论值(名义值)之间的偏差，从而完成对被测零件的检验工作。

**3. 三坐标测量机的主要结构**

三坐标测量机主要由主机、测头、电气系统三部分组成。

(1)主机

由以下部分组成：框架结构、标尺系统(包括数显电气装置)、导轨、驱动装置、平衡部件等。

(2)三维测头系统

三维测量的传感器可在三个方向上感受瞄准信号和微小位移，以实现瞄准与测微两种功能。

(3)电气系统

主要由以下部分组成：电气控制系统、计算机及测量机软件、打印与绘图装置。

**4. 三坐标测量机的优点**

1)通用性强，可实现空间坐标点位的测量，方便地测量出各种零件的三维轮廓尺寸和位置精度；

2）测量精确可靠；

3）可方便地进行数据处理与程序控制。

此外，还可用于划线、定中心孔、光刻集成线路等，并可对连续曲面进行扫描及制备数控机床的加工程序等。

它广泛地用于机械制造、电子、汽车相航空航天等工业中。它可以进行零件和部件的尺寸、形状及相互位置的检测，如箱体、导轨、涡轮和叶片、缸体、凸轮、齿轮、形体等空间型面的测量。

### 2.3.7 气动量仪

气动量仪的测量原理是比较测量法，其测量方法是将长度信号转化为气流信号，通过有刻度的玻璃管内的浮标示值，称为浮标式气动测量仪；或通过气电转换器将气流信号转换为电信号，由发光管组成的光柱示值，称为电子柱式气动测量仪。

气动量仪是一种可多台拼装的量仪，它与不同的气动测头搭配，可以实现多种参数的测量。气动量仪由于其本身具备很多优点，因此在机械制造行业得到了广泛的应用。

1）测量项目多，如长度、形状和位置误差等，特别对某些用机械量具和量仪难以解决的测量，如测深孔内径、小孔内径、窄槽宽度等，用气动测量比较容易实现。

2）量仪的放大倍数较高，人为误差较小，不会影响测量精度；工作时无机械摩擦，所以没有回程误差。

3）操作方法简单，读数容易，能够进行连续测量，很容易看出各尺寸是否合格。

4）实现测量头与被测表面不直接接触，减少测量力对测量结果的影响，同时避免划伤被测件表面，对薄壁零件和软金属零件的测量尤为适用。

5）由于非接触测量，测量头可以减少磨损，延长使用期限。气动量仪主体和测量头之间采用软管连接，可实现远距离测量。

6）结构简单，工作可靠，调整、使用和维修都十分方便。

可测量项目：内径、外径、槽宽、两孔距、深度、厚度、圆度、锥度、同轴度、直线度、平面度、平行度、垂直度、通气度和密封性等。

### 2.3.8 汽车发动机中典型零件常用综合检具

#### 1. 连杆综合测量仪

连杆综合测量仪可检测参数：连杆大小头孔直径、圆度、锥度、轴线的扭曲度；连杆大小头孔之间的孔中心距、两孔轴心线的平行度；连杆端面相对于大头孔轴心线的垂直度；连杆厚度等。如图2.13所示为某连杆综合测量仪外形图。

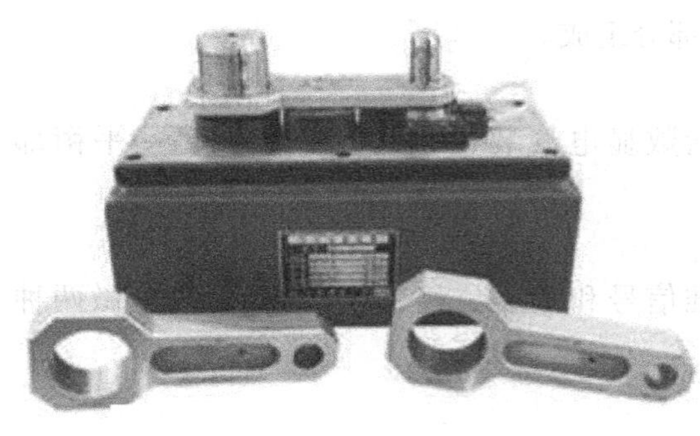

图2.13　连杆综合测量仪

检测及显示方式如下：

1）机械测量。通止功能型量规；或百分表、千分表显示。

2）气动测量。浮标式气动量仪、气电式电子柱量仪或小型测量电箱显示。

3）电感测量。电感式电子柱量仪或小型测量电箱显示。

4）综合测量。工控机型测量电箱显示，通常用于多参数综合测量。

**2. 曲轴综合测量仪**

曲轴综合测量仪为一种落地式工控机型的综合测量仪，能进行半自动、多参数测量。如图2.14所示为某曲轴综合测量仪外形图。

检测参数如下：

1）曲轴的主轴颈。外径、圆度、锥度、径向跳动等。

2）曲轴的曲拐颈。外径、圆度、锥度、位置度、对主轴颈的平行度、偏心距等。

3）曲轴的左端外圆的端跳、外圆、外径、径向跳动等参数。

4）曲轴的右端内孔径向跳动、外圆径向跳动、外径等。

5）曲轴的开挡。主轴颈的开挡宽度和端面跳动，曲拐颈的开挡宽度和端面跳动等。

6）对主轴颈及曲拐颈进行分组。

7）对曲轴进行标记。

图2.14 曲轴综合测量仪

**3. 缸体综合测量仪**

缸体综合测量仪可同时检查和记录位置度、同心度、垂直度等要素，提供高精度、低成本的检测手段。如图2.15所示为某缸体综合测量仪外形图。

图2.15 缸体综合测量仪

此外，还有缸盖综合测量仪、凸轮轴综合测量仪以及五大件的分别组合综合测量仪，齿轮测量中心等常用综合测量仪。

东风公司发动机厂拥有高精度、高效率、数字化的质量检测设备。从意大利引进的桥式结构三坐标仪，为缸体、缸盖、曲轴、凸轮轴、连杆五大件测量精度提供可靠保证；同时，还应用日本主动测量仪、意大利马尔波斯仪、德国玻纹管量仪等，进行在线主动测量；应用综合测量仪及其他专用测量仪进行进行高效率、高精度测量。

## 2.4 毛坯制造方法

毛坯的种类很多，同一种毛坯又有多种制造方法。

### 2.4.1 金属的凝固成形

**1. 概述**

将液态金属浇注到与零件形状和尺寸相适应的铸型型腔中，待其冷却后得到坯料或零件的方法称为液态凝固成形，或称为铸造成形方法。铸造成形方法分为砂型铸造和特种铸造两大类，砂型铸造应用较广。

铸造是历史最为悠久的金属成型方法，在现代各种类型的机器设备中铸件所占的比重很大，如在机床、内燃机中，铸件占机器总重的70% ~80%，农业机械占40% ~70%，拖拉机占50% ~70%。

铸造获得广泛的应用，主要具有以下优点：

1）适应性广：工业中常用的金属材料，如铸铁、钢、有色金属等均可铸造；形状复杂，特别是具有复杂内腔形状的毛坯与零件，铸造更是唯一廉价的制造方法；铸造适应性还表现在铸件尺寸、重量几乎不受限制。

2）成本低：铸造所用的原材料较便宜，来源广泛，并可直接利用报废的机加工件、废钢和切屑；而且铸件的形状和尺寸与零件非常相近，因而节约金属，减少了切削加工量。

3）铸件使用性能优良：主要体现在具有良好的减震性、耐磨性、耐腐蚀性和较好的切削性。

但铸造生产工序繁多，且一些工艺过程难以精确控制，这就使铸件质量不稳定（尺寸精度不够高和表面质量较低，铸件内部易存在气孔、砂眼、缩孔和缩松及结晶后出现晶粒粗大等现象）；此外，铸造生产，特别是单件小批生产，工人的劳动条件较差、劳动强度大，这些都使铸造的应用受到限制。

**2. 砂型铸造**

用型（芯）砂制造铸型（型芯），将液态金属浇入后获得铸件的铸造方法称为砂型铸造。

砂型可用手工制造，也可用机器造型。砂型铸造的造型材料来源广泛，价格低廉，设备简单，操作方便灵活，不受铸造合金种类、铸件形状和尺寸的限制，并适合于各种生产规模。砂型铸件占全部铸件的80%左右。

砂型铸造的主要工序为：制造模样芯盒、制备造型材料、造型、造芯、合型、熔炼、浇注、落砂清理与检验等。如图2.16所示为某套筒铸件的铸造过程。

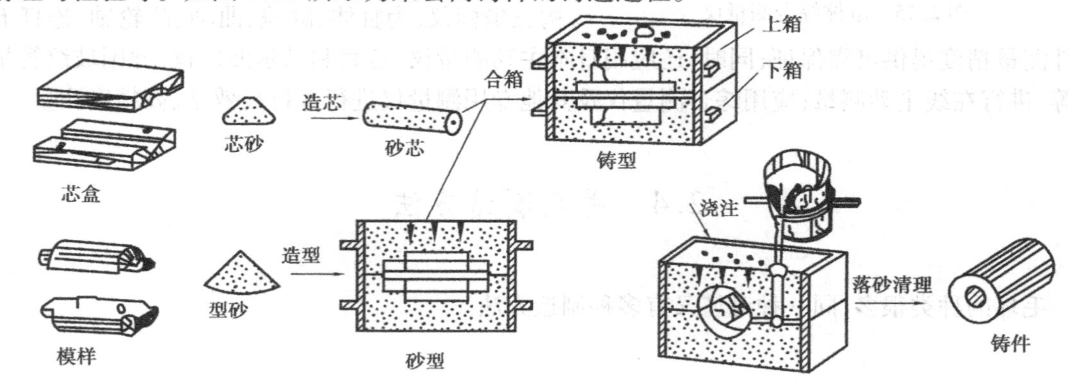


图2.16　套筒铸件的铸造生产过程

### 3. 特种铸造

(1)熔模铸造(失蜡铸造)

熔模铸造是用蜡料制成蜡模,蜡模上包覆多层耐高温材料后制成型壳,加热将蜡制模样熔出,再经高温对型壳焙烧,形成浇注型腔的铸造方法。

熔模铸造的特点与应用:

①熔模铸造能够获得较高精度(CT11~CT14)和表面质量($R_a$为3.2~25 μm)的铸件。

②设备简单,生产批量不受限制。

③工艺过程较复杂,生产周期长,铸件重量不能太大(小于25 kg)。

④适用于各种铸造合金,特别是小型铸件。

(2)金属型铸造

金属型铸造是指将液态金属浇入到金属(一般由铸铁或钢)制成的铸型中,以获得铸件的方法。由于金属型可以重复使用几百次至几万次,所以又称之为"永久型铸造"。

金属型铸造的特点及应用:

①实现"一型多铸",不仅节省工时、提高生产率,而且还可以节省造型材料。

②铸件尺寸精度高(CT12~CT14)、表面质量好($R_a$为12.5~25 μm)。

③铸件的力学性能高。由于金属型铸造冷却快,铸件的晶粒细密,提高了力学性能。

④劳动条件好。由于不用或少用型砂,大大减少了车间内的硅尘含量,从而改善了劳动条件。

⑤金属型制造成本高、周期长,铸造工艺规格要求严格。

⑥由于金属型导热快、退让性差,故易产生冷隔、裂纹等缺陷,而生产铸铁件又难以避免出现白口组织。

金属型铸造主要用于大批量生产形状不太复杂、壁厚较均匀的有色合金的中、小件,有时也生产某些铸铁和铸钢件,如铝活塞、汽缸体等。

(3)压力铸造

在高压下把液态(或半液态)金属快速充满型腔,并在压力下凝固的方法称为压力铸造。压力铸造的铸型为金属型,在压铸机上完成铸造过程。压铸机分为立式和卧式两种,压力一般为50~150 MPa。压力铸造的特点及应用如下:

①铸件的精度(CT11~CT13)及表面质量($R_a$为1.6~6.3 μm)均较其他铸造方法高;一般不需机械加工可直接使用。

②可压铸出形状复杂的薄壁件或镶嵌件,如可铸出铝合金的最小壁厚0.05 mm或直接铸出小孔、螺纹等。这是高压下极大地提高了金属的充型能力所致。

③铸件的强度硬度均较高。因为铸件的冷却速度快,又在高压作用下结晶凝固,其组织致密、晶粒细,如抗拉强度可比砂型铸造提高25%~30%。

④生产率高。充型(速度5~100 m/s,充型时间0.001~0.2 s)和冷却速度快,开型迅速。

⑤易产生气孔和缩松。由于压铸速度快,型腔内气体难以及时排出,厚壁处收缩难补缩。因此,压铸件不宜进行较大余量的切削加工和进行热处理,以防孔洞外露和加热时铸件内气体膨胀而起泡。

⑥压铸金属种类受到限制,不适合高熔点金属铸造。

⑦压铸设备投资大,生产准备周期长。压铸机造价高,投资大;压铸模结构复杂,制造成本

高,生产准备周期长。

因此,压力铸造主要适合大批量生产低熔点有色合金铸件,特别是形状复杂的薄壁中小件。

(4)低压铸造

低压铸造是把铸型安放在密封的坩埚上方,坩埚中通以压缩空气,在金属液体表面形成60~150 kPa的较低压力,使金属液通过升液管充填铸型的铸造方法。低压铸造的特点及应用如下:

低压铸造的铸型一般采用金属型,铸造压力介于金属型铸造与压力铸造之间,多用于生产有色金属铸件。由于充型压力低,液体进入型腔的速度容易控制,充型较为平稳,对铸型型腔的冲刷作用较小。液体金属在一定的压力下结晶,对铸件有一定补缩作用,故铸件组织致密,强度高。与压力铸造方法相比,低压铸造的设备投资较少。因此,低压铸造广泛用于大批量生产铝合金和镁合金铸件,如发动机的缸体和缸盖、内燃机活塞等。

(5)离心铸造

将液态金属注入高速旋转的特定铸型中,利用离心力使液态金属填充铸型的方法称为离心铸造。铸造必须在离心铸造机上进行。

离心铸造的特点及应用如下:

对于空心铸件,离心铸造不需型芯。不需要专门的浇注系统和冒口,金属的利用率高。

在离心力作用下,金属液体中的气体和夹杂物因密度小而集中在铸件内表面,有利于通过机械加工去除内表面的上述缺陷。结晶时液体金属由外及内顺序凝固,因此,铸件组织结构致密,无缩孔、气孔、夹渣等缺陷。

但是铸件内孔尺寸误差大,内表面质量差。由于离心力的作用,偏析大的合金不适于离心铸造。

离心铸造方法主要用于空心回转体,如铸铁管、汽缸套、活塞环及滑动轴承等。利用离心铸造的特点,可以生产出双金属铸件。

铸造方法不同,其特点各不相同。选用哪种铸造方法合理,必须依据生产的具体特点(形状、大小、质量要求、生产批量、金属的品种及现有条件等)来确定,既要保证产品的质量,又要考虑成本、设备、原料的情况,需要进行全面分析比较,以选定最适当的铸造方法。表2.7列出了几种常见的铸造方法的比较。

### 2.4.2 金属的塑性成形

**1.概述**

金属的塑性成形是在外力作用下使金属产生塑性变形,从而获得具有一定形状、尺寸和力学性能的原材料、毛坯或零件的加工方法。

塑性成形主要有轧制、挤压、拉拔、锻造和板料冲压等。

经压力加工制造的零件或毛坯同铸件相比具有以下特点:

1)制件组织致密,力学性能高。压力加工时产生塑性变形,使金属毛坯获得较细小的晶粒,同时能压合铸造组织内部的缺陷(如微小裂纹、气孔等),因而提高了金属的力学性能。

表2.7　几种常用铸造方法比较

| 项　目＼铸造方法 | 砂型铸造 | 熔模铸造 | 金属型铸造 | 压力铸造 | 低压铸造 | 离心铸造 |
| --- | --- | --- | --- | --- | --- | --- |
| 铸件尺寸精度 | CT14～16 | CT11～14 | CT12～14 | CT11～13 | CT12～14 | CT12～14但孔径精度低 |
| 铸件表面粗糙度 $R_a$/μm | 粗糙 | 25～3.2 | 25～12.5 | 6.3～1.6 | 25～6.3 | 25～6.3但内孔粗糙 |
| 铸件内部质量 | 晶粒粗，可能有缩孔 | 晶粒粗 | 晶粒细 | 表面晶粒细，内部多有气孔 | 晶粒细 | 晶粒较细 |
| 适用铸件形状或大小 | 任意 | 形状不限，一般小于25 kg，以较小铸件为主 | 不宜复杂，以中、小铸件为主 | 不宜过大，一般小于10 kg，不宜厚壁或厚薄悬殊 | 不宜过大，或厚薄悬殊 | 适于回转体铸件 |
| 铸件最小壁厚/mm | 3 | 0.7 | 铝合金2～3，灰铸铁4，铸钢5 | 0.5～2 | 2 | 孔径不宜过小 |
| 生产批量 | 不限制 | 一般不限，以成批为主 | 成批、大量 | 成批、大量 | 成批、大量 | 成批、大量 |
| 适用金属 | 不限制 | 不限制，以铸钢为主 | 不限制，以有色合金为主 | 以低熔点合金为主 | 以有色合金为主 | 不限制 |
| 机械加工余量 | 大 | 小或可不加工 | 小或可不加工 | 小或可不加工 | 小或可不加工 | 需一定的加工余量 |
| 常规生产率 | 低、中 | 低、中 | 中、高 | 最高 | 中、高 | 中、高 |
| 应用举例 | 机床床身、机架、底座等 | 汽轮机叶片、复杂刀具等 | 摩托车发动机部件、水泵叶轮等 | 汽车化油器、喇叭壳体、电器、仪表零件等 | 缸盖、机壳、发动机机体等 | 铸铁管、套筒、环、叶轮、滑动轴承等 |

2）除自由锻造外，生产率都比较高。

3）由于压力加工在固态下成型，故不能获得形状复杂（尤其是内腔）的制品。

**2. 锻造技术**

利用冲击力或压力使金属在铁砧间或锻模中产生变形，从而得到所需形状及尺寸的锻件的方法称为锻造。锻造是重要成型方法之一，它能保证金属零件具有较好的力学性能。

锻造是在一定的温度条件下，用工具或模具对坯料施加外力，使金属发生塑性流动，从而使坯料发生体积的转移和形状的变化，获得一定形状、尺寸和组织、性能的原材料、毛坯或零件的生产方法。以锻造加工方法获得的金属制件称为锻件。

锻造成形有两个最基本的特点:锻造在成形过程中坯料的质量、体积基本不变,只是形状和尺寸的变化;经过锻造加工后的金属材料,其内部缺陷(如裂纹、缩松、气孔等)被压合,并形成了细晶组织和纤维组织(使材料的力学性能呈各向异性),使锻件的组织致密,力学性能显著提高。此外,锻造生产还具有较高的生产效率和较好的成形精度,因此锻件被广泛应用于重要零件和毛坯的制造中,特别是在铁路、汽车、航空、船舶、电器和日用品等工业部门中。

锻造可分为自由锻造、胎模锻造和模型锻造。

(1)自由锻

自由锻是利用冲击力或压力使金属在上下两铁砧之间产生变形,从而得到所需形状及尺寸的锻件的方法。金属受力时的变形是在上下两铁砧平面间做自由流动,称之为自由锻。有手工锻造和机器锻造 2 种。

自由锻的工序分为基本工序、辅助工序和精整工序 3 类。

基本工序是使金属塑性变形的主要工序,包括镦粗、拔长、冲孔、切割、扭转、错移等,以镦粗、拔长、冲孔最为常用。

辅助工序是为方便基本工序的操作所设置的工序,包括压钳口、倒棱、压肩等。

精整工序包括锻件整形、精压等,精整工序能够提高锻件表面质量和精确锻件的尺寸。

自由锻具有以下特点:

①所用工具简单,通用性强,灵活性大,因此适合单件小批生产锻件。

②精度差,生产率低,工人劳动强度大,对工人技术水平要求高。

③自由锻可生产不到 1 kg 的小锻件,也可生产 300 t 以上的重型锻件,适用范围广,对大型锻件,自由锻是唯一的锻造方法。

手工锻造只能生产小型锻件,机器锻造是自由锻造的主要方式。机器锻造时的打击能量大,能够锻造较大的锻件。在机器锻造中,目前以压缩空气为驱动力的空气锤较为多见。

自由锻的设备较为简单,需要较高的操作技术。锻件表面粗糙,尺寸精度差,生产效率低,适于单件或小批量生产。

(2)模锻

迫使坯料在一定形状的锻模模膛内产生塑性流动成形的方法称为模锻。模锻的生产效率、尺寸精度、表面质量均高于自由锻,锻件的复杂程度也高于自由锻。

模锻方法:模锻分为锤上模锻、胎模锻、压力机上模锻等。

锤上模锻的打击速度快,应用较多(国内外普遍采用)。

锤上模锻如图 2.17 所示。锻模的下模固定不动,上模跟随模锻锤的锤杆运动,对坯料产生打击和压迫,使坯料在压力下产生塑性流动而充满模膛。锻模上设有飞边槽用来容纳多余的金属,并能够增加坯料从模膛中流出的阻力,促使金属充满模膛。模锻不能锻出通孔,对于要求通孔的部位留有冲孔连皮。

胎膜锻是在自由锻设备上使用胎模生产模锻件的工艺方法。利用自由锻方法预先制坯,然后胎模中成形。胎模一般不固定在锻锤上,根据使用需要随时放置。胎模锻的生产效率、锻件精度、允许的锻件复杂程度介于自由锻与锤上模锻之间,它的灵活性和适应性强,不需昂贵的模锻设备,模具较为简单。许多批量不大的中小型锻件,广泛采用胎模锻。

压力机上模锻时,变形较为缓慢,适于塑性较差的锻件,如铸锭的塑性变形等。

锻造生产的工艺过程为:下料→加热→锻造→冷却→热处理→清理→检验。

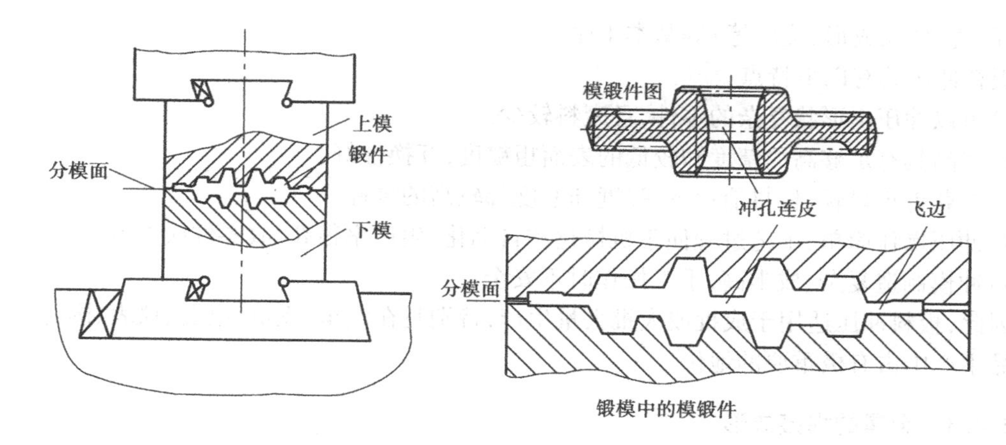


图2.17　锤上模锻

随着生产和科学技术的发展,锻造行业中发展了各种特殊的成形锻件的方法,称为特种锻造,主要适用于产品的专业化生产。特种锻造常用的有精密模锻、粉末锻造、电墩、辊轧、旋转锻造、摆动辗压、多向模锻和超塑性锻造等。

**表2.8　常用锻造方法的比较**

| 锻造方法 | | 使用设备 | 锻件精度、表面质量 | 生产率 | 模具特点 | 劳动条件 | 适用范围 |
|---|---|---|---|---|---|---|---|
| 自由锻 | | 空气锤 | 低 | 低 | 无 | 振动大、噪声大,劳动条件差 | 小型锻件,单件小批生产 |
| | | 蒸汽-空气锤 | | | | | 中型锻件,单件小批生产 |
| | | 水压机 | | | | | 大型锻件,单件小批生产 |
| 模锻 | 锤上模锻 | 蒸汽-空气锤<br>无砧座锤 | 中等 | 高 | 上下锤模固定在锤头和砧座上,模镗复杂、造价高 | 振动大、噪声大,劳动条件差 | 中小型锻件,大批生产 |
| | 胎模锻 | 空气锤<br>蒸汽-空气锤 | 中等 | 较高 | 模具简单,不固定在设备上 | 振动大、噪声大,劳动条件差 | 中小型锻件,中小批量生产 |
| | 压力机上模锻 | 曲柄压力机<br>摩擦压力机 | 高 | 高 | 一般为单膛模锻,组合模 | 振动小、噪声小,劳动条件好 | 中小型锻件,中或大批生产,可进行精密模锻 |

### 3. 板料冲压技术

利用冲模对板料施加冲压力,使其产生分离或变形,得到一定形状和尺寸制品的加工方法称为板料冲压。板料的冲压通常是在室温下进行的,故又称为冷冲压。板厚超过8～10 mm时采用热冲压。

冲压使用的坯料是低碳钢、铜合金、镁合金及塑性良好的合金钢经轧制的板料、成卷的条料及带料,其厚度一般不超过10 mm。

板料冲压生产的常用设备是剪床和冲床。剪床是将板料切成一定宽度的条料,是冲压生产的备料设备。冲床是用来实现冲压工序的,是冲压生产的基本设备。

根据冲压作用不同,分为板料的分离工序(切断、冲孔和落料等)和变形工序(弯曲、拉深、起伏、翻边、橡胶成形、旋压等)等基本工序。

板料冲压具有以下特点:

1)可以冲压出形状复杂的零件,且废料较少。

2)产品具有足够高的精度和较低的表面粗糙度,互换性好。

3)能获得重量轻、材料消耗少、强度和刚度都较高的零件。

4)冲压操作简单,工艺过程便于机械化和自动化,生产率很高,故零件成本低。

5)冲模制造复杂、成本高,手工操作时不安全。

因此,板料冲压适用于成批或大批大量生产,特别是在汽车、飞机、电器、仪表、国防产品和日用品生产中占有极重要的地位。

### 2.4.3 金属的焊接成形

**1.概述**

焊接是指通过加热或加压或两者并用,使分离的材料牢固地结合在一起的加工方法。

焊接技术是材料成形的一种重要工艺方法,在现代国民经济生产中占有重要地位。焊接结构件在机车车辆、铁路桥梁、机器制造、汽车、船舶、飞机、核电站以及尖端科学技术等领域中有广泛的应用。

焊接技术的不断发展,几乎全部代替了铆接,而且,在机械制造业中,不少用整铸、整锻方法生产的大型毛坯也改成了铸-焊、锻-焊联合结构。因为焊接与其他加工方法相比,有下列特点:

1)节省材料和工时,产品密封性好。

在金属结构件制造中,用焊接代替铆接,可节省材料15%~20%。制造压力容器在保证产品密封性方面,焊接也比铆接优越。

与铸造方法相比,焊接不需专门的熔炼、浇注设备,工序简单,生产周期短,这一点对单件和小批量生产特别明显。

2)采用铸-焊、锻-焊和冲-焊复合结构,能实现以小拼大,生产出大型、复杂的结构件,以克服铸造或锻造设备能力的不足,有利于降低产品成本,取得较好的技术经济效益。

3)能连接异种金属,既提高了使用性能,又节省了优质钢材。可实现铜-铝连接、高速钢-碳钢连接、碳钢-合金钢连接。

但焊接结构也有缺点,生产中有时也发生焊接结构失效和破坏的事例。这是因为焊接过程中局部加热,焊件性能不均匀,并存在较大的焊接残余应力和变形的缘故,这些将影响到构件强度和承载能力。

**2.焊接的分类**

通常将焊接方法分为熔焊、压焊和钎焊3类。

(1)熔化焊

将焊件接头处局部加热到熔化状态,通常还需加入填充金属(如焊丝、电焊条)以形成共同的熔池,冷却凝固后即可完成焊接过程。

熔化焊又分为:气焊、电弧焊、电渣焊、等离子弧焊、电子束焊、激光焊、热剂焊等。

(2)压力焊

将焊件接头处局部加热到高温塑性状态或接近熔化状态,然后施加压力,使接头处紧密接触并产生一定的塑性变形，从而完成焊接过程。

压力焊又分为：电阻焊、摩擦焊、气压焊、冷压焊、超声波焊、高频焊、爆炸焊等。

(3)钎焊

将填充金属(低熔点钎料)熔化后，渗入到焊件接头处，通过原子的扩散和溶解而完成焊接过程。

钎焊又分为软钎焊、硬钎焊等。

表2.9列出了几种常用焊接方法的比较。

**表2.9　常用焊接方法的比较**

| 焊接方法 | 焊接热源 | 焊接位置 | 钢板厚度/mm | 被焊材料 | 生产率 | 应用范围 |
|---|---|---|---|---|---|---|
| 焊条电弧焊 | 电弧热 | 全位焊 | 3～20 | 碳钢、低合金钢、铸铁、铜及铜合金 | 中偏高 | 要求在静止、冲击或振动载荷下工作的机件，补焊铸件缺陷和损坏的机件 |
| 气焊 | 氧-乙炔火焰热 | 全位焊 | 0.5～3 | 碳钢、低合金钢、耐热钢、铸铁、铜及铜合金、铝及铝合金 | 低 | 受静载荷、受力不大的薄板结构，补焊铸件缺陷和损坏的机件 |
| 埋弧焊 | 电弧热 | 平焊 | 4.5～60 | 碳钢、低合金钢、铜及铜合金 | 高 | 在各种载荷下工作，成批生产，中厚板长直焊缝和较大直径环缝 |
| 氩弧焊 | 电弧热 | 全位焊 | 0.5～25 | 铜、铝、镁、钛及钛合金，耐热钢、不锈耐蚀钢 | 中偏高 | 要求耐热、致密、耐蚀的焊件 |
| $CO_2$气体保护焊 | 电弧热 | 全位焊 | 0.8～25 | 碳钢、低合金钢、不锈耐蚀钢 | 很高 | 要求耐热、致密、耐蚀的焊件 |
| 电渣焊 | 熔渣电阻热 | 立焊 | 40～450 | 碳钢、低合金钢、不锈耐蚀钢、铸铁 | 很高 | 大厚度铸、锻件 |
| 等离子弧焊 | 压缩电弧热 |  | 0.025～12 | 不锈耐蚀钢、耐热钢，铜、镍、钛及钛合金 | 中偏高 | 一般焊接方法难以焊接的金属及合金 |
| 对焊 | 电阻热 | 平焊 | ≤20 | 碳钢、低合金钢、不锈耐蚀钢、铝及铝合金 | 很高 | 杆状零件 |
| 点焊 | 电阻热 | 全位焊 | 0.5～3 | 碳钢、低合金钢、不锈耐蚀钢、铝及铝合金 | 很高 | 薄板壳体 |
| 缝焊 | 电阻热 | 平焊 | <3 | 碳钢、低合金钢、不锈耐蚀钢、铝及铝合金 | 很高 | 薄壁容器和管道 |
| 钎焊 | 各种热源 | 平焊 | — | 碳钢、低合金钢、铸铁、铜及铜合金 | 高 | 一般焊接方法难以焊接的焊件及对强度要求不高的焊件 |

## 2.5 机械加工工艺及机床夹具

### 2.5.1 概述

金属切削过程是工件和刀具相互作用的过程。选用合理的切削加工方法,在机床上通过刀具与工件的相对运动,刀具从工件上切除多余的(或预留的)金属,并在高生产率和低成本的前提下,得到符合技术要求(形状、尺寸等)的工件的过程。

机床、夹具、刀具和工件,构成一个机械加工工艺系统,切削过程的各种现象和规律都在这个系统的运动状态中去研究。

**1. 切削运动与切削用量**

为实现切削过程,工件与刀具之间要有相对运动,即切削运动,由金属切削机床来完成。

由于使用的刀具切削刃形状和采用的加工方法不同,形成工件表面的方法也不同,概括起来有4种:轨迹法、成形法、展成法、相切法。

(1)切削运动

按切削时工件与刀具相对运动所起的作用可分为主运动和进给运动。

主运动:切下金属所必需的最主要的运动。通常它的速度最高,消耗机床功率最多。机床的主运动只有一个,如外圆车削的工件旋转运动。

进给运动:使新的金属不断投入切削的运动。它保证切削工作连续或反复进行,从而切除切削层形成已加工表面。机床的进给运动可以有一个、两个或多个组成(如外圆磨削有三个进给运动),通常消耗功率较小,进给运动可以是连续运动也可以是间歇运动。

(2)切削用量三要素

在切削加工过程中,需要针对不同的工件材料、刀具材料和其他技术经济要求来选定适宜的切削速度 $v_c$、进给量 $f$(或进给速度值 $v_f$),还要选定适宜的背吃刀量值 $a_{sp}$,$v_c$,$f$,$a_{sp}$ 称之为切削用量三要素。

切削速度:大多数切削加工的主运动采用回转运动。切削速度为回转体(刀具或工件)上外圆或内孔某一点的线速度。

进给量和、进给速度:进给量是工件或刀具每回转一周时两者沿进给运动方向的相对位移。进给速度是单位时间的进给量,单位是 m/s(mm/min)。

背吃刀量:对于车削和刨削加工来说,背吃刀量 $a_{sp}$ 为工件上已加工表面和待加工表面间的垂直距离,单位为 mm。

**2. 机械加工工艺过程及其组成**

工艺是将原材料或半成品加工成产品的方法、技术。

用机械加工的方法直接改变毛坯形状、尺寸和机械性能等,使之变为合格零件的过程,称为机械加工工艺过程,又称工艺路线或工艺流程。

机械加工工艺过程是由一个或若干个顺序排列的工序组成,即构成机械加工工艺过程的基本单元是工序。

（1）工序

由一个（或一组）工人在一台机床（或一个工作地点）对一个（或同时几个）工件所连续完成的那部分工艺过程，称为工序。

工件是按工序由一台机床送到另一台机床顺序地进行加工，因此，工序不仅说明加工的阶段性规律，同时，还是组织生产和管理生产的主要依据。

根据工序的内容，工序又可分为：安装、工位、工步、走刀。

（2）安装

工件在机床工作台上装夹一次所完成的那一部分工序内容称为安装。在一道工序中，工件可能需要装夹一次或多次才能完成加工。工件在加工中，应尽量减少装夹次数，以减少装夹误差和装夹工件所花费的时间。

（3）工位

为了完成一定的工序内容，一次装夹工件后，工件与夹具或设备的可动部分一起，相对于刀具或设备的固定部分所占据的每一个位置称为工位。工位可以借助于夹具的分度机构或机床工作台实现工件工位的变换（圆周或直线变位）。

这样不仅减少了安装工件所花的辅助时间，而且在一次安装中加工完毕，避免了重复安装带来的误差，提高了加工精度。

（4）工步

工步是指加工表面、加工刀具和切削用量（不包括背吃刀量）都不变的情况下，所完成的那一部分工序内容。一般情况下，上述三个要素中任意改变一个，就认为是不同的工步了。

但下述两种情况可以作为一种例外。第一种情况，对那些连续进行的若干个相同的工步，可看作一个复合工步。另一种情况，有时为了提高生产率，用几把不同的刀具，同时加工几个不同表面，也可看作一个复合工步。

（5）走刀

在一个工步内，如果被加工表面需切去的金属层很厚，需要分几次切削，每进行一次切削称为一次走刀。一个工步可以包括一次走刀，也可以包括几次走刀。

**3. 机械加工工艺规程的格式及内容**

规定产品或零部件制造工艺过程和操作方法等的工艺文件称为工艺规程。工艺规程有机械加工工艺规程、装配工艺规程及特种和专业工艺的工艺守则等。

（1）过程卡

它是以工序为单位简要说明产品或零部件的加工过程的一种工艺文件，主要用来了解工件的加工流向，是制订其他工艺文件的基础，也是进行生产准备、编制作业计划和组织生产的依据。适用于单件小批生产。

（2）工序卡

它是在机械加工工艺过程卡的基础上，按每道工序所编制的一种工艺文件。工序卡上对该工序每个工步的加工内容、工艺参数、操作要求及所用设备和工艺装备均有详细说明，并附有工序简图。在工序简图上，零件的外廓以细实线表示，该工序的加工部位用粗实线表示，除需标注该工序的工序尺寸和技术要求外，还需将定位基准和夹紧方式用规定的符号表示出来，如图2.18所示为粗镗连杆大头孔的工序简图。

工序卡主要用于直接指导工人进行生产。适用于大批量生产，大批量生产也要有过程卡；

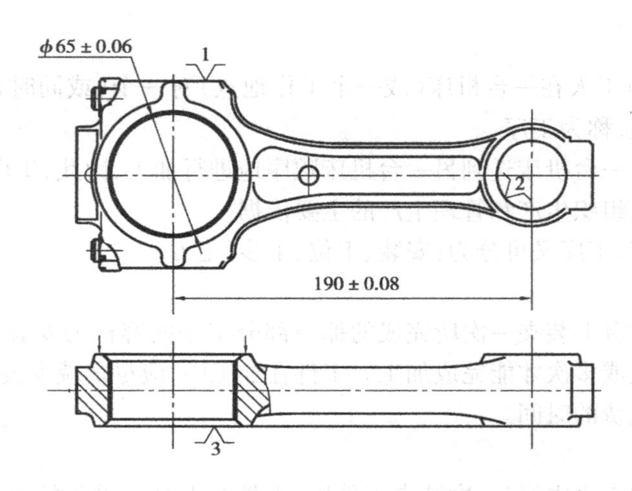


图 2.18　粗镗连杆大头孔工序简图

中批量生产常在过程卡的基础上，少数关键工序或复杂工序还要有工序卡。

**4. 生产类型**

机械产品的制造工艺不仅与产品的结构、技术要求有很大关系，而且也与企业的生产类型有很大关系，而企业的生产类型是由企业的生产纲领所决定的。

生产纲领是计划期内产品的产量。而计划期常定为一年。所以年生产纲领也就是年产量。

根据生产纲领的大小和产品品种的多少，机械制造企业的生产可分为 3 种生产类型：单件生产、成批生产和大量生产。

(1)单件生产

产品品种很多，同一产品的产量很少，而且很少重复生产，各工作地加工对象经常改变。重型机械制造、专用设备制造和新产品试制等均属这种生产类型。

(2)大量生产

每年制造的产品数量相当多，大多数工作地长期重复地进行某一工件的某一道工序的加工。汽车、拖拉机、轴承和自行车等产品制造多属大量生产类型。

(3)成批生产

一年中分批轮流制造几种产品，工作地的加工对象周期性地重复。机床、机车、纺织机械等产品制造，一般属成批生产类型。

同一产品(或零件)每批投入生产数量称为批量。批量可根据零件的年产量及一年中的生产批数计算确定。一年的生产批数需根据市场需要、零件的特征、流动资金的周转及仓库容量等具体情况确定。

生产类型的具体划分，可根据生产纲领和产品及零件的特征(轻重、大小、结构复杂程度、精度等)。

### 2.5.2　工件的定位与机床夹具

**1. 工件的安装方式**

机械加工中，工件相对于机床与刀具必须占有一个正确位置，即工件必须定位。工件定位后，为避免加工中受到切削力、重力等外力的作用而破坏定位，还必须将工件压紧夹牢，即工件必须夹紧。

工件的定位和夹紧称为安装。在不同的生产条件下可采用不同的安装方式。

(1)直接找正安装

直接找正安装是用百分表、划针或目测等方法在机床上直接找正工件位置的方法。直接找正安装是根据工件上的某一表面来找正实现的。该方法一般精度不高(它的安装精度取决于工人的经验及所采用的找正工具),生产率低,对工人技术水平要求高,一般适用于单件小批生产。

对形状复杂的零件,用直接找正安装比较困难,这时可采用划线找正安装。

(2)划线找正安装

这种方法是先在毛坯上按照零件图划出中心线、对称线和各待加工表面的加工线,然后将工件装在机床工作台上,根据工件上划好的线来找正工件在机床上的安装位置。

这种安装方法效率低,精度低(精度受到划线精度和找正精度的影响),且对工人技术水平要求高,一般用于单件小批生产中加工精度不高(一般为 0.2 ~0.5 mm)、复杂而笨重的零件,或毛坯尺寸公差大而无法直接用夹具安装的场合。

(3)用专用夹具安装

工件放在为其加工而专门设计和制造的夹具中,工件上的定位表面一经与夹具上的定位元件的工作表面配合或接触,即完成了定位,然后在此位置上夹紧工件。这种方法可以迅速而方便地使工件在机床上处于所要求的正确位置上,生产率高,精度稳定,在成批大量生产中广泛应用。

**2. 六点定位原理**

一个自由的物体相对于 3 个相互垂直的空间坐标系,有 6 种活动的可能性,即沿 3 个轴的移动和绕三个轴的转动。习惯上把这种活动的可能性称为自由度(不定度),自由物体在空间的不同位置,就是这 6 种活动的综合结果。因此空间任一自由物体共有 6 个自由度。

若使物体在某方向有确定的位置,就必须限制在该方向的自由度,用相当于 6 个支承点的定位元件与工件的定位基准面接触。

用正确分布的 6 个支承点来限制工件的 6 个自由度,使工件在夹具中得到正确位置的规律称为 6 点定位原理。

**3. 工件在夹具中定位的类型**

(1)完全定位

加工时,工件的 6 个自由度被完全限制了的定位称为完全定位。但在生产中并不是所有工序都采用完全定位。究竟限制几个自由度和限制哪几个自由度,由该工序中的加工要求所决定。

(2)不完全定位

根据加工要求,工件不需要限制的自由度没有被限制的定位,称为不完全定位。

在考虑定位方案时,为简化夹具,对不需要限制的自由度,一般不设置定位元件。但有时设置定位元件反而简化夹具且有其他好处。

(3)欠定位

工件加工时必须限制的自由度未被完全限制,称为欠定位。欠定位不能保证工件的加工技术要求,因而是不允许的。在生产现场偶尔能见到欠定位的夹具,那么安装工件时必须借助找正的手段才能将工件安装好。

(4)过定位

工件的同一自由度被两个或两个以上的定位元件重复限制的定位,称为过定位。

过定位是否允许?要视具体情况而定:

①如果工件的定位面经过机械加工,且形状、尺寸、位置精度均较高,则过定位是允许的,有时还是必要的。因为合理的过定位不仅不会影响加工精度,还会起到加强工艺系统刚度和增加定位稳定性的作用。

②反之,如果工件的定位面是毛坯面,或虽经过机械加工,但加工精度不高,这时过定位一般是不允许的。因为它可能造成定位不准确,或定位不稳定,在外力作用下,可能产生工件变形或定位元件被损坏等情况。

在生产现场分析定位时,要注意以下几点:

①工件在夹具中被夹紧了,也就没有自由度可言了,因此,工件也就定了位。

这种把定位和夹紧混为一谈,是概念上的错误。工件的定位是指工件在夹紧前要在夹具中按要求占有一致的正确位置(忽略定位误差)。

②认为工件定位后,仍具有沿定位支承相反的方向移动的自由度。

工件的定位是以工件的定位基准与定位元件的工作表面相接触为前提条件,如果工件离开了定位元件的工作表面也就不成其为定位,也就谈不上限制其自由度了。至于工件在外力的作用下,有可能离开定位元件,应是夹紧来解决的问题。

另外,要注意对自由度的限制的“点”的含义,“点”与“面”是相对的。

**4. 常用定位元件**

在实际生产中,起约束作用的支承点是具有一定形状的几何体,这些用来限制工件自由度的几何体称为定位元件。而工件需要被限制的自由度是靠工件的定位基准和夹具定位元件的工作表面接触或配合来实现的。夹具中常用的定位元件有支承钉、支承板、定位心轴、定位销、V形块等。

(1)工件以平面定位

工件以平面作为定位基面,是最常见的定位方式之一,如发动机的缸盖与缸体、连杆、机座、支架等类型零件的加工中经常采用平面定位。

工件以平面作为定位基准时,常用的定位元件如下所述。

①固定支承钉

支承钉有:平顶支承钉,适用于已加工表面的定位的;圆顶支承钉,适用于毛坯面定位;花纹顶面支承钉,适用于增大摩擦系数,用于工件的侧面定位,但清除切屑不方便,不宜用在水平面定位。

一般一颗支承钉消除工件一个自由度。

②支承板

支承板一般用于精基准定位,平面型结构简单,但埋头螺钉处清理切屑比较困难,适用于侧面和顶面定位。带斜槽型支承板易于保持工作表面清洁,适用于底面定位。

当工件定位基准平面较大时,常用几块支承板组合成一个平面,为保证各固定支承的定位表面严格共面,装配后,需将其工作表面一次磨平。

③可调支承

当毛坯的尺寸及形状变化较大时，为了适应各批毛坯表面位置的变化，需采用可调支承进行定位。可调支承在一批工件加工前调整一次。在同一批工件的加工过程中，它的作用与固定支承相同。

④辅助支承

为了增加工件的刚性和稳定性，但又要避免过定位，此时经常采用辅助支承。

辅助支承是待工件定位夹紧后，再调整支承钉的高度，使其与工件的有关表面接触并锁紧。每安装一个工件就需调整一次。一般辅助支承是在工件定位后才参与工作，不起定位作用，但可起预定位的作用。

⑤浮动支承（自位支承）

在工件定位过程中，能自动调整位置的支承称为自位支承。采用浮动式支承可以增加与工件的接触点，提高刚度，又可避免过定位。

(2)工件以圆孔定位

工件以圆孔来定位是常见的，多属于定心定位（定位基准为圆柱孔轴线）。常用定位元件是定位销和心轴。定位销有圆柱销、圆锥销、菱形销等形式；心轴有刚性心轴（又有过盈配合、间隙配合和小锥度心轴等）、弹性心轴之分。

定位销或心轴所能限制的自由度，一般可根据工件定位面与定位元件（定位销或心轴）工作表面的接触长度 $L$ 与孔（工件）的直径 $D$ 之比而定。

当 $L/D \geq 1$ 时，是长心轴（长销），限制工件4个自由度（有锥度即消除5个自由度）；当 $L/D < 1$ 时，是短心轴（短销），限制工件2个自由度（有锥度即消除3个自由度）。

(3)工件以外圆定位

工件以外圆柱面定位有两种形式：定心定位和支承定位。

V形块定位的最大优点就是对中性好，定位基准轴线对中在V形块两斜面的对称平面上；另一个特点是无论定位基准是否经过加工，是完整的圆柱面还是局部圆弧面，都可采用V形块定位。

短V形块限制工件2个自由度，长V形块（或两个短V形块组合）限制工件4个自由度。

**5. 机床夹具概述**

(1)机床夹具的分类

按照机床夹具的通用化程度，可以分为通用夹具、专用夹具、成组专用夹具、组合夹具、随行夹具和数控机床夹具。现代机床夹具的发展方向主要表现在精密化、高效化、柔性化等方面。

①通用夹具

一般作为通用机床的附件，如车床上的三爪卡盘、顶尖和鸡心夹头，铣床上的平口钳、分度头和回转台等。通用夹具无需调整或稍加调整就可以用于装夹不同的工件。这类夹具一般已标准化，由专业工厂生产。主要用于单件小批生产。

②专用夹具

专用夹具是针对某一工件的某工序由使用企业根据要求自行专门设计制造的。该类夹具专用性很强，操作迅速方便。当产品变更时，该类夹具就因无法使用而报废，因此它适用于批量较大的产品的生产。

使用专用夹具可显著地提高劳动生产率，易于保证工件加工精度且使加工精度稳定，有利于降低工人的技术等级要求和减轻工人的劳动强度。

③成组专用夹具

成组夹具是成组工艺中为一组零件的某一工序而专门设计的夹具。

成组夹具加工的零件组都应符合成组技术的相似性原则,相似性原则主要包括以下内容:结构相似、工艺相似等。由于产品生产批量较小,为每种工件设计专用夹具不经济,而通用夹具又不能满足加工质量或难于满足生产率的要求。此时,采用成组技术,首先确定一个“复合零件”,该零件能代表组内零件的主要特征,然后针对“复合零件”设计夹具,并根据组内零件加工范围,设计可调整件和可更换件。应使调整方便、更换迅速、结构简单。由于成组技术提高了工件的生产批量,因此可以采用高效夹紧装置,如各种气动和液压装置。

成组夹具适用于多品种、小批量生产,能应用成组技术的情况下。

④组合夹具

组合夹具是由一套预先制造好的标准零件组装成的专用夹具。它在使用时有专用夹具的优点,而当产品变更时,将它拆开并清洗入库,留待组装成新的组合夹具,所以它不会“报废”。组合夹具一般是为某一工件的某一工序组装的专用夹具,也可以组装成通用可调夹具或成组夹具。组合夹具适用于各类机床。

组合夹具把专用夹具的设计、制造、使用、报废的单向过程变为组装、扩散、清洗入库、再组装的循环过程。可用几小时的组装代替几个月的设计制造周期,从而缩短了生产周期;节省了工时和材料,降低了生产成本;还可减少夹具库房面积,有利管理。

组合夹具的主要缺点是体积大、刚度较差、一次性投资大、成本高。这使组合夹具的推广应用受到一定限制。

组合夹具适用于新产品试制和单件小批生产,批量较大的情况下也较适用。

⑤随行夹具

随行夹具是自动线夹具中的一种,另一种自动线夹具是固定式夹具。

随行夹具除了具有一般夹具所担负的装夹工件任务外,还担负沿自动线输送工件的任务。工件装上该夹具后,将沿自动线从一个工位移到下一个工位,直到下线,故为“随行夹具”。

⑥数控机床夹具

数控机床上使用的夹具为数控机床夹具。

在现代生产中,数控机床的应用已愈来愈广泛。数控机床加工时,刀具或工作台的运动是由程序控制,按一定坐标位置进行的。因此,数控机床夹具设计与其他夹具设计有不同之处。

数控机床夹具上应设置原点(对刀点)。

数控机床夹具无需设置刀具导向装置,这是因为数控机床加工时,机床、夹具、刀具和工件始终保持严格的坐标关系,刀具与工件间无需导向元件来确定位置。

数控机床上应尽量选用可调夹具、拼装夹具和组合夹具。因为数控机床上加工的工件,常是单件小批生产,必须采用柔性好、准备时间短的夹具。

除了上述分类外,夹具还可以按夹紧动力源不同分为手动夹具、气动夹具、液压夹具、电动夹具、磁力夹具、真空夹具等;按工件的加工方式分为车床夹具、铣床夹具、磨床夹具、钻床夹具和镗床夹具等。

(2)专用机床夹具的组成

专用机床夹具常由以下几个部分组成:

①定位元件及定位装置

定位元件及定位装置用于确定工件在夹具中的位置。定位元件如支承钉、V形块、定位销等,有些夹具还用若干零件构成的装置给工件定位。

②夹紧装置

夹紧装置用于工件在外力(如重力、惯性力以及切削力等)作用下仍能保持正确位置。它通常是若干零件构成的一种机构,包括夹紧元件(如压板、夹爪等)、增力及传力装置(如杠杆、螺纹传动副等)及动力装置(如汽缸、油缸等)。

③对刀元件

对刀元件是用于确定夹具与刀具相对位置。如铣床夹具的对刀块、钻床夹具的钻套和镗床夹具的镗套等。

④其他元件及装置

如定向键、操作件以及根据夹具特殊功用需要具有的一些装置,如分度(或转位)装置等。

⑤夹具体

夹具体用于连接夹具各元件及装置,使夹具成为一个整体的基础件。夹具体还用于夹具与机床的连接,以确定夹具相对机床(或刀具)的位置。

不同类型的专用夹具有不同的设计特点,本书在第4章结合典型零件的加工将对一些专用夹具的设计特点进行分析。

### 2.5.3 工艺规程设计

工艺规程设计首先应分析所加工工件的零件图及其装配图;然后进行毛坯选择;随后就进入工序设计:定位基准选择、工件各表面加工方法选择、工件加工阶段的划分、工序集中与分散、工序顺序安排;最后还要进行工序内容设计,如加工余量与工序尺寸的确定、选择机床及其他工装、选择切削用量、计算时间定额等;最后形成工艺规程(文件)。

**1. 定位基准的选择**

定位基准有粗基准和精基准之分。在加工中,首先使用的是粗基准,但在选择定位基准时,为了保证零件的加工精度,首先考虑的是选择精基准,精基准选定后,再考虑合理地选择粗基准。

(1)精基准的选择原则

选择精基准时,重点考虑如何减少工件的定位误差,保证工件的加工精度,同时也要考虑工件装卸方便,夹具结构简单,一般应遵循下列原则:

①基准重合原则

所谓基准重合原则是指以工序基准作定位基准,以避免产生基准不重合误差。而工序基准又应与设计基准重合,这样使设计基准、工序基准、定位基准均重合,从而避免工序尺寸换算及基准不重合误差的产生。

②基准统一原则

当零件上有许多表面需要进行多道工序加工时,尽可能在各工序的加工中选用同一组基准定位,称为基准统一原则。基准统一可较好地保证各个加工面的位置精度,同时各工序所用夹具定位方式统一,夹具结构相似,可减少夹具的设计、制造工作量。

基准统一原则在机械加工中应用较为广泛,如阶梯轴的加工,大多采用顶尖孔做统一的定位基准;齿轮的加工,一般都以内孔和一端面作统一定位基准加工齿坯,齿形;箱体零件加工大多以一组平面或一面两孔做统一的定位基准加工孔系和端面;连杆采用一个端面、小头孔和大头外侧一点作为统一基准。

③自为基准原则

有些精加工工序,为了保证加工质量,要求加工余量小而均匀,采用加工面自身作定位基准,称为自为基准原则。又如浮动镗孔、浮动铰孔、珩磨及拉孔等,均是采用加工面自身作定位基准。

④互为基准原则

当两个表面的相互位置精度要求很高,而表面自身的尺寸和形状精度又很高时,常采用互为基准反复加工的办法来达到位置精度要求,例如精密齿轮高频淬火后,在其后的磨齿工序中,常采用先以齿面为基准磨内孔内孔定位磨齿面,如此反复加工以保证齿面与孔的位置精度。

⑤装夹方便原则

所选定位基准应能使工件定位稳定,夹紧可靠,操作方便,夹具结构简单。

(2)粗基准的选择原则

选择粗基准时,重点考虑如何保证各个加工面都能分配到合理的加工余量,保证加工面与不加工面的尺寸和位置精度,同时还要为后续工序提供可靠的精基准。具体选择应遵循下列原则:

①为了保证零件上加工面与不加工面的相对位置要求,应选不加工面作粗基准。当零件上有几个这样的加工面时,应选与加工面的相对位置要求高的不加工面为粗基准。

②为了保证零件上某重要表面加工余量均匀,应选此重要表面为粗基准。零件上有些重要工作表面,精度很高,为了达到加工精度要求,在粗加工时就应使其加工余量尽量均匀。

③为了保证零件各个加工面都能分配到足够的加工余量,应选加工余量最小的面为粗基准。

④粗基准应尽量避免重复使用,特别是在同一尺寸方向上只允许装夹使用一次。因粗基准是毛面,表面粗糙、形状误差大,如果二次装夹使用同一粗基准,两次装夹中加工出的表面就会产生较大的相互位置误差。

⑤为了使定位稳定、可靠,应选毛坯尺寸和位置比较可靠、平整光洁的表面作粗基准。作为粗基准的面应无锻造飞边和铸造浇冒口、分型面及毛刺等缺陷,用夹具装夹时,还应使夹具结构简单,操作方便。

**2. 表面加工方法的选择**

零件的形状尽管有各种各样,但它们都可以认为是由多种简单的几何体所组成,如外圆、孔、平面、锥面、成形表面等。针对每一种几何表面,都有一系列加工方法与之相对应,各种加工方法所能达到的经济精度和表面粗糙度,可查阅有关手册,表 2.10、表 2.11、表 2.12 列出了平面、外圆和内孔的加工方案。选择加工方法时应考虑以下 3 方面的问题:

(1)要保证加工表面的加工精度和表面粗糙度的要求

一般总是首先根据零件主要表面的技术要求和工厂的具体条件,先选定它的最终加工方法,然后再逐一选定各有关前导工序的加工方法。

**表 2.10　平面加工方案**

| 序号 | 加工方案 | 经济精度 | 经济表面粗糙度 $R_a/\mu m$ | 适用范围 |
|---|---|---|---|---|
| 1 | 粗车 | IT11 ~ IT13 | 12.5 ~ 50 | 除淬硬钢以外的各种金属,端面 |
| 2 | 粗车-半精车 | IT8 ~ IT10 | 3.2 ~ 6.3 | |
| 3 | 粗车-半精车-精车 | IT7 ~ IT8 | 0.8 ~ 1.6 | |
| 4 | 粗车-半精车-磨削 | | 0.2 ~ 0.8 | |
| 5 | 粗铣(或粗刨) | IT11 ~ IT13 | 6.3 ~ 25 | 不淬硬的平面 |
| 6 | 粗铣(或粗刨)-精铣(或精刨) | IT8 ~ IT10 | 1.6 ~ 6.3 | |
| 7 | 粗铣(或粗刨)-精铣(或精刨)-宽刃精刨 | IT7 | 0.2 ~ 0.8 | 精度要求高的不淬硬的平面 |
| 8 | 粗铣(或粗刨)-精铣(或精刨)-刮研 | IT6 ~ IIT7 | 0.1 ~ 0.8 | |
| 9 | 粗铣(或粗刨)-精铣(或精刨)-磨削 | IT7 | 0.2 ~ 0.8 | 精度要求高、硬度较高的平面 |
| 10 | 粗铣(或粗刨)-精铣(或精刨)-粗磨 – 精磨 | IT6 ~ IT7 | 0.025 ~ 0.4 | |
| 11 | 粗铣-拉 | IT7 ~ IT9 | 0.4 ~ 1.6 | 大批量生产的平面 |
| 12 | 粗铣-精铣-磨削-研磨 | IT7 以上 | 0.006 ~ 0.1 | 高精度平面 |

**表 2.11　外圆面加工方案**

| 序号 | 加工方案 | 经济精度 | 经济表面粗糙度 $R_a/\mu m$ | 适用范围 |
|---|---|---|---|---|
| 1 | 粗车 | IT11 ~ IT13 | 12.5 ~ 50 | 除淬硬钢以外的各种金属 |
| 2 | 粗车-半精车 | IT8 ~ IT10 | 3.2 ~ 50 | |
| 3 | 粗车-半精车-精车 | IT7 ~ IT8 | 0.8 ~ 1.6 | |
| 4 | 粗车-半精车-磨削 | IT7 ~ IT8 | 0.4 ~ 0.8 | 不易加工有色金属或硬度太低的金属 |
| 5 | 粗车-半精车-粗磨-精磨 | IT6 ~ IT7 | 0.1 ~ 0.4 | |
| 6 | 粗车-半精车-粗磨-精磨-超精磨 | IT5 | 0.012 ~ 0.1 | |
| 7 | 粗车-半精车-精车-细车 | IT6 ~ IT7 | 0.025 ~ 0.4 | 精度和粗糙度要求很高的有色金属 |
| 8 | 粗车-半精车-粗磨-精磨-镜面磨 | IT5 以上 | 0.006 ~ 0.025 | 精度和粗糙度要求极高的工件 |
| 9 | 粗车-半精车-粗磨-精磨-研磨 | IT5 以上 | 0.006 ~ 0.1 | |

(2)应考虑生产率和经济性的要求

大批大量生产时,应尽量采用高效率的先进加工方法,如拉削内孔与平面等。但在年产量不大的情况下,应采用一般的加工方法,如镗孔或钻、扩、铰孔以及铣或刨平面等。

表 2.12　孔加工方案

| 序号 | 加工方案 | 经济精度 | 经济表面粗糙度 $R_a/\mu m$ | 适用范围 |
|---|---|---|---|---|
| 1 | 钻 | IT11 ~ IT13 | 12.5 | 除淬硬钢以外的实心毛坯,孔径小于 15 ~ 20 mm |
| 2 | 钻-铰 | IT8 ~ IT10 | 1.6 ~ 6.3 | |
| 3 | 钻-粗铰-精铰 | IT7 ~ IT8 | 0.8 ~ 1.6 | |
| 4 | 钻-扩 | IT10 ~ IT11 | 6.3 ~ 12.5 | 除淬硬钢以外的实心毛坯,孔径大于 15 ~ 20 mm |
| 5 | 钻-扩-铰 | IT8 ~ IT9 | 1.6 ~ 3.2 | |
| 6 | 钻-扩-粗铰-精 | IT7 | 0.8 ~ 1.6 | |
| 7 | 钻-拉 | IT7 ~ IT9 | 0.8 ~ 1.6 | 大批量生产 |
| 8 | 粗镗(或扩孔) | IT11 ~ IT13 | 6.3 ~ 12.5 | 除淬硬钢以外的各种材料,毛坯上已有孔 |
| 9 | 粗镗(或粗扩)-半精镗(或精扩) | IT9 ~ IT10 | 1.6 ~ 3.2 | |
| 10 | 粗镗(或粗扩)-半精镗(或精扩)-精镗(或铰) | IT7 ~ IT8 | 0.8 ~ 1.6 | |
| 11 | 粗镗(或粗扩)-半精镗(或精扩)-精镗-浮动镗 | IT6 ~ IT7 | 0.4 ~ 0.8 | |
| 12 | 粗镗(或粗扩)-半精镗-磨孔 | IT7 ~ IT8 | 0.2 ~ 0.8 | 除硬度很低的材料和有色金属以外 |
| 13 | 粗镗(或粗扩)-半精镗-粗磨-精磨 | IT6 ~ IT7 | 0.1 ~ 0.2 | |
| 14 | 粗镗-半精镗-精镗-金刚镗 | IT6 ~ IT7 | 0.04 ~ 0.63 | 有色金属 |
| 15 | 钻(或扩孔)-粗铰-精铰-珩磨 | IT6 ~ IT7 | 0.02 ~ 0.32 | 要求很高的孔 |
| 16 | 钻-(扩)-拉-珩磨 | IT6 ~ IT7 | 0.02 ~ 0.32 | |
| 17 | 粗镗-半精镗-精镗-珩磨 | IT6 ~ IT7 | 0.02 ~ 0.32 | |

(3)应考虑工件的材料

如有色金属就不宜采用磨削方法进行精加工,而淬火钢的精加工就需采用磨削加工的方法。

需要注意的是,任何一种加工方法,可以获得的精度和表面粗糙度值均有一个较大的范围,例如,精细地操作,选择低的切削用量,获得的精度较高,但又会降低生产率,提高成本。反之,如增加切削用量提高了生产率,虽然成本降低了,但精度也较低。所以,只有在一定的精度范围内才是经济的,这一定范围的精度就是指在正常加工条件下(即不采用特别的工艺方法,不延长加工时间)所能达到的精度,这种精度称为经济精度。相应的表面粗糙度称为经济表面粗糙度。

**3. 加工阶段的划分**

当零件的加工质量要求较高时,一般都要经过粗加工、半精加工和精加工 3 个阶段,如果零件精度要求特别高或表面粗糙度值要求特别小时,还要经过光整加工阶段。

各个加工阶段的主要任务是不同的,在粗加工阶段主要是高效地切除各加工表面上的大部分余量,使毛坯在形状和尺寸上接近零件成品。半精加工阶段主要是减小粗加工后留下的误差，使被加工零件达到一定精度，为精加工作准备，并完成一些次要表面的加工。精加工阶段主要是保证各主要表面达到图纸规定的加工要求。而光整加工阶段是对精度要求很高（IT6以上）、表面粗糙度值要求很小（$R_a < 0.2\ \mu m$）的零件安排的加工，其主要任务是减小表面粗糙度值或进一步提高尺寸精度和形状精度，一般不能纠正各表面的位置误差。

将工艺过程划分成几个阶段是对整个加工过程而言的，不能单纯从某一表面的加工或某一工序的性质来判断。

划分加工阶段也并不是绝对的。对于刚性好、加工精度要求不高或余量不大的工件就不必划分加工阶段。有些精度要求高的重型件，由于运输安装费时费工，一般也不划分加工阶段，而是在一次装夹下完成全部粗加工和精加工任务。为减少夹紧变形对加工精度的影响，可在粗加工后松开夹紧机构，然后用较小的夹紧力重新夹紧工件，继续进行精加工，这对提高加工精度是有利的。

**4. 工序集中与分散**

零件上加工表面的加工方法选择好后，就可确定组成该零件的加工工艺过程的工序数。确定工序数有两种截然不同的原则。一个是工序集中原则，另一个是工序分散原则。

（1）工序集中原则

所谓工序集中，就是把工件上较多的加工内容集中在一道工序中进行，而整个工艺过程由数量比较少的复杂工序组成。它的特点如下：

①工序数目少、设备数量少，可相应减少操作工人人数和生产面积。

②工件装夹次数少，不但缩短了辅助时间，而且在一次装夹下所加工的各个表面之间容易保证较高的位置精度。

③有利于采用高效率的专用机床和工艺装备，从而提高生产效率。

④由于采用比较复杂的专用设备和专用工艺装备，因此生产准备工作量大，调整费时，对产品更新的适应性差。

（2）工序分散原则

所谓工序分散就是在每道工序中仅仅对工件上很少的几个表面进行加工，整个工艺过程由数量比较多的简单工序组成。它的特点如下：

①工序数目多，设备数量多，相应地增加了操作工人人数和生产面积。

②可以选用最有利的切削用量。

③机床、刀具、夹具等结构简单，调整方便。

④生产准备工作量小，改变生产对象容易，生产适应性好。

工序集中和分散各有其特点，必须根据生产类型、工厂的设备条件、零件的结构特点和技术要求等具体生产条件确定。在现代制造中，由于数控机床等和使用，工艺过程的安排趋向于工序集中。

**5. 工序顺序的安排**

（1）机械加工工序的安排

机械加工工序的安排应遵循以下几个原则：先基准后其他、先粗后精、先主后次、先平面后孔。

①先基面后其他。选作精基准的表面的加工应优先安排，以便为后续工序的加工提供精基准。

②先粗后精。对加工精度要求高的表面应按粗加工、半精加工、精加工、光整加工的顺序安排加工过程。

③先主后次。先考虑主要表面加工,再安排次要表面加工,次要表面加工常常从加工方便与经济角度出发进行安排;次要表面和主要表面之间往往有相互位置要求,常常要求在主要表面加工后,以主要表面定位进行加工;减少因主要表面加工报废时所造成的损失。当次要表面的加工劳动量很大时,为了减少由于加工主要表面产生废品造成工时损失,主要表面的精加工工序宜安排在次要表面加工之前进行。

④先面后孔。当零件上有较大的平面可以作定位基准时,先将其加工出来,再以面定位,加工孔,可以保证定位准确、稳定,且夹具相对较简单;在毛坯面上钻孔或镗孔,容易使钻头引偏或打刀,先将此面加工好,再加工孔,则可避免上述情况的发生。

根据上述原则,作为精基准的表面应安排在工艺过程开始时加工;精基准面加工好后,接着对精度要求高的主要表面进行粗加工和半精加工,并穿插进行一些次要表面的加工,然后进行各表面的精加工;要求高的主要表面的精加工一般安排在最后进行,这样可避免已加工表面在运输过程中碰伤,有利于保证加工精度;有时也可将次要的、较小的表面安排在最后加工,如紧固螺钉孔等。

(2)热处理工序的安排

为了提高工件材料的力学性能,或改善工件材料的切削性能,或为了消除工件材料内部的内应力,在工艺过程中的适当位置应安排热处理工序。

①预备热处理

预备热处理包括退火、正火、时效和调质处理等,其目的是改善加工性能,消除内应力和为最终热处理作好组织准备。一般多安排在粗加工前后。

退火和正火是为了改善切削加工性能和消除毛坯的内应力,常安排在毛坯制造之后粗加工之前进行。调质处理即淬火后的高温回火,能获得均匀细致的组织,常置于粗加工之后进行。

时效处理主要用于消除毛坯制造和机械加工中产生的内应力,最好安排在粗加工之后进行。对于加工精度要求不高的工件与可放在粗加工之前进行。

②最终热处理

最终热处理包括淬火、渗碳淬火和渗氮、液体碳氮共渗处理等。其目的主要是提高零件材料的硬度和耐磨性,它们工艺过程中的安排如下:

淬火处理一般都安排在半精加工和精加工之间进行。这是由于工件淬硬后,表面会产生氧化层且有一定的变形,淬硬处理后需安排精加工工序,以修整热处理工序产生的变形。在淬火工序以前,需将铣槽、钻孔、攻螺纹和去毛刺等次要表面的加工进行完毕,以防工件淬硬后无法加工。

渗碳淬火常用于处理低碳钢和低碳合金钢,目的是使零件表层增加含碳量,淬火后使表层硬度增加,而芯部仍保持其较高的韧性。

渗氮、液体碳氮共渗等热处理工序,可根据零件的加工要求安排在粗、精磨削之间或在精磨之后进行,用于装饰及防锈表面的电镀、发蓝处理等工序,一般都安排在机械加工完毕后进行。

(3)辅助工序的安排

辅助工序种类很多,包括工件的检验、去毛刺、平衡及清洗工序等,其中检验工序对保证产品质量有极为重要的作用,需在下列场合安排检验工序:

粗加工全部结束之后,精加工之前;工件从一个车间转到另一个车间时;重要工序加工前后;零件全部加工结束后。

除了一般性的尺寸检查(包括形位误差检查)和表面粗糙度检查之外,还有其他检查,如X射线检查、超声波探伤检查等用于检查工件内部的质量,一般都安排在工艺过程的开始进行,荧光检查和磁力探伤主要用于检查工件表面质量,通常安排在精加工阶段进行。

特别应提出的是不应忽视去毛刺、倒棱以及清洗等辅助工序,特别是一些重要零件,往往由于这些工序安排不当而影响产品的使用性能和工作寿命。

### 2.5.4　工序内容设计

工序内容设计大多采用经验法或查表法进行,极少应用计算法。

## 2.6　机械产品的装配工艺

### 2.6.1　概述

**1.装配的概念**

任何机器产品都是由许多零件和部件所组成。按照规定的技术要求,将若干个零件组合成组件,并进一步结合成部件以至整台机器的装配过程,分别叫组装、部装和总装。

机器是由零件、合件、组件和部件等装配单元组成,零件是组成机器的基本单元。合件是由若干零件固定连接(铆或焊)而成,或连接后再经加工而成,如发动机连杆小头孔压入衬套后再精镗。组件是指一个或几个合件与零件的组合,没有显著完整的作用,如发动机中的活塞连杆组。它与合件的区别在于,组件在以后的装配中可拆,而合件在以后的装配中一般不再拆开,可作为一个零件。部件是若干组件、合件及零件的组合体,并在机器中能完成一定的功能,如汽车的发动机。机器是由上述各装配单元结合而成的整体,具有独立的、完整的功能。

同一等级的装配单元在进入总装之前是相对独立的,在总装时再以一个零件或部件作为基础件,按照预定的装配作业计划顺次将其他零件相继就位装配成整机。在同级装配单元之间可实现平行作业,而在高一级装配单元实现流水作业。这样安排可以缩短装配周期,便于制定装配作业计划和布置装配车间。汽车的总装配就是在各总成之间平行作业,装好的总成再按总装要求的节拍送到总装流水线上装成整车。

**2.装配精度**

机器的质量,主要取决于机器结构设计的正确性、零件的加工质量(包括材料和热处理)以及机器的装配精度。

产品装配精度包括:

(1)相互位置精度

指相关零部件间的平行度、垂直度、同轴度、各种跳动及距离尺寸精度等。

(2)相对运动精度

指有相对运动的零部件间在运动方向和相对速度上的精度。

(3)配合质量及接触质量

配合质量是指零件配合表面间实际的间隙或过盈量达到要求的程度。接触质量即接触精度,是指实际接触面积的大小和接触点分布情况与规定数值的符合程度。可以通过涂色检验法来检查。它既影响接触面刚度,又影响配合质量。

产品装配精度与零件加工精度有直接关系,但并不完全取决于零件的加工精度,要想合理地保证装配精度,应从产品结构设计、零件加工和装配方法等方面综合考虑。

### 2.6.2 获得装配精度的方法

任何机械产品,要达到装配精度要求,除了与组成产品的零件加工精度有关外,还在一定程度上依赖于装配的工艺方法。保证装配精度的方法,可归纳为4种,即互换法、分组法、修配法和调整法。

**1. 互换法**

互换装配法是采用控制零件加工误差来保证装配精度的工艺方法。根据零件的互换程度不同,又分为完全互换法和不完全互换法(亦称部分互换法或大数互换法)。

(1)完全互换法

完全互换法就是机器在装配过程中每个待装配零件不需要挑选、修配和调整,装配后就能达到装配精度要求的一种方法,这种方法是用控制零件的制造精度来保证机器的装配精度。

完全互换法的优点是装配过程简单,生产效率高;对工人的技术水平要求不高;便于组织流水作业及实现自动化装配;容易实现零部件的专业协作;便于备件供应及维修工作等。

因为有这些优点,所以只要能满足零件经济精度要求,无论何种生产类型都应首先考虑采用完全互换法装配。但是在装配精度要求较高,尤其是组成零件的数目较多时,这对组成装配精度的各零件加工精度要求高,很不经济,有时甚至无法加工。

(2)不完全互换法

不完全互换法规定各有关零件公差平方和的平方根小于或等于装配公差。不完全互换法把零件公差放大了,使零件加工容易,成本低,同时也达到大部分互换的目的。公差放大后使得大部分零件装配后能达到所要求的装配精度,只有很少一部分零件装配后要超差。这就需要考虑采取补救措施,或经过经济性核算来论证,如因产生废品造成的损失比因零件公差放大而得到的增益要小,就值得采用。

**2. 选择法**

选择装配法是将配合副中各零件仍按经济精度制造,然后选择合适的零件进行装配,以满足装配精度的要求。

选择装配法有3种形式:直接选配法、分组装配法和复合选配法。

(1)直接选配法

工人在若干个待装配的零件中,凭经验挑选合适的互换件装配在一起。如为了避免活塞工作时活塞环可能在槽中卡住,装配时凭经验直接选择合适的活塞环装配。此法虽简单但工时不稳定,而且装配质量由工人技术水平决定,不宜于在流水线和自动线上采用。常用于装配精度不太高的组件。

(2)分组装配法

当装配精度要求很高,如用完全互换法和大数互换法来装配,将导致各零件相关尺寸的公差非常小,使加工十分困难甚至不可能,同时也不经济。这时可将全部组成环的公差扩大3~6倍,使组成环能够按经济公差加工,装配前先对互配零件进行测量按原公差大小分组,并按相应组进行装配,这就是分组法。在同一组中零件可以完全互换,满足装配精度要求,故又称为分组互换法。

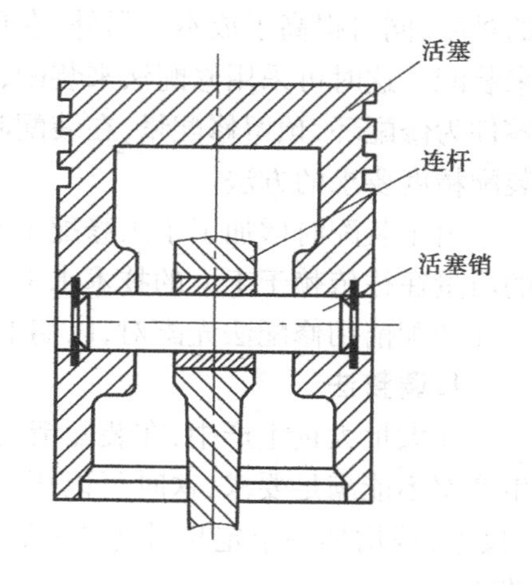

图2.19 活塞、活塞销和连杆组装图

如图2.19所示,某发动机中的活塞销孔和活塞销的配合要求精度很高,装配后的过盈量为0.002 5~0.007 5 mm。如采用完全互换法装配,则活塞销的直径为 $\phi28_{-0.0025}$ mm,活塞销孔的直径为 $\phi28_{-0.0075}^{-0.0050}$ mm,即孔销的制造精度均为IT2,显然这是非常困难和极不经济的。

因此生产上多采用分组互换法。将活塞销和销的直径公差同向增大4倍,则活塞销直径变为 $\phi28_{-0.010}$ mm、活塞销孔的直径为 $\phi28_{-0.015}^{-0.005}$ mm,此时孔销的制造精度均为IT5左右。这样,活塞销外圆可用无心磨,活塞销孔可用金刚镗分别达到制造精度要求,再用精密量具来测量制造出的活塞销孔和活塞销,并按尺寸大小分成4组,标以不同的颜色区别,以便按组装配来保证配合精度和性质,如表2.13所示。

**表2.13 活塞销和活塞销孔的分组互换装配**

| 组别 | 标志颜色 | 活塞销直径($\phi28_{-0.010}$ mm) | 活塞销孔直径($\phi28_{-0.015}^{-0.005}$ mm) | 配合性质 | |
|---|---|---|---|---|---|
| | | | | 最小过盈/mm | 最大过盈/mm |
| 1 | 白 | 28.000 0~27.997 5 | 27.995 0~27.992 5 | 0.002 5 | 0.007 5 |
| 2 | 绿 | 27.997 5~27.995 0 | 27.992 5~27.990 0 | | |
| 3 | 黄 | 27.995 0~27.992 5 | 27.990 0~27.987 5 | | |
| 4 | 红 | 27.992 5~27.990 0 | 27.987 5~27.985 0 | | |

分组法中选定的分组数不宜太多,否则会造成零件的尺寸测量、分类、保管、运输等装配组织工作的复杂性。分组数只要使零件能达到经济精度就可以了。

要保证分组后各组的配合精度性质与要求的相同,因此配合件的公差范围应相等,公差就同向增大,增大倍数即为以后的分组数。

采用分组法时,各组成环的尺寸分布曲线都是正态的,才能使装配时得以配套,否则将造成零件积压。

(3)复合选配法

装配前先对零件进行测量分组,装配时再在对应组的零件中凭工人经验直接选配。这种方法吸取了前两种选择装配法的优点,既能达到较高的装配精度,又能较快地选到合适的零件,便于保证生产节奏。在拖拉机的发动机装配中,汽缸与活塞的装配大都采用这种方法。

**3.修配法**

在装配精度要求较高且装配零件又较多的情况下,用互换法来装配,会增加零件机械加工的难度，同时提高了成本。另外，在单件小批或中批生产中，由于产量不大，也不必要用互换法来装配。这时可采用修配法来装配，即先将各组成环的尺寸按可能的经济公差制造，选定一个零件为修配环，预留修配量，在装配时用手工挫、刮、研等方法修去该零件上的多余部分，达到装配精度要求的方法。

由于装配时增加了手工修配工作，劳动量大，也没有一定的节拍，不易组织流水作业，装配的质量往往依赖于工人的技术水平。因此在大批量的汽车生产中很少采用。但有些精密偶件可在装配前用修配法先配对，以期不影响装配流水线或自动线的节拍。

**4. 调整法**

在大批大量生产中，在装配精度要求较高且装配零件又较多的情况下，用修配法装配显然生产率不能满足要求，这时可以用一个可调整的零件，在装配时通过调整它在机器中的位置（尺寸）或增加一个定尺寸零件（如垫圈、垫片或轴套等）来达到装配要求，这种方法称为调整法。

（1）固定调整法

固定调整法在装配时增加一个定尺寸零件来达到装配精度要求。产品装配时，根据各组成环所形成累积误差的大小，通过更换调节件来实现调节环实际尺寸并保证装配精度的方法。如在后桥壳体的一端和轴承座间安放一调整垫片，通过改变调整垫片的厚度即可达到改变圆锥齿轮轴向位置装配精度的要求。

（2）可动调整法

用改变调整件位置来满足装配精度的方法，叫做可动调整装配法。调整过程中不需要拆卸零件，比较方便。在机械制造中使用可动调整装配法的例子很多，如用调整螺母预紧圆锥轴承即可调整圆锥齿轮的轴向位置，以达到装配精度的要求。

### 2.6.3 装配的组织形式

装配的组织形式与产品的生产类型有关，一般分为以下3类。

**1. 单件生产的装配**

单件生产的装配工作一般在固定的地点，由一个或一组工人，从开始到结束完成全部装配工作，如夹具、模具等产品的装配。对于比较复杂的大件的装配，需要几组工人共同进行，如生产线的装配。

**2. 成批生产的装配**

成批生产的装配通常分为部件装配与总装配。每个部件的装配由一个或一组工人完成，然后再由一个或一组工人完成总装配，如机床的装配。

这种将产品或部件的全部装配工作安排在固定的地点进行的装配，称为固定式装配。

**3. 大量生产的装配**

大量生产的装配，需将产品装配过程划分为组件、部件装配，最后再进行总装。

组件、部件装配和产品总装均需划分为若干装配工序，每一工序由一个或一组工人来完成。装配时，工作对象（组件、部件或产品）按规定的顺序由一个工作地点（或一台装配设备）转移到下一个工作地点（或一台装配设备），也可以工作对象不动，由各工序的工人移动来完成装配，如汽车的装配。

常将这种装配方式叫做流水装配法。

# 第3章 汽车基本知识

## 3.1 汽车的总体构造

汽车是借助于自身的动力装置驱动，且具有4个或4个以上的车轮的非轨道无架线车辆。汽车区别于沿铺设轨道或电力架线行驶的火车、有轨电车或无轨电车以及进行农田作业的拖拉机、自走式工程机械，在分类统计时，二轮或三轮机动车，具有武器和装甲的作战车辆不算作汽车。汽车的主要用途是运输，亦即载送人和货物的车辆。

汽车一般由发动机、底盘、车身和电气设备4个基本部分组成，如图3.1所示。

**1. 发动机**

发动机的作用是使进入汽缸内的燃料燃烧，为汽车提供动力。现代汽车广泛采用往复活塞式发动机，这种发动机由两大机构、五大系统构成，即曲柄连杆机构、配气机构、燃料供给系、冷却系、润滑系、点火系（汽油发动机采用）、起动系。

按使用的燃料划分，发动机有汽油和柴油发动机两种；按工作方式划分有二冲程发动机和四冲程发动机两种，一般汽车发动机采用四冲程发动机。

**2. 底盘**

底盘的作用是支承、安装汽车的发动机及其各部件、总成，形成汽车整体造型，并接受发动机的动力，使汽车获得运动并保证正常行驶。

底盘由传动系、行驶系、转向系和制动系4部分组成。

传动系统将发动机的动力传给驱动车轮，传动系统又包括了离合器、变速器、传动轴、主减速器及差速器、传动半轴等部分。

行驶系由车架、车桥、悬架和车轮等部分组成。它的基本功用是支持全车质量并保证汽车的行驶。

转向系由方向盘、转向器、转向节、转向节臂、横拉杆、直拉杆等组成，作用是转向。

制动系使汽车减速或停车，并可保证驾驶员离去后汽车可靠地停住。

**3. 车身**

车身安装在底盘的车架上，用以驾驶员、乘客乘坐或装载货物。轿车、客车的车身一般是整体结构，货车车身一般是由驾驶室和货箱两部分组成。

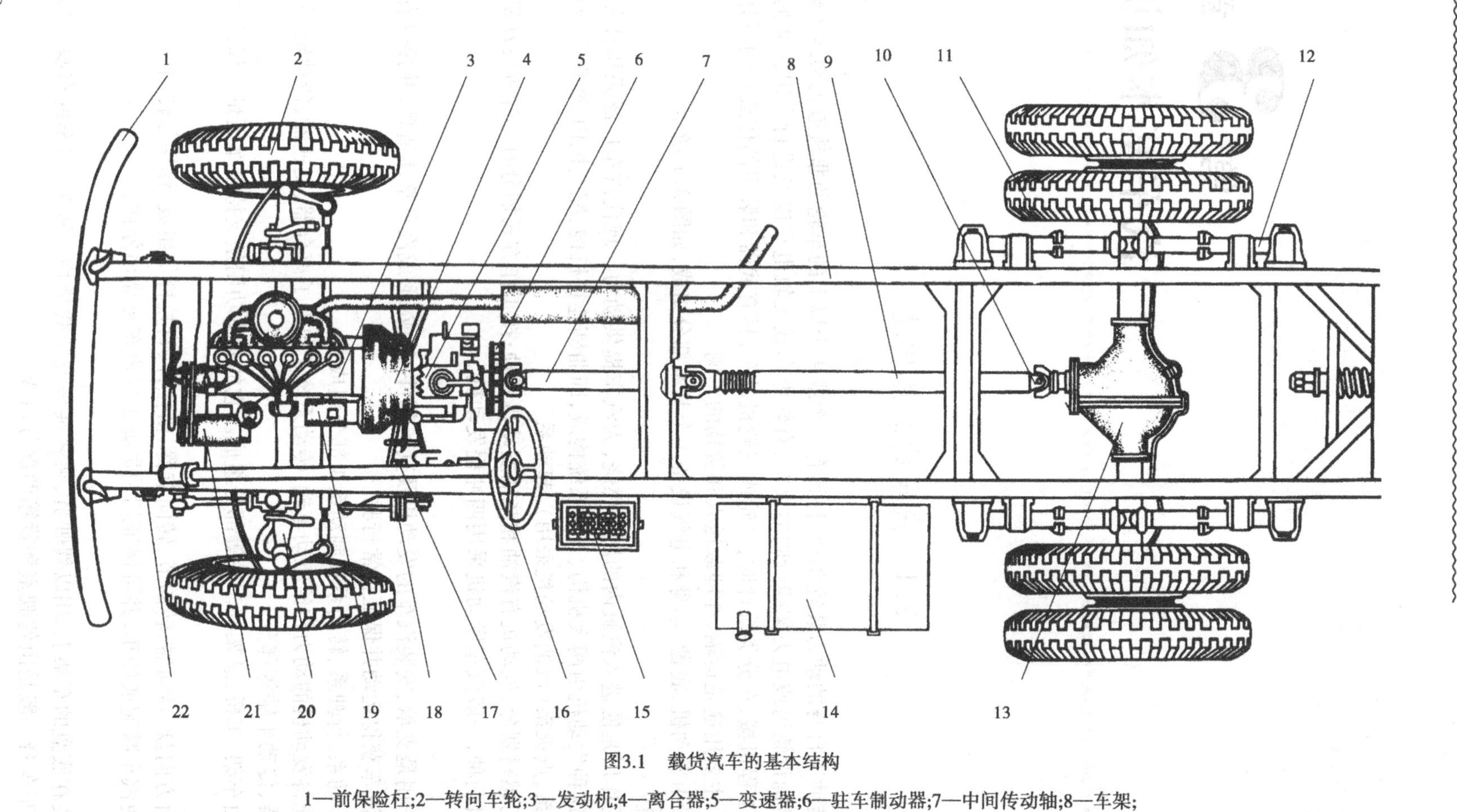


图3.1 载货汽车的基本结构

1—前保险杠;2—转向车轮;3—发动机;4—离合器;5—变速器;6—驻车制动器;7—中间传动轴;8—车架;
9—传动轴;10—万向节;11—驱动车轮;12—后钢板弹簧;13—后桥;14—汽油箱;15—蓄电池;16—转向盘;
17—制动踏板;18—离合器踏板;19—起动机;20—前桥;21—发电机;22—前钢板弹簧

4. **电气设备**

电气设备由电源和用电设备两大部分组成。电源包括蓄电池和发电机,用电设备包括发动机的起动系、汽油机的点火系和仪表、照明装置、音响装置、雨刷器等其他用电装置组成。

## 3.2　汽车发动机的基本工作原理

发动机是汽车的动力源。发动机有内燃机和外燃机两种。直接以燃料燃烧所生成的燃烧产物为工质的为内燃机,反之则称为外燃机。内燃机包括活塞式内燃机和燃气轮机。外燃机则包括蒸汽机、汽轮机和热气机等。内燃机与外燃机相比,具有结构紧凑、体积小、质量轻和容易启动等优点,所以内燃机尤其是活塞式内燃机被广泛用于汽车动力。

发动机是汽车的心脏,为汽车的行走提供动力。简单地讲发动机就是一个能量转换机构,即将汽油(或柴油)的热能,通过在密封汽缸内燃烧气体膨胀,推动活塞做功转变为机械能,这是发动机基本工作原理。

### 3.2.1　发动机的分类

按活塞运动方式分类:活塞式发动机可分为往复活塞式和旋转活塞式两种。前者活塞在汽缸内作往复直线运动,后者活塞在汽缸内作旋转运动。

按照进气系统分类:发动机按照进气系统是否采用增压方式可以分为自然吸气(非增压)式发动机(即在接近大气状态下进气)和强制进气(增压式)发动机(即利用增压器将进气压力增高、进气密度增大)。增压可以提高发动机功率。

按照汽缸排列方式分类:发动机按照汽缸排列方式不同可以分为单列式、双列式和三列式。如图3.2所示,单列式发动机的各个汽缸排成一列,一般是垂直布置的,但为了降低高度,有时也把汽缸布置成倾斜的甚至水平的;双列式发动机把汽缸排成两列,两列之间的夹角小于180°(一般为90°)称为V形发动机,若两列之间的夹角等于180°称为对置式发动机,三列式发动机把汽缸排成三列,成为W形发动机。

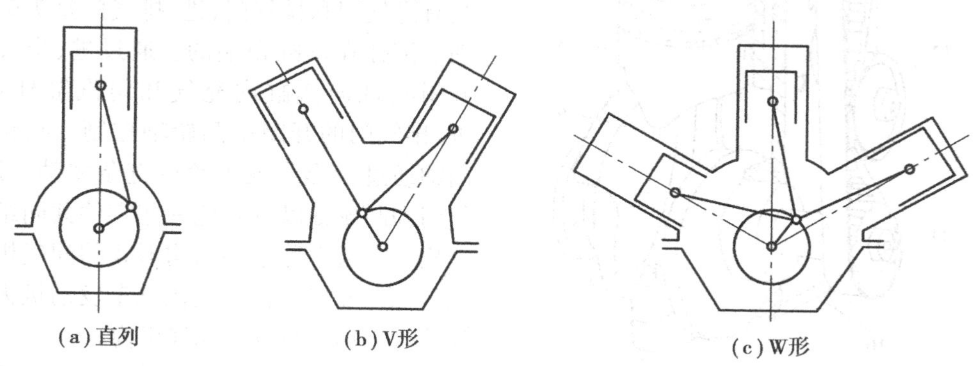


图3.2　按汽缸排列方式

按照汽缸数目分类:发动机按照汽缸数目不同可以分为单缸发动机和多缸发动机。仅有一个汽缸的发动机称为单缸发动机;有两个以上汽缸的发动机称为多缸发动机,如双缸、三缸、四缸、五缸、六缸、八缸、十二缸、十六缸等都是多缸发动机。现代汽车发动机多采用四缸、六缸、八缸发动机。

按照冷却方式分类:发动机按照冷却方式不同可以分为水冷发动机和风冷发动机。水冷发动机是利用在汽缸体和汽缸盖冷却水套中进行循环的冷却液作为冷却介质进行冷却的;而风冷发动机是利用流动于汽缸体与汽缸盖外表面散热片之间的空气作为冷却介质进行冷却的。水冷发动机冷却均匀,工作可靠,冷却效果好,被广泛地应用于现代汽车发动机。

按照行程分类:发动机按照完成一个工作循环所需的冲程数可分为四冲程发动机和二冲程发动机。曲轴转两圈(720°),活塞在汽缸内上下往复运动四个冲程,完成一个工作循环,称为四冲程发动机;曲轴转一圈(360°),活塞在汽缸内上下往复运动两个冲程,完成一个工作循环,称为二冲程发动机。汽车发动机广泛使用四冲程发动机。

按照所用燃料分类:发动机按照所使用燃料的不同可以分为汽油机和柴油机。汽油机与柴油机比较各有特点:汽油机转速高,质量小,噪声小,起动容易,制造成本低;柴油机压缩比大,热效率高,经济性能和排放性能都比汽油机好。

### 3.2.2　往复活塞式发动机的基本结构及基本术语

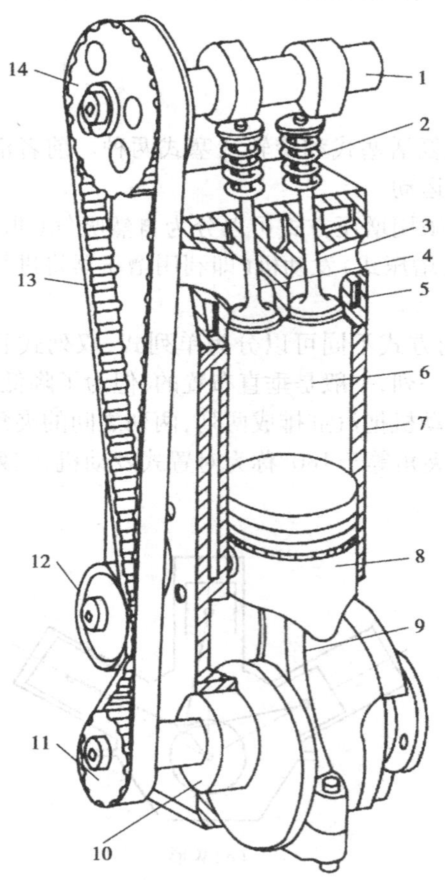


图3.3　往复活塞式发动机的结构

1—凸轮轴;2—气门弹簧;3—进气门;4—排气门;5—汽缸盖;6—汽缸;7—机体;8—活塞;9—连杆;10—曲轴;11—曲轴齿形带轮;12—张紧轮;13—齿形带;14—凸轮轴齿形带轮

#### 1. 往复活塞式发动机的基本结构

往复活塞式发动机的工作腔称作汽缸,汽缸内表面为圆柱形。在汽缸内作往复运动的活塞通过活塞销与连杆小头连接,连杆大头则与曲轴的连杆轴颈连接,构成曲柄连杆机构,如图3.3所示。当活塞在汽缸内作往复运动时,通过连杆推动曲轴旋转,从而将活塞的往复运动变成了曲轴的旋转运动,或者相反。同时工作腔的容积也在不断地由最小变到最大,再由最大变到最小,如此周而复始,循环而已。

汽缸的顶端用汽缸盖封闭。在汽缸盖上装有进气门和排气门,进、排气门是头朝下尾朝上倒挂在汽缸顶端的。通过进、排气门的开闭实现向汽缸内充气和向汽缸外排气。进、排气门的开闭由凸轮轴控制。凸轮轴由曲轴通过齿形带或齿轮或链条驱动。进、排气门和凸轮轴以及其他一些零件共同组成配气机构。通常称这种结构形式的配气机构为顶置气门配气机构。现代汽车发动机无一例外地都采用顶置气门配气机构。

构成汽缸的零件称为汽缸体,支承曲轴的零件称作曲轴箱,汽缸体与曲轴箱的连铸体称为机体。

#### 2. 往复活塞式发动机的基本术语

(1)工作循环

活塞式发动机的工作循环是由进气、压缩、做功和排气4个工作过程组成的封闭过程。周而复始地进行这些过程发动机才能持续地作功。

(2)上、下止点

活塞顶部离曲轴回转中心最远处为上止点，活塞顶部离曲轴回转中心最近处为下止点，如图3.4所示。在上、下止点处，活塞的运动速度为零。

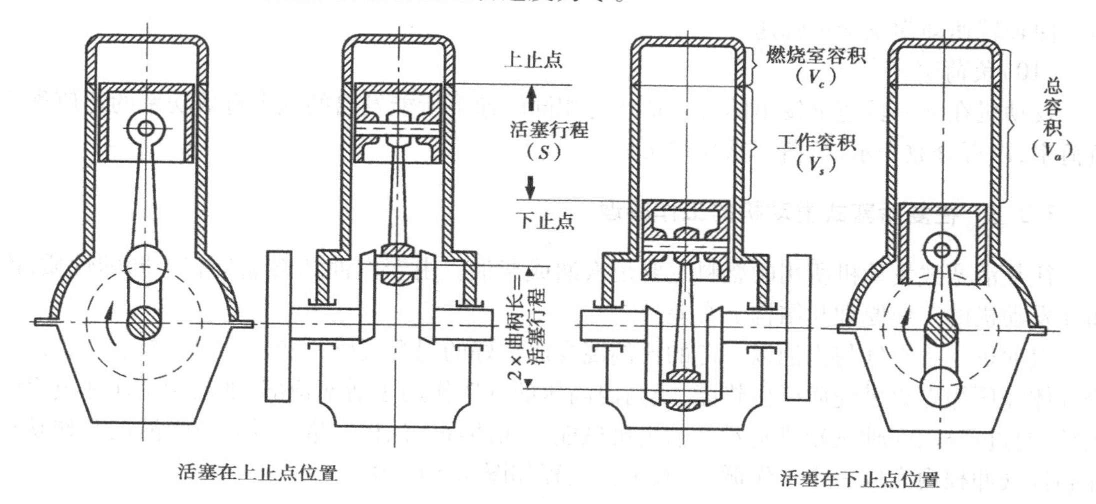


图3.4　发动机基本术语

(3)活塞行程

上、下止点的距离 $S$ 称为活塞行程。曲轴的回转半径 $R$ 称为曲柄半径。显然，曲轴每回转一周，活塞移动两个活塞行程。对于汽缸中心线通过曲轴回转中心的发动机，其 $S=2R$。

(4)汽缸工作容积

上、下止点间所包容的汽缸容积称为汽缸工作容积，记作 $V_s$。

$$V_s = \frac{\pi D^2}{4 \times 10^6} \cdot S \quad (\mathrm{L})$$

式中　$D$——汽缸直径，mm；

　　　$S$——活塞行程，mm。

(5)发动机排量

发动机所有汽缸工作容积的总和称为发动机排量，记作 $V_L$。

$$V_L = i \cdot V_s \quad (\mathrm{L})$$

式中　$i$——汽缸数；

　　　$V_s$——汽缸工作容积，L。

(6)燃烧室容积

活塞位于上止点时，活塞顶面以上汽缸盖底面以下所形成的空间称为燃烧室，其容积称为燃烧室容积，也叫压缩容积，记作 $V_c$。

(7)汽缸总容积

汽缸工作容积与燃烧室容积之和称为汽缸总容积，记作 $V_a$。

$$V_a = V_s + V_c$$

(8)压缩比

汽缸总容积与燃烧室容积之比称为压缩比，记作 $\varepsilon$。

$$\varepsilon = \frac{V_a}{V_c} = 1 + \frac{V_s}{V_c}$$

(9)工况

发动机在某一时刻的运行状况简称工况，以该时刻发动机输出的有效功率和曲轴转速表示。曲轴转速即为发动机转速。

(10)负荷率

发动机在某一转速下发出的有效功率与相同转速下所能发出的最大有效功率的比值称为负荷率，以百分数表示，负荷率常简称负荷。

### 3.2.3 往复活塞式发动机的工作原理

往复活塞式发动机所用的燃料主要是汽油或柴油。由于汽油和柴油具有不同的性质，因而在发动机的工作原理和结构上有差异。

汽油机是将空气与汽油以一定的比例混合成良好的混合气体，在吸气冲程被吸入汽缸，混合气体经压缩点火燃烧而产生热能，经高温高压的气体作用于活塞顶部，推动活塞作往复直线运动，通过连杆、曲轴飞轮机构对外输出机械能。四冲程汽油机在进气冲程、压缩冲程、作功行程和排气冲程内完成一个工作循环，其工作过程如图 3.5 所示。

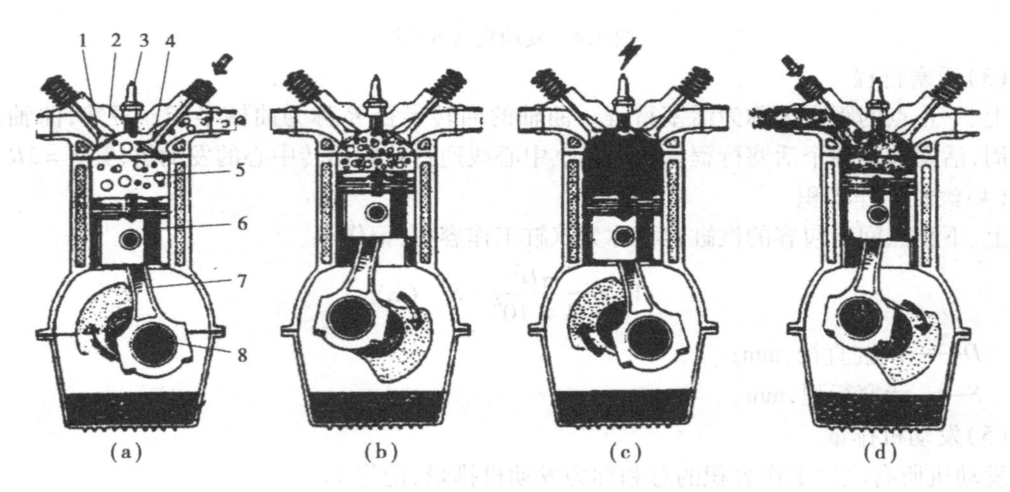


图 3.5 四冲程汽油机工作原理示意图

1—排气门；2—汽缸盖；3—火花塞；4—进气门；
5—汽缸；6—活塞；7—连杆；8—曲轴

(1)进气行程

如图 3.5(a)所示。在此过程中，进气门开启，排气门关闭，活塞在汽缸中由曲轴通过连杆带动由上止点移至下止点，曲轴转动 180°。在活塞运动过程中，活塞顶上面的汽缸容积逐渐增大，汽缸内气体压力逐渐下降，汽缸内形成一定的真空度，在外界大气压力和汽缸内真空度的压差作用下，空气和汽油的混合气体通过进气门被吸入汽缸，并在汽缸内进一步混合形成可燃混合气。当活塞到达下止点时，进气门关闭，进气过程终了。

(2)压缩行程

如图3.5(b)所示。当活塞到达下止点时，由于曲轴连续旋转，通过连杆推动活塞继续由下止点向上运动，此时进、排气门同时关闭，曲轴转动180°。随着活塞从下止点向上止点运动，活塞顶上部的汽缸容积逐渐缩小，汽缸内混合气体受压缩后压力和温度不断升高，到达压缩终点时，汽缸容积减小到燃烧室容积，此时汽缸中气体的压力和温度达到了压缩过程中的最大值，至此压缩过程终了。

(3)做功行程

如图3.5(c)所示。在压缩过程终了时，可燃混合气体在燃烧室中被点燃，混合气燃烧释放出大量的热能，使燃烧室内气体的压力和温度迅速提高。高温高压的燃气推动活塞从上止点向下止点运动，并通过曲柄连杆机构对外输出机械能。随着活塞下移汽缸容积增加，气体压力和温度逐渐下降，直到活塞到达下止点，做功过程结束。在做功冲程，进气门、排气门均关闭，曲轴转动180°。

(4)排气行程

如图3.5(d)所示。活塞到达下止点时做功行程结束，由于曲轴连续旋转而推动活塞继续上移，此时排气门开启，进气门仍然关闭，排气门开启时，燃烧后的废气一方面在汽缸内外压差作用下向缸外排出，另一方面通过活塞的排挤作用向缸外排气。活塞从下止点向上止点运动，曲轴转动180°。活塞运动到上止点时，排气门关闭，排气过程终了。此时，燃烧室中仍留有一些废气无法排出，这部分废气叫残余废气。

随着曲轴旋转，活塞继续由上止点往下运动，开始下一次的进气行程，使工作循环连续不断进行。

### 3.2.4　发动机的性能指标

发动机的性能指标用来表示发动机的性能特点，并作为评价各类发动机性能优劣的依据。发动机的性能指标主要有：动力性指标、经济性指标、环境指标、可靠性指标和耐久性指标等。

**1. 动力性指标**

动力性指标是表示发动机做功能力大小的指标，一般用发动机的有效转矩、有效功率、发动机转速等作为评价指标。

有效转矩：发动机对外输出的转矩称为有效转矩。

有效功率：发动机在单位时间内对外输出的有效功称为有效功率。

发动机转速：发动机曲轴每分钟的回转数称为发动机转速。

**2. 经济性指标**

经济性指标一般用有效燃油消耗率表示。发动机每输出1 kW·h的有效功所消耗的燃油量(以g为单位)称为有效燃油消耗率。

**3. 环境指标**

环境指标主要指发动机排气品质和噪声水平。

排放指标主要是指从发动机油箱、曲轴箱排出的气体和从汽缸排出的废气中所含的有害排放物的量。对汽油机来说主要是废气中的一氧化碳和碳氢化合物含量，对柴油机来说主要是废气中的氮氧化物和颗粒含量。

我国的噪声标准(GB/T 18697—2002)中规定，轿车的噪声不得大于79 dB(A)。

**4. 可靠性指标和耐久性指标**

可靠性指标表示发动机在规定的使用条件下、规定的时间内,正常持续工作能力的指标。可靠性有多种评价方法,如首次故障行驶里程、平均故障间隔里程等。耐久性指标是指发动机主要零件磨损到不能继续正常工作的极限时间。

**5. 发动机万有特性**

汽车发动机的工况在很广泛的范围内变化。当发动机的工况(如功率和转速)发生变化时,其性能(包括动力性、经济性、排放性和噪声等)也随之改变。发动机性能指标随运行工况而变化的关系称为发动机万有特性。

### 3.2.5 发动机的组成

汽油机由两大机构和五大系统组成,即由曲柄连杆机构、配气机构、燃料供给系、润滑系、冷却系、点火系和起动系组成;柴油机由两大机构和四大系统组成,即由曲柄连杆机构、配气机构、燃料供给系、润滑系、冷却系和起动系组成,柴油机是压燃的,不需要点火系。

**1. 曲柄连杆机构**

曲柄连杆机构是发动机实现工作循环,完成能量转换的主要运动机构。它由机体组、活塞连杆组和曲轴飞轮组等组成。如图 3.6 所示,在做功行程中,活塞承受燃气压力在汽缸内作直线运动,通过连杆转换成曲轴的旋转运动,并从曲轴对外输出动力。而在进气、压缩和排气行程中,飞轮释放能量又把曲轴的旋转运动转化成活塞的直线运动。

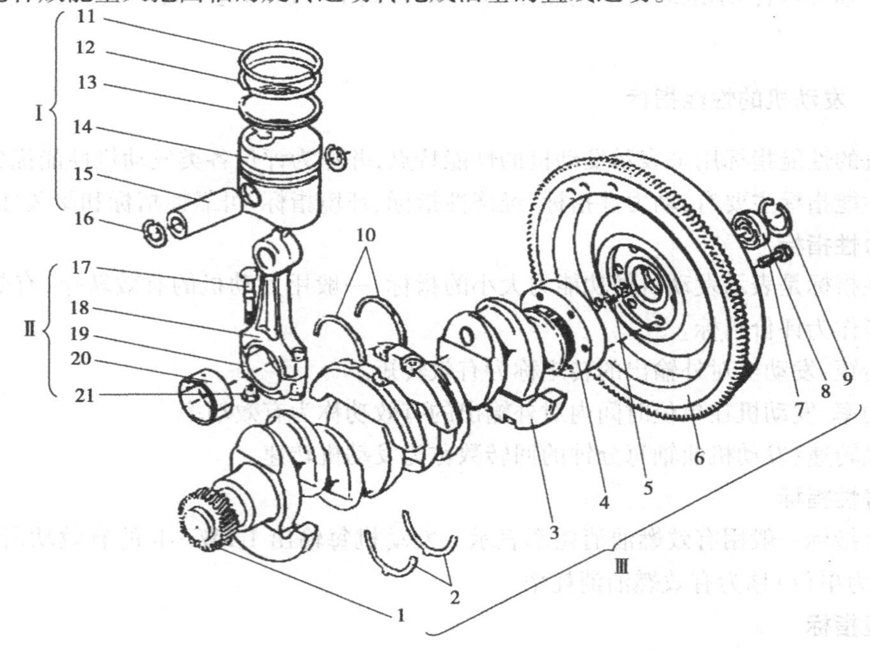


图 3.6 曲柄连杆机构组成

Ⅰ—活塞组;Ⅱ—连杆组;Ⅲ—曲轴飞轮组

1—曲轴定时齿轮;2—下止推片;3—平衡块;4—曲轴;5—定位销;6—飞轮;7—飞轮螺栓;8—变速器第一轴承;9,16—挡圈;10—上止推片;11—上气环;12—下气环;13—油环;14—活塞;15—活塞销;17—连杆螺栓;18—连杆体;19—连杆盖;20—连杆轴承;21—连杆螺母

**2. 配气机构**

配气机构的功用是根据发动机各汽缸的工作顺序和工作过程，定时开启和关闭其进气门和排气门，使可燃混合气或空气进入汽缸，并使废气从汽缸内排出，实现换气过程。配气机构大多采用顶置气门式配气机构，一般由气门组、气门传动组和气门驱动组组成，如图3.7所示。

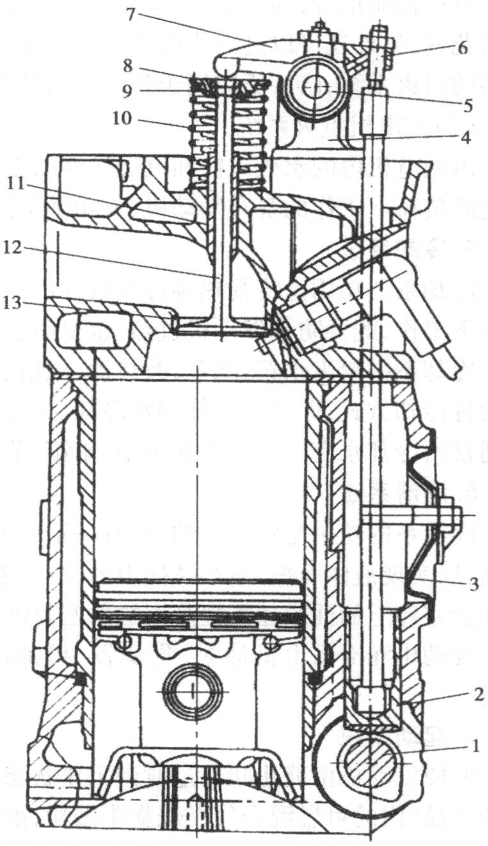

图3.7 凸轮轴下置式配气机构

1—凸轮轴；2—挺柱；3—推杆；4—摇臂轴座；5—摇臂轴；6—气门间隙调整螺钉；7—摇臂；8—气门弹簧座；9—气门锁夹；10—气门弹簧；11—气门导管；12—气门；13—气门座圈

**3. 燃料供给系统**

汽油机燃料供给系的功用是根据发动机运转工况的要求，向发动机供给一定数量的、清洁的、雾化良好的汽油，以便与一定数量的空气混合形成可燃混合气供入汽缸，同时燃油系统还需要储存相当数量的汽油以保证汽车有相当远的续驶里程。

汽车的燃油供给系统一般有两种类型，即化油器式燃油供给系统和燃油喷射式供给系统。化油器式发动机燃料系统中最重要的部件是化油器，它是实现燃油系统功用、完成可燃混合气配制的主要装置。喷射式发动机的燃油系统简称汽油喷射系统，它是在恒定的压力下利用喷油器将一定数量的汽油直接喷入汽缸或进气管道内的汽油机燃油供给装置。

柴油机燃料供给系的功用是把柴油和空气分别供入汽缸，在燃烧室内形成混合气并燃烧，最后将燃烧后的废气排出。

**4. 点火系统**

按照点火系统的组成和产生高压电的方式不同，发动机的点火系统分为：传统点火系统、半导体点火系统、微机控制点火系统以及磁电机点火系统。

(1)传统点火系统

在汽油机中，汽缸内的可燃混合气是靠电火花点燃的，为此，传统点火系统在汽油机的汽缸盖上装有火花塞，火花塞头部伸入燃烧室内。传统点火系统通常由蓄电池、发电机、分电器、点火线圈和火花塞等组成。

(2)半导体点火系统

由传感器或断电器的触点产生点火信号，经由半导体器件组成的点火控制器和点火线圈，将电源的低压电转变为高压电，是目前国内外汽车上广泛应用的点火系统。

(3)微机控制点火系统

由微机控制装置即电脑，根据各种传感器提供的反映发动机工况的信号确定点火时刻，并发出点火控制信号,通过点火线圈将电源的低压电转变为高压电,由配电器将高压电分配到各缸火花塞,另外还可以进一步取消分电器,由微机控制系统直接进行高压电的分配,是现代最新型的点火系统,已广泛应用于各种高级轿车上。

(4)磁电机点火系统

由磁电机内的永久磁铁和电磁线圈的作用产生高压电,不需要另设低压电源。一般用于高速满负荷下工作的赛车发动机、大功率柴油机的起动发动机上。

**5. 冷却系统**

冷却系的功用是将受热零件吸收的部分热量及时散发出去,保证发动机在最适宜的温度状态下工作,既要防止发动机过热,也要防止冬季发动机过冷。

冷却系一般由水箱、水泵、散热器、风扇、节温器、水温表和放水开关组成。汽车发动机采用两种冷却方式,即空气冷却和水冷却。一般汽车发动机多采用水冷却。水冷发动机的冷却系通常由冷却水套、水泵、冷却风扇、水箱、节温器等组成。

**6. 润滑系统**

润滑系的功用是将清洁的、具有一定压力的、温度适宜的润滑油不断地供给各零件的摩擦表面,以实现液体摩擦,减小摩擦阻力,减轻零件的磨损,并对零件表面进行清洗和冷却,汽缸壁和活塞环上的油膜还能提高汽缸的密封性,此外润滑油还可以防止零件生锈。

发动机润滑系由机油泵、集滤器、机油滤清器、油道、限压阀、机油表、放油塞及油尺等组成。

**7. 起动系统**

要使发动机由静止状态过渡到工作状态,必须先用外力转动发动机的曲轴,使活塞作往复运动,汽缸内的可燃混合气燃烧膨胀做功,推动活塞向下运动而使曲轴旋转,发动机才能自行运转,工作循环才能自动进行。因此,曲轴在外力作用下开始转动到发动机开始自动地怠速运转的全过程,称为发动机的起动。完成起动过程所需的装置,称为发动机的起动系。目前大多数汽车发动机都采用电动机起动。

## 思考题

1. 汽车发动机有哪些类型?
2. 四冲程往复活塞式发动机通常由哪些机构与系统组成?它们各有什么功用?
3. 曲柄连杆机构的功用如何?由哪些主要零件组成?
4. 配气机构的功用如何?由哪些主要零件组成?
5. 曲轴上的平衡重有什么作用?

# 第4章 典型零件加工实习

本章的主要内容包括发动机的五大件(曲轴、连杆、缸体、缸盖、凸轮轴)等典型零件的加工,还包括齿轮加工。所选零件结构复杂、精度要求高,基本覆盖了箱体类、轴类、杂件类等机械零件类型。

就发动机生产来看,一般生产批量均较大,所以其典型零件的生产均建有流水线或自动线。在整个生产线上有机械零件不同表面的各种加工方法、有各种类型的加工设备(以专用机床为主,还有不少的数控机床和加工中心)、有各种通用刀具和种类较多的专用刀具、有各种类型的专用机床夹具和专用检具,除此之外,还有相应的工艺文件、不同的加工余量和切削用量的选择与使用。所以本章的实习内容基本覆盖机械加工所涉及的相关知识和内容。

通过这部分内容的生产现场的实习,使学生全面印证教材上的知识,了解和熟悉机械制造工艺及工装,使学生知道零件是怎样加工出来的,其工艺规程应怎样编制,在编制时应考虑的主要问题;通过现场的观察与分析,熟悉不同类型零件的定位基准的选择与使用,能合理选择各表面的加工方法和加工方案,能合理划分零件的加工阶段,了解工序集中与工序分散原则的选择与实现方法,最终使编制零件机械加工工艺规程的能力得到大幅度的提高。通过这部分内容的生产现场的实习,使学生增加切削用量选择的感性知识;了解与熟悉各类刀具、辅具和量具(量仪)的使用和结构设计要点;特别是熟悉各类机床专用夹具的组成、特点和应用,在指导教师与学生互动的基础上使学生掌握各类专用机床夹具设计的要点与注意事项;通过实习,使学生了解各类专用机床的构成、组合机床的配置形式,了解数控机床和加工中心在生产中的应用。通过本章的实习,为毕业设计和以后从事机械制造打下坚实的基础。

本章的实习是生产实习的重点,因此,每个典型零件加工均列有思考题,引导学生深入实习。实习时,指导教师宜首先让学生了解整个零件的生产线,自己去发现问题、解决问题;然后再进一步督促和启发学生深入进去,让学生分析整个工艺规程,还要指定几套专用夹具让学生分析其原理与结构。这样就容易达到实习目的,获得良好的实习效果。

# 4.1 连杆加工

## 4.1.1 连杆的结构特点

### 1. 连杆的工作条件

连杆是发动机的重要运动件之一。它连接活塞和曲轴，并把作用于活塞顶面的膨胀气体的压力传给曲轴，将活塞的往复运动（连杆小头）转变为曲轴的旋转运动（连杆大头），连杆杆身作复合平面运动，同时又受曲轴的驱动而带动活塞压缩汽缸中的气体。因此，连杆工作时承受大小、方向呈周期性变化的动载荷。弯曲应力引起弯曲变形，导致产生疲劳破坏，在连杆小头与杆身圆弧过渡处可见疲劳裂纹，大头杆身与螺栓孔平面直角处可能产生应力集中，另外，连杆螺栓可能断裂。由于连杆横向窜动和形位误差引起连杆受压时产生弯曲，使连杆很容易断裂，因此断裂是连杆的主要损坏形式。

为了减少连杆的惯性力，要求连杆的重量要尽可能轻，所以连杆采用"工字形"截面。以保证既有较高的强度和刚度，又能够减轻连杆的重量。

连杆零件结构如图 4.1 所示。

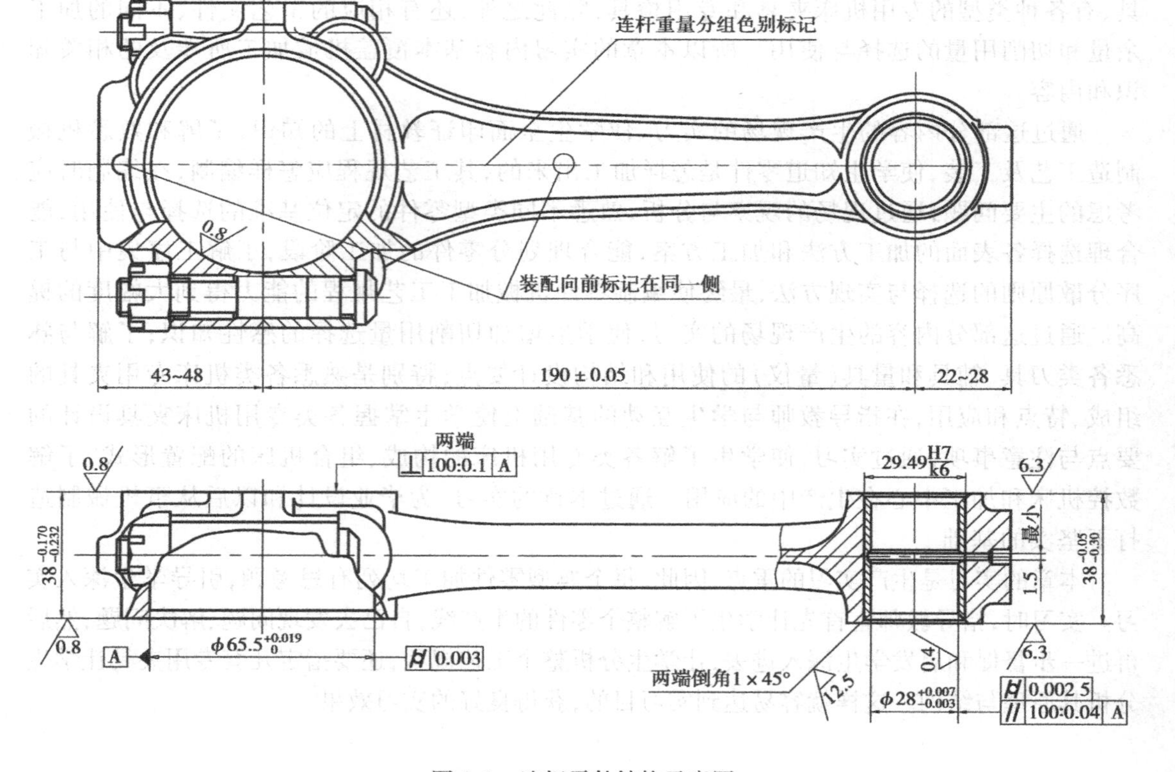


图 4.1 连杆零件结构示意图

**2. 连杆的结构特点**

连杆由连杆体及连杆盖两部分组成。连杆大头用连杆螺栓和螺母与曲轴连杆轴颈装配在一起，大头孔内装有薄壁轴瓦，钢质瓦背内表面浇有一层耐磨合金；大头接合面多采用平切口，为方便从汽缸中装卸，大头接合面也有做成斜剖的。定位方式有销钉定位、套筒定位、齿形定位和凸肩定位等形式。小头孔内压入青铜衬套，用于补偿磨损且便于更换。小头、大头与杆身采用较大圆弧过渡。

考虑到加工时的定位、加工中的输送等需要，连杆大、小头一般厚度相等。对于不等厚度的连杆，为了加工定位和夹紧的方便，也常在工艺过程中先按等厚度加工，最后再将连杆小头厚度加工至所需尺寸。

连杆材料一般采用45钢或40Cr、45Mn2、42CrMo、40MnB等优质钢或合金钢，近年来也有采用球墨铸铁的。其毛坯采用模锻或辊锻制造。可将连杆体和盖分开锻造，也可整体锻造。

### 4.1.2　连杆工艺分析与工艺过程

**1. 连杆的主要技术要求**

连杆外形复杂，定位较难；杆身细长，刚度较差，受夹紧力、切削力等外力作用容易变形；尺寸精度、形状精度、位置精度及表面粗糙度要求均较高，在杆类零件中属较难加工的零件。

连杆的主要技术要求如下：

1）连杆小头孔的尺寸公差不低于IT7级，表面粗糙度 $R_a$ 值不大于0.8 μm，圆柱度公差不低于7级，小头衬套孔的尺寸公差不低于IT6级，表面粗糙度 $R_a$ 值不大于0.4 μm，圆柱度公差不低于6级。

2）连杆大头孔的尺寸公差与所用轴瓦的种类有关，当采用薄壁轴瓦时，大头底孔为IT6级，表面粗糙度 $R_a$ 值不大于0.8 μm，圆柱度公差不低于6级。

3）连杆小头孔及小头衬套孔轴线对大头孔轴线的平行度：在大、小头孔轴线所决定的平面的平行方向上平行度公差值不大于100:0.03，垂直于上述平面的方向上平行度公差值应不大于100:0.06。

4）连杆大、小头孔中心距的极限偏差为±0.05 mm。

5）为了保证发动机运转平稳，对于连杆的重量要求也相当严格。发动机中的连杆重量应尽量相同，加工后要按重量进行分组装配。

**2. 定位基准的选择**

连杆的工艺特点是外形较复杂，不易定位；大、小头由细长的杆身连接，刚度差，容易变形；尺寸公差、形状和位置公差要求很严，表面粗糙度值小，这给连杆的机械加工带来了许多困难，定位基准的正确选择对保证加工精度是很重要的。如为保证大、小头孔与端面垂直，加工大、小头孔时，应以一端面为定位基准，为区分作为定位基准的端面，通常在一端面的杆身和连杆盖上作出标记。为保证两孔位置精度要求，加工一孔时，常以另一孔作为定位基准，即所谓“互为基准”。连杆加工中大多数工序是以大、小头端面，大头孔或小头孔，以及零件图上规定的一个侧面为精基准，即所谓“基准统一”。如图4.2所示为连杆的定位方案之一。

另外无论是哪一道工序，不管采用什么定位方案，加工时夹紧力都不能作用于大、小头之间的杆身上，否则会引起连杆变形，产生较大的安装误差，如图4.3所示。

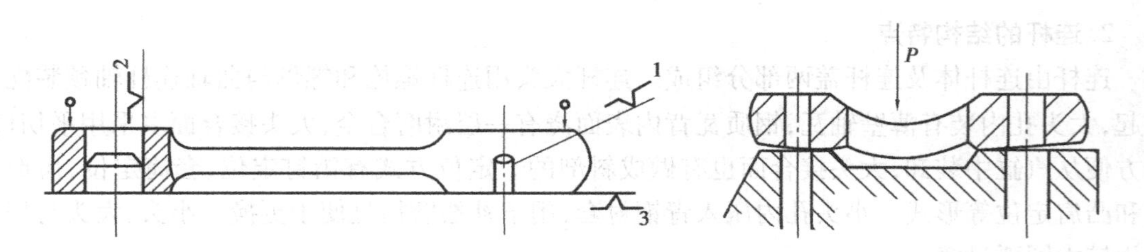


图 4.2　连杆的定位方案　　　　图 4.3　连杆的夹紧变形

**3. 连杆主要加工表面的工序安排**

连杆的主要加工表面为大头孔、小头孔、两端面、连杆盖与连杆体的接合面以及连接螺栓孔;次要加工表面为油孔、卡瓦槽等。非机械加工的技术要求有探伤和称重去重。此外,还有检验、清洗、去毛刺等工序。

大头孔的加工顺序一般为:粗镗—半精镗—金刚镗—珩磨或冷挤压。连杆小头孔的加工顺序一般为:钻—扩(拉)—压衬套—金刚镗。

为了保证主要表面的加工精度和表面粗糙度的要求,连杆在进行机械加工时,粗加工、半精加工、精加工和光整加工工序应分阶段进行。

根据连杆的结构特点及机械加工的要求,各表面的加工顺序可作如下安排:加工大、小头端面;加工基准孔(小头孔);粗、半精加工主要表面(包括大头孔、接合面及螺栓孔等);合盖;精加工连杆总成;校正连杆总重量;对大、小头孔进行精加工和光整加工。

**4. 连杆工艺过程**

由于连杆的技术要求高,而刚性较差容易变形,因此加工时切削用量均较小,同时又需要分别对连杆体及盖在切开后和合盖后进行加工,因此虽然连杆的结构初看起来并不十分复杂,但加工过程却较长。表 4.1 为某大批生产连杆的简要工艺过程。

**表 4.1　连杆加工简要工艺过程**

| 工序号 | 工序内容 | 工序简图 | 设备名称 |
|---|---|---|---|
| 00 | 毛坯检查 | | |
| 10 | 粗精磨<br>两端面 | 先标记朝上然后翻转<br>3 | 双轴立式圆台平面磨床 |
| 20 | 钻小头孔 | 3 | 立式钻床 |

续表

| 工序号 | 工序内容 | 工序简图 | 设备名称 |
| --- | --- | --- | --- |
| 30 | 小头孔倒角 | 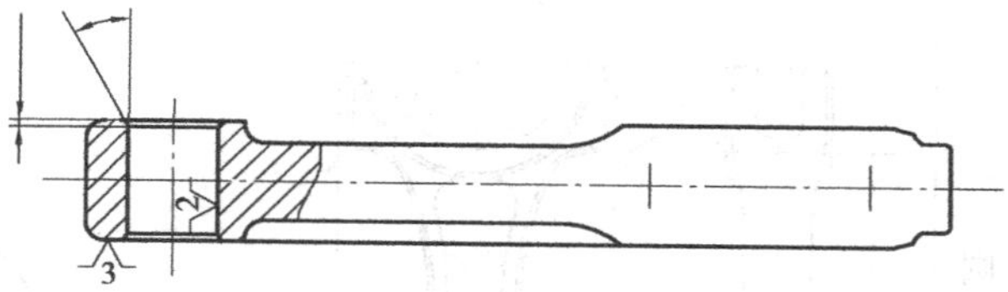 | 立式钻床 |
| 40 | 拉小头孔 | 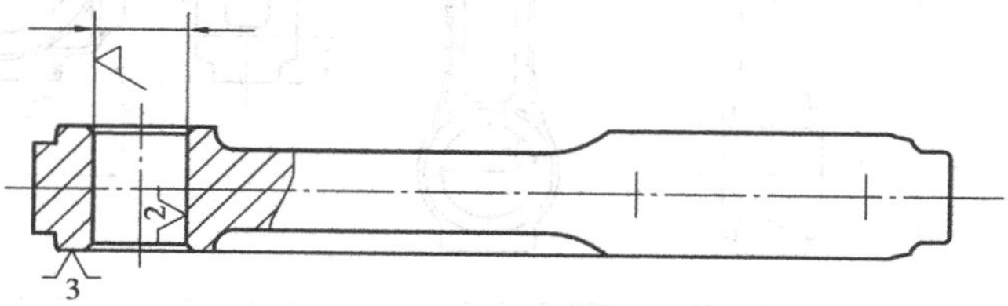 | 立式内拉床 |
| 50 | 拉两侧面、凸台面 | 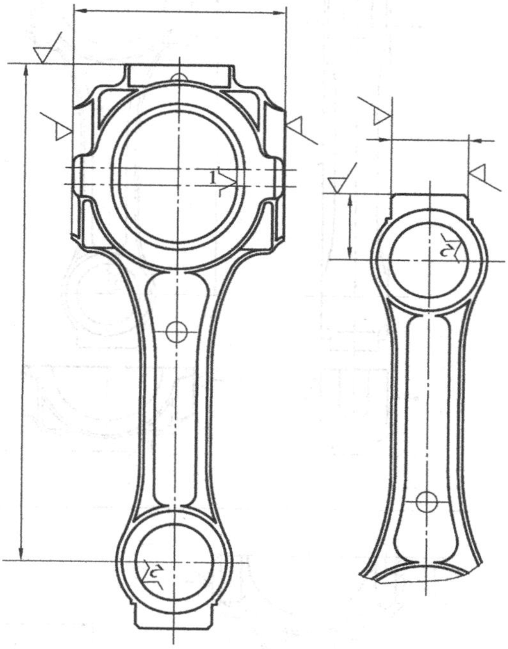 | 立式外拉床 |
| 60 | 铣断 | 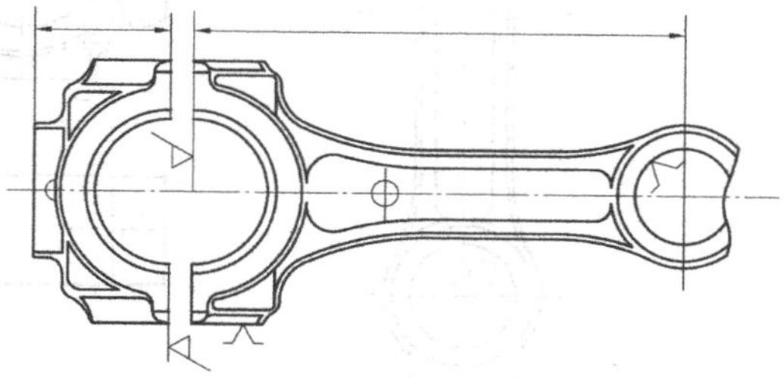 | 双面立式铣床 |

续表

| 工序号 | 工序内容 | 工序简图 | 设备名称 |
| --- | --- | --- | --- |
| 70 | 拉大头圆弧面、两侧面 | 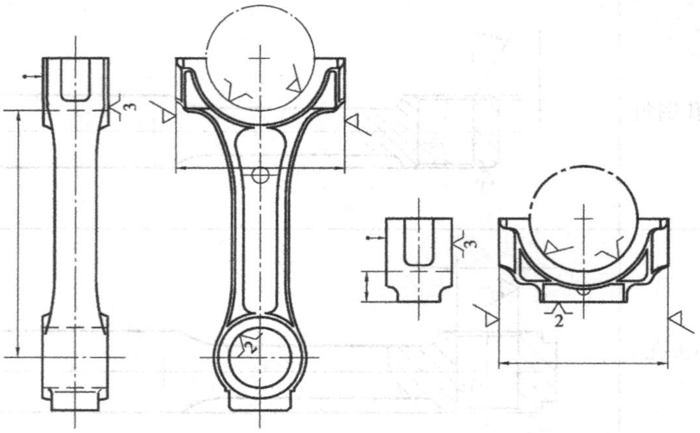 | 卧式连续拉床 |
| 80 | 磨对口面 | 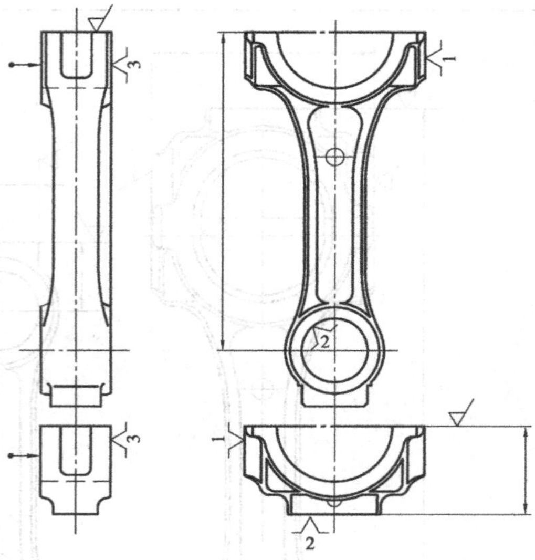 | 双轴立式平面磨床 |
| 90 | 钻螺栓孔 | 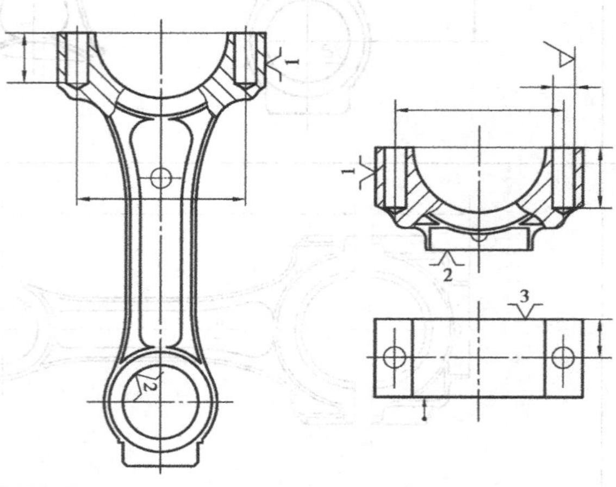 | 单面卧式钻床 |

续表

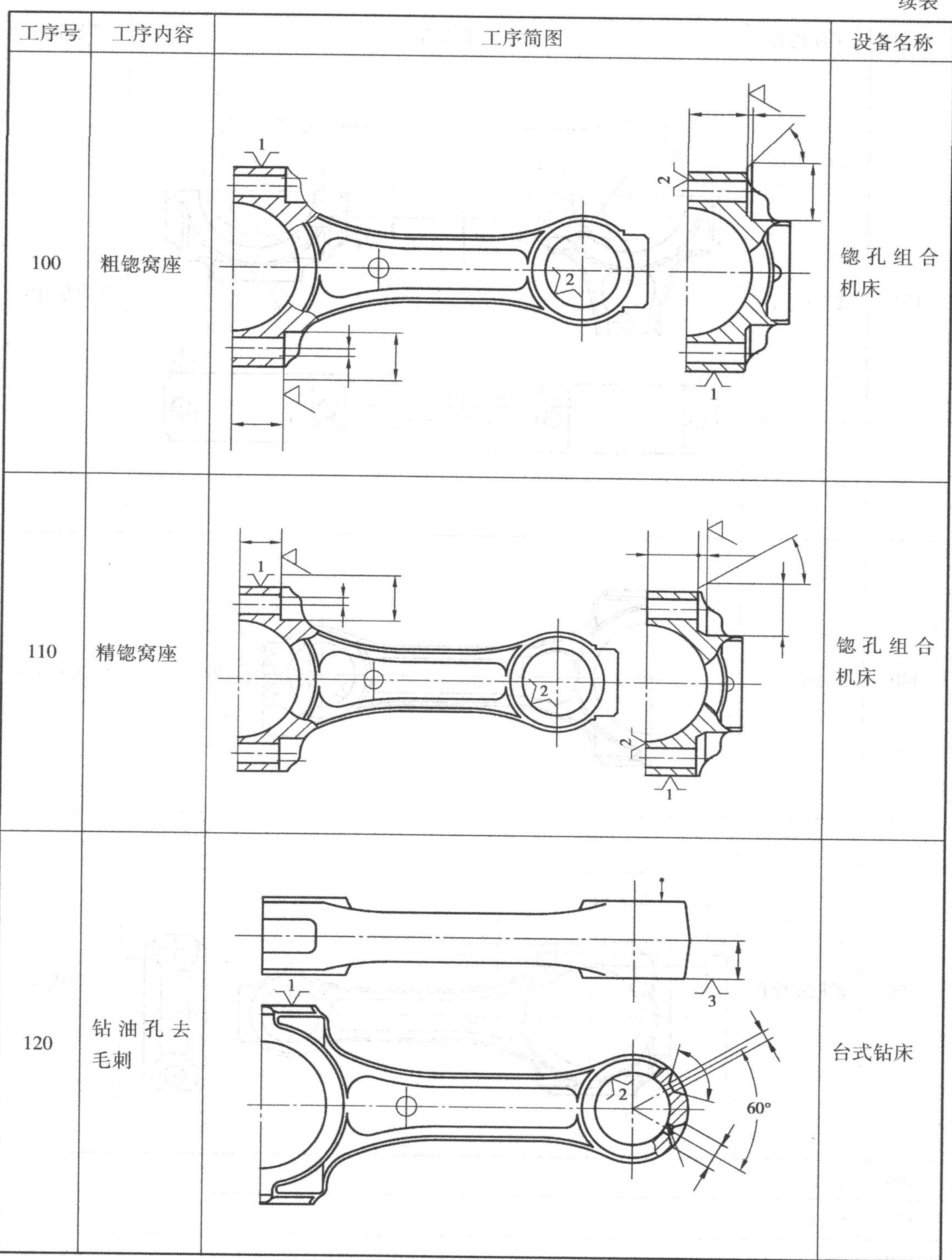


| 工序号 | 工序内容 | 工序简图 | 设备名称 |
|---|---|---|---|
| 100 | 粗锪窝座 | | 锪孔组合机床 |
| 110 | 精锪窝座 | | 锪孔组合机床 |
| 120 | 钻油孔去毛刺 | | 台式钻床 |

续表

| 工序号 | 工序内容 | 工序简图 | 设备名称 |
| --- | --- | --- | --- |
| 130 | 铣卡瓦槽 | 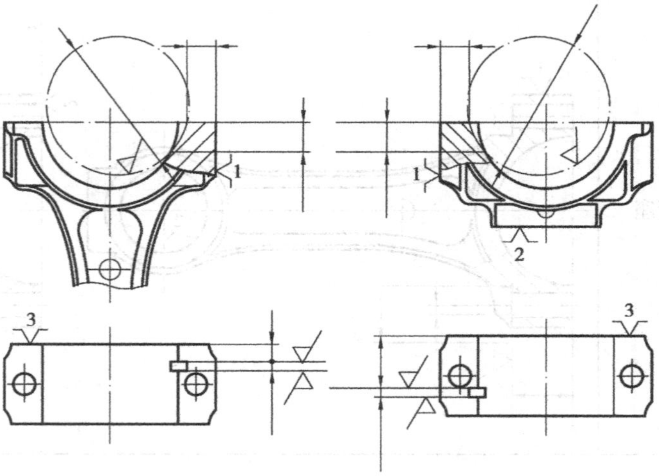  | 铣槽专用机 |
| 140 | 钻油孔 | 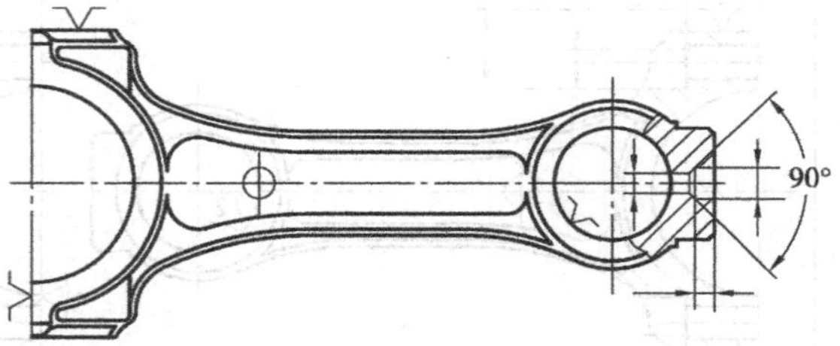  | 台式钻床 |
| 150 | 扩铰螺栓孔 | 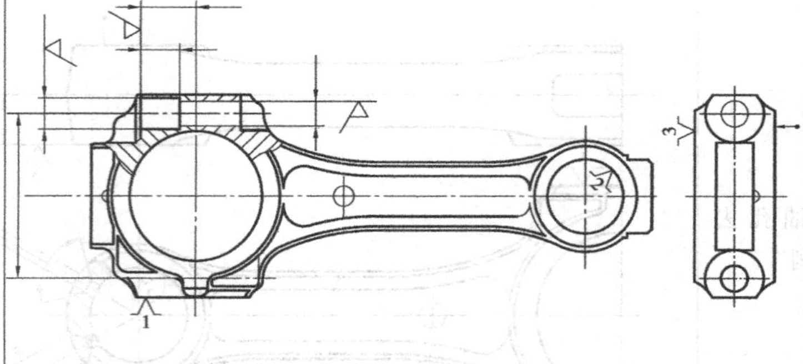  | 专用机床 |
| 160 | 去毛刺 |  |  |
| 170 | 清洗 |  |  |
| 180 | 合盖 |  |  |

续表

| 工序号 | 工序内容 | 工序简图 | 设备名称 |
|---|---|---|---|
| 190 | 扩大头孔 | 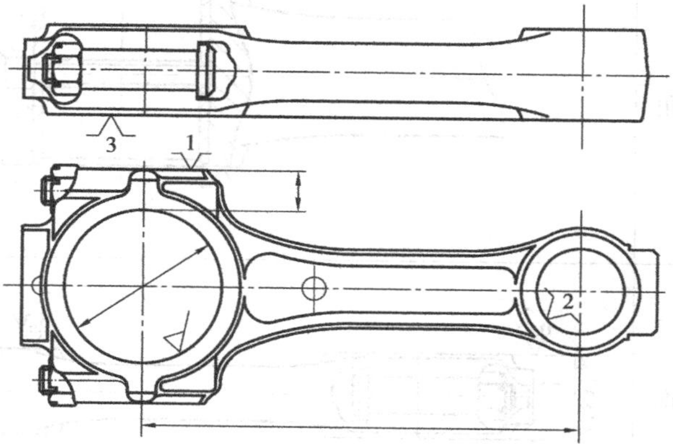 | 立式扩孔组合机 |
| 200 | 大头孔倒角 | 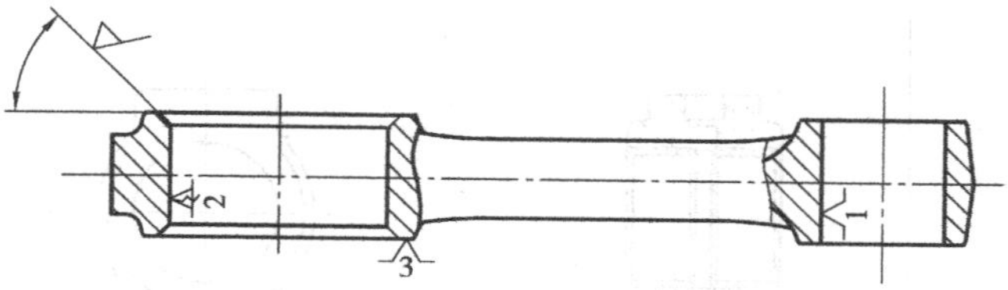 | 倒角机 |
| 210 | 磨标记面 | | |
| 220 | 粗镗大头孔 | 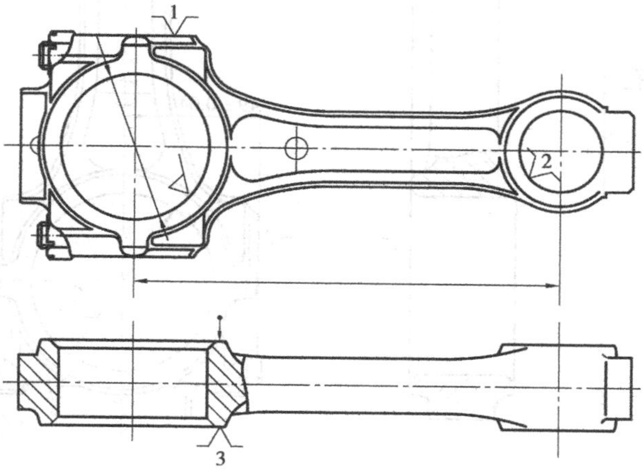 | 金刚镗床 |
| 230 | 装、压衬套 | | |

续表

| 工序号 | 工序内容 | 工序简图 | 设备名称 |
|---|---|---|---|
| 240 | 衬套孔倒角 | 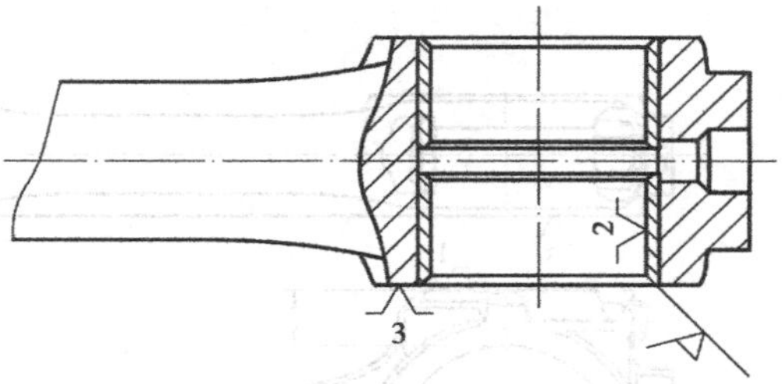 | 立式钻床 |
| 250 | 精磨两端面 | 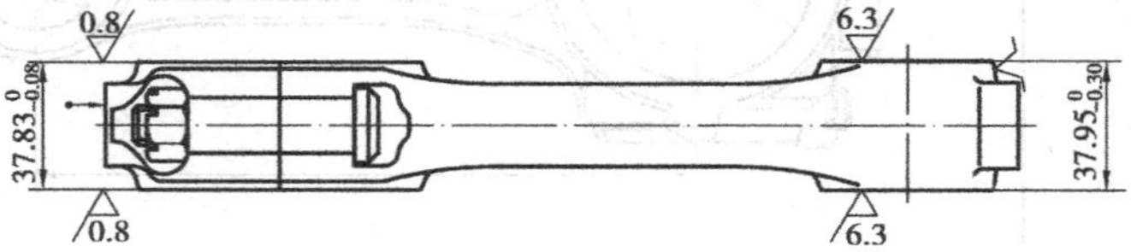 | 双轴立式平面磨床 |
| 260 | 精镗大头孔 | 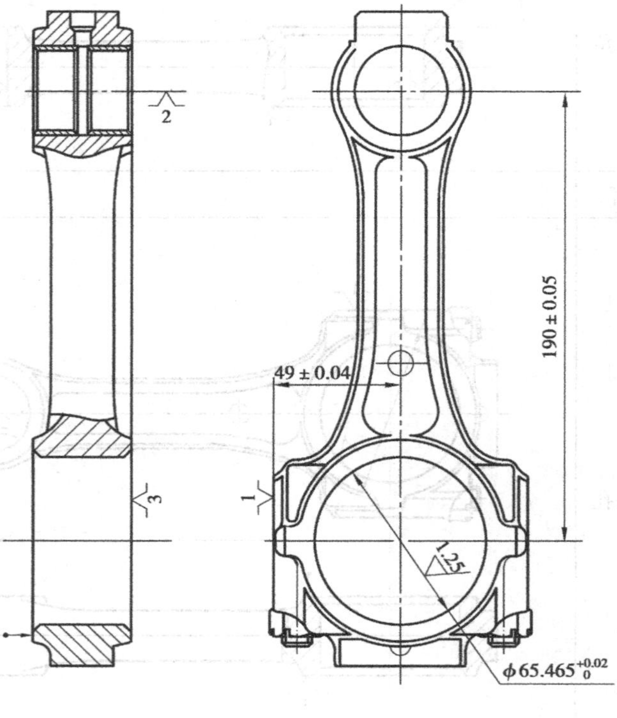 | 金刚镗床 |

续表

| 工序号 | 工序内容 | 工序简图 | 设备名称 |
| --- | --- | --- | --- |
| 270 | 珩磨大头孔 | 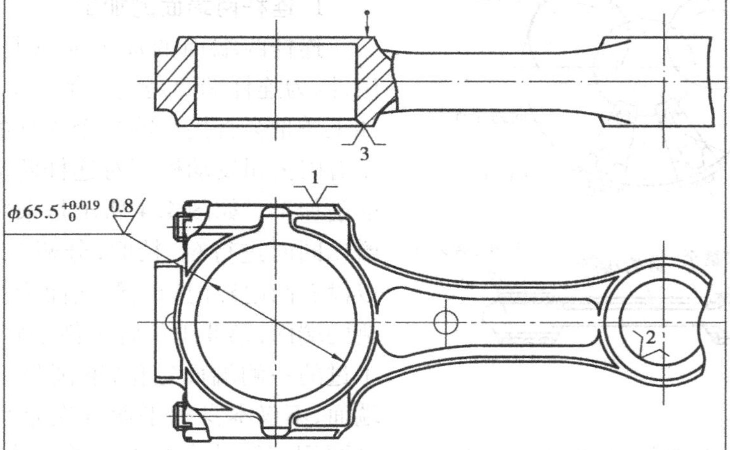 $\phi 65.5^{+0.019}_{0}$ 0.8 | 立式珩磨机 |
| 280 | 精镗小头孔 | 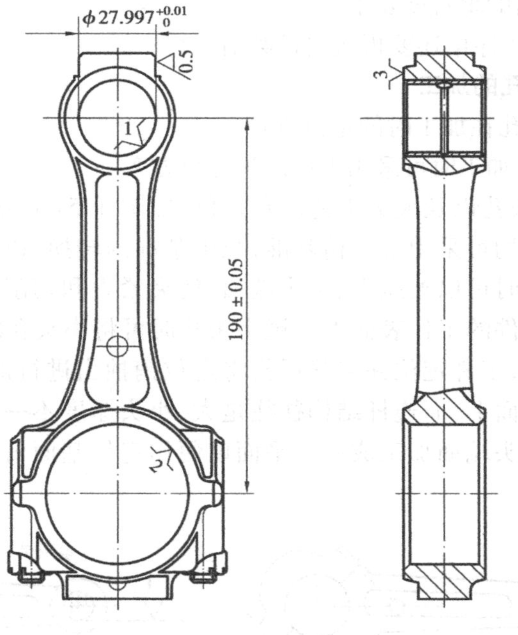 $\phi 27.997^{+0.01}_{0}$ 0.5；190 ± 0.05 | 金刚镗床 |
| 290 | 清洗去毛刺 | | 清洗机 |
| 300 | 校正 | | |
| 310 | 终检称重分组 | | |
| 340 | 清洗防锈 | | |

### 4.1.3 连杆加工的主要工序分析

**1. 连杆两端面的加工**

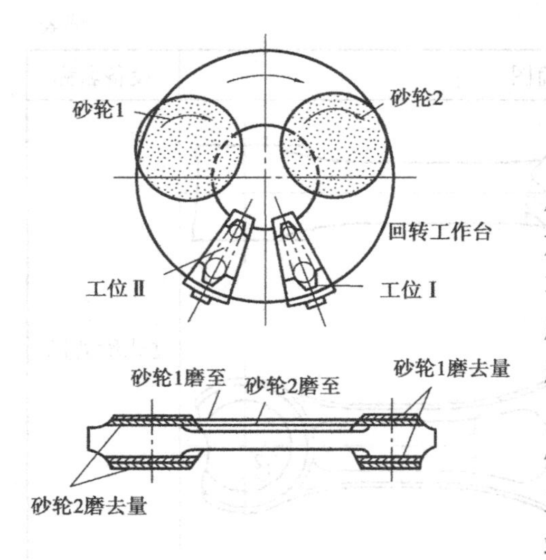


图4.4 粗精磨连杆两端面示意图

连杆两端面的加工通常是连杆的最初加工工序,因为连杆端面是整个加工的主要定位基面,它的加工质量会直接影响整个连杆的加工质量。东风汽车有限公司发动机厂对连杆两端面的粗加工即采用磨削加工。如图4.4所示是采用双轴立式圆台平面磨床同时进行粗、精磨,分两个工位进行,第Ⅰ工位以没有凸起标记的一侧端面为粗基准定位加工另一侧的端面,第Ⅱ工位将工件翻转,以有凸起标记的加工过的一侧端面定位,磨削另一端面。磨削后的两端面,不仅本身的平面度误差小,表面粗糙度低,而且两侧端面的平行度误差也小,便于后续工序中保证大、小头孔与端面的垂直度要求。

标记面在后续工序中还要再次安排磨削。

**2. 连杆大小头孔的加工**

1)连杆大小头孔在加工时的定位方式。

一般大、小头孔加工时可采用下面两种定位方案:

①以端面、小头孔以及大头工艺凸台定位,如图4.5(a)所示。这种方案的优点是加工过程的大部分工序均可采用统一精基准,减少基准的转换,以利于加工精度的保证,并可简化夹具结构。镗孔时可以夹压大、小头端面,使夹紧力和切削力方向一致,保证工件可靠地支承在主要定位元件的工作表面上。镗小头孔时可将小头孔的定位销做成“假销”,即在小头孔中插入定位销,工件定位并夹紧后再将定位销抽出进行加工。但是,这种方案要求大、小头端面在同一平面上,而连杆结构往往是大、小头厚度不一致,有端面落差。为了工艺上的需要,可将大、小头端面加工成一个平面以便作定位基面,在工艺路线的最后再加工成所需的设计尺寸。

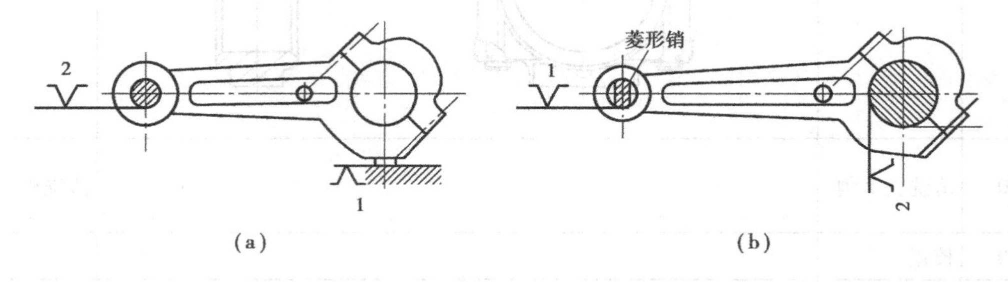


图4.5 连杆大、小头孔加工的定位方案

②以大头孔、大头端面及小头孔(与菱形销配合)定位,如图4.5(b)所示。小头端面悬空,采用可与夹具体锁紧的浮动爪夹紧。菱形假销插入后,先将大头端面靠在支承套上,夹紧大头,然后用浮动夹爪夹紧小头端面,这种方案只以大头端面作为定位基准,夹紧力主要作用在大头。这种方案的缺点是刚度较差,而且对操作、夹具调整及浮动夹爪的锁紧方式的选择都

有一定的要求,处理不当也会影响加工精度,这种方案只适于精镗。

2)连杆大小头孔的加工。大、小头孔的加工精度要求很高,一般需经过钻、扩、铰或粗镗、半精镗、精镗、金刚镗以及珩磨等工序,在单件小批生产中也有采用磨孔的。小头孔往往在大头孔粗加工以前就进行钻、扩、铰,因为在以后的加工中小头孔将作为重要的定位基准,同时也为进一步加工小头孔本身做好准备。

精镗小头孔工序主要技术要求有:小头孔与大头孔的平行度要求,小头孔内圆柱面的圆柱度要求,小头孔与大头孔的距离尺寸要求,小头孔直径要求等。

精镗小头孔工序的定位基准采用"一面两孔",且与小头孔配合的销采用伸缩式定位销,故小头孔属于自为基准,这样既方便安装又能保证大、小头孔的平行度要求,以及两孔的距离尺寸要求,同时还能保证小头孔的加工余量均匀。

镗小头孔的衬套孔和精镗衬套底孔一般在金刚镗床上进行。用金刚镗加工小头孔具有一系列的优点:

首先,金刚镗刀的主偏角较大,刀尖圆弧半径小,镗刀前后面经过仔细研磨,能降低小头孔的表面粗糙度;金刚镗采用比较高的切削速度,小进给量和较小的背吃刀量,因而切屑的截面很小,切削力小,发热变形小,故能获得很高的加工精度。又因切削速度很高,还能获得较高的生产率。

第二,金刚镗床的刚性好,电动机采用防振垫隔振。主轴运动采用皮带传动,机床内高速旋转的零件经过平衡,机床采用液压进给系统,因而加工时的振动和变形都很小。机床主轴采用高精度的径向推力轴承(每端两个),并预加载荷以消除间隙,因此机床的旋转精度高。

第三,镗杆内安装了冲击式消振器,以减小或消除振动,镗杆上装有粗、精两个镗刀头,在一次走刀中对连杆孔进行两次不同切深的切削,粗精镗刀头之间的距离大于连杆小头孔长,在粗镗刀未切出小头孔前,精镗刀头不进入小头孔,避免粗镗刀头的切削对精镗刀的切削产生影响。

金刚镗连杆小头孔所使用的夹具如图4.6所示。

连杆大头孔用液性塑料心轴3定位,小头孔用菱形销定位(图中未画出),端面用布质胶木板定位,限制了连杆的6个自由度,当液压缸1中的活塞2向右移动时,顶杆4挤压液性塑料,塑料心轴3的中间薄壁部分向四周作均匀微细的膨胀以实现自动定心。在连杆被定位夹紧后,两个小油缸6中的活塞杆7在弹簧力作用下,按图示位置向上移动,V型卡爪8向外伸出而夹紧连杆,最后菱形销向左退出连杆小头孔,右侧镗杆向左移动对连杆小头孔进行镗削加工。由于两个V型卡爪8是浮动夹紧的,所以连杆在菱形销退出小头孔后不会改变连杆在夹紧前已经确定了的正确加工位置。

加工大头孔时,粗加工(扩孔、粗镗等)的目的是去除多余余量,使锻件毛坯充分变形以保证连杆体、盖接合面的平面度要求,所以粗加工工序常安排在连杆体和盖切开后(整体锻造毛坯)、体盖接合面精加工前,不能安排在接合面精加工后,否则粗加工后由于锻件的内应力重新分布破坏接合面的平面度。半精加工大头孔的主要目的在于为精镗做好准备,半精镗是在用连接螺栓把连杆体和盖合并以后进行的,在粗加工后、体盖合并前,要对结合面进行精磨。整体锻造毛坯合盖后大头孔呈椭圆形,半精镗就是要消除这些不均匀的余量。精镗是为珩磨工序做好准备,要达到一定的精度和表面粗糙度要求,是靠金刚镗床和珩磨头来保证的。珩磨工序主要目的是为了提高孔的形状精度和降低其表面粗糙度值,但珩磨不能修正孔的位置误差孔的位置精度必须在精镗工序给予保证。另外,大头孔与端面的加工采用互为基准反复加工,目的是为了保证大头孔与其端面的垂直度要求。

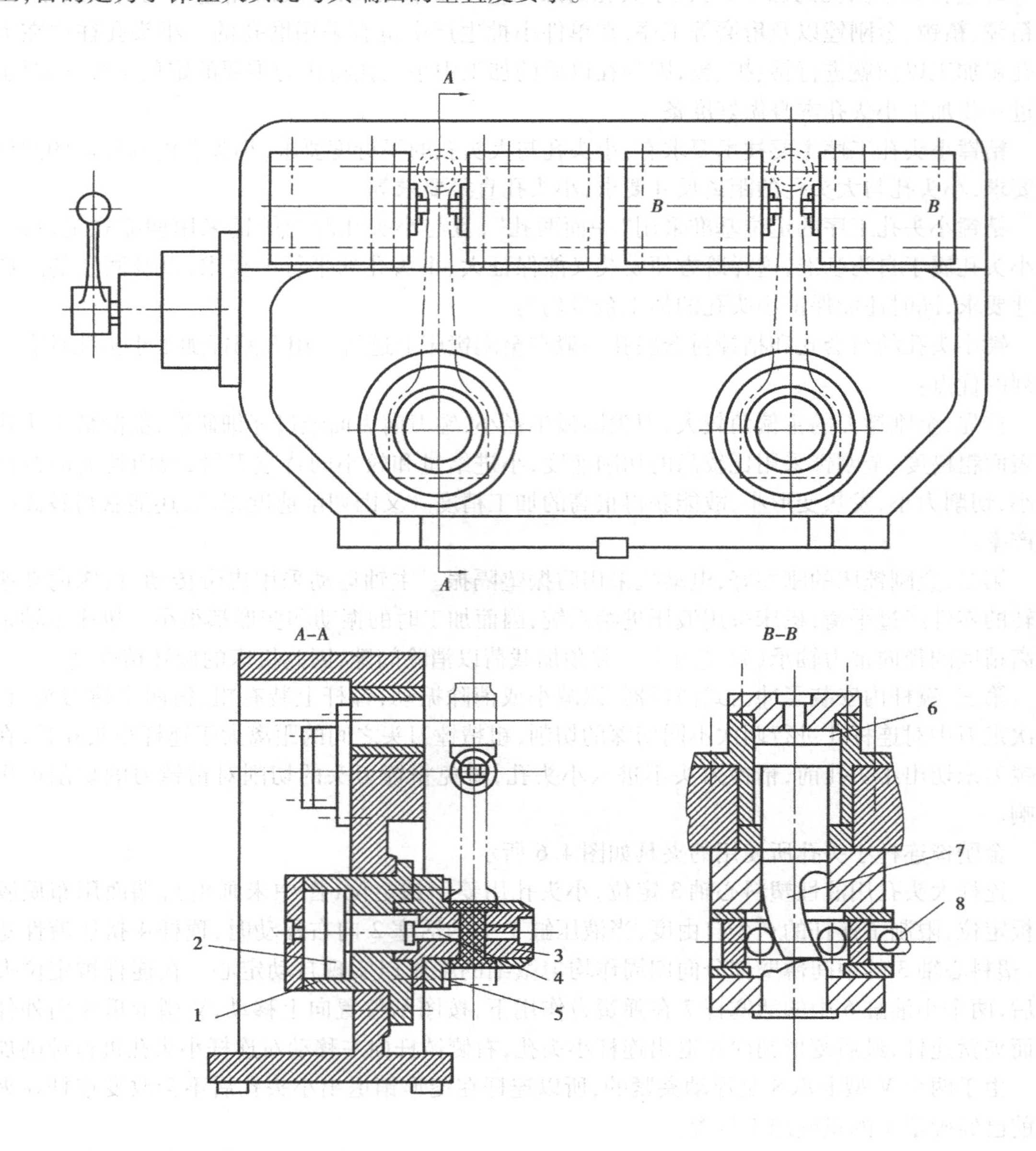


图 4.6　镗小头孔夹具工作示意图

1—液压缸;2—活塞;3—液性塑料心轴;4—顶杆;5—布质胶木板;

6—小油缸;7—活塞杆;8—V 形卡爪

**3. 连杆体、盖侧面、半圆面及结合面的拉削**

东风汽车有限公司发动机厂由于生产的连杆产量大,因此较多表面的加工采用了拉削方式。如连杆体和盖的侧面、半圆面和结合面的加工是在卧式连续拉床上进行的。由于同时加工的表面多、切除余量大、切削力大,因此要求机床的刚性要好,否则易发生振动,影响加工表面质量和刀具寿命。图 4.7 为卧式连续拉床的示意图,电机 9 通过皮带使主动链轮 11 旋转,随行夹具6连接在链条8上，链条的连续运动使一组夹具在机床床身导轨上连续移动，组合式拉刀安装在刀具盖板7内，当由电机9驱动的链条8上装有工件的夹具6在床身和拉刀刀齿间通过时，被加工成规定的尺寸。加工前，把被拉削的连杆放在夹具6上，在传送链条8的带动下，首先通过工件校正装置3，以校正连杆安装位置，然后经过毛坯检验装置4，若连杆安装位置不正确或余量过大，连杆表面就会碰到毛坯检验装置4上的微动开关，使机床停止；若连杆位置正确，就会顺利通过。当夹具向前运行经过夹紧用撞块5时就可夹紧连杆。当拉削完毕后，夹具碰到松开用撞块10，将连杆松开。随行夹具运行到机床右端并处于翻转状态时，连杆就会自动从随行夹具中脱落进入下料机构12。用连续式拉床加工，生产率很高。

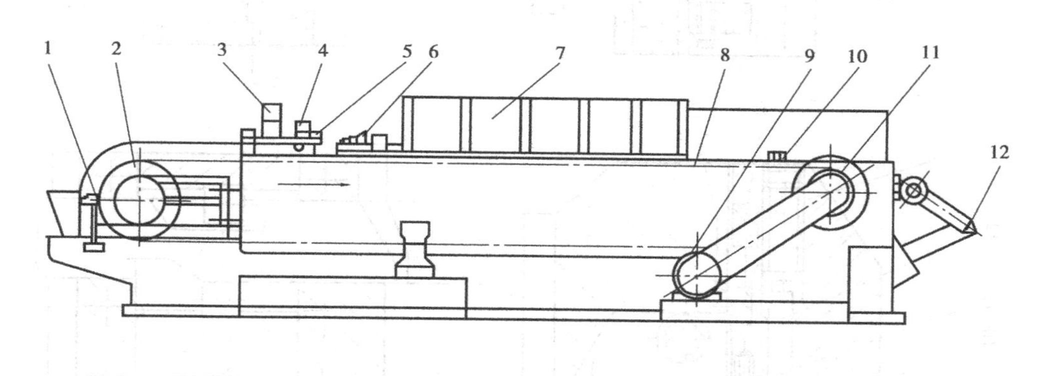


图4.7 连续式拉床示意图

1—电气按钮站；2—张紧链轮；3—工件校正装置；4—毛坯检验装置；5—夹紧用撞块；
6—随行夹具；7—刀具盖板；8—链条；9—电机；10—松开用撞块；11—主动传动链轮；12—下料机构

图4.8为拉削连杆体的随行夹具简图。连杆体放入定位支座5中，靠销7进行定位(以便定位套2能顺利插入连杆体小头孔中进行定位)。随行夹具向前运动时，夹具上的靠板16受拉床上的夹紧用撞块碰撞而移动，推动滑块14带动右支架11向左移动。固定在右支架上的拉板1带动拉杆4，通过弹簧3推动定位套2插入连杆体小孔中，此时连杆体脱离销7而抬起。拉床上的毛坯校正装置将连杆体扶正，同时，右支架11上的压块10推动压板9，使压板9绕小轴8旋转而将连杆体压向靠模板16。工件加工完毕，随行夹具继续向前运行，拉床上的松开用撞块碰撞随行夹具的靠模板16，一方面压簧13和右滑块15使右支架11向左移，另一方面压簧13使顶杆12顶住压板9，使压板9绕小轴8旋转而松开连杆体。

**4. 连轩螺栓孔的加工**

螺栓孔加工的质量对连杆的使用性能影响很大，如果螺栓定位孔中心线不垂直于体盖结合面及螺栓定位面，将会造成连杆大头孔与连杆轴颈的配合不良和连接螺栓的弯曲变形，如果螺栓定位孔相对于连杆大头孔不对称，连杆总成在发动机工作时，将会产生一个螺栓的载荷大而另一个螺栓的载荷小，而影响连杆总成的寿命。为此，对连杆体和盖上螺栓定位孔中心线相对于结合面和螺栓定位面的垂直度以及螺栓定位孔中心线相对于连杆大头孔的对称度提出了较高的要求，并相应地对两螺栓定位孔中心距提出了要求。

两螺栓孔的加工有两种方案，一种是连杆体和盖组合加工，可使连杆体和连杆盖的螺栓孔的位置精度一致，另一种是在粗加工和半精加工阶段中，把连杆体和盖的螺栓孔分开加工，合并后再对两螺栓孔进行扩、铰等精加工。由于两者的螺栓孔轴线位置不可能恰好一致，合并后

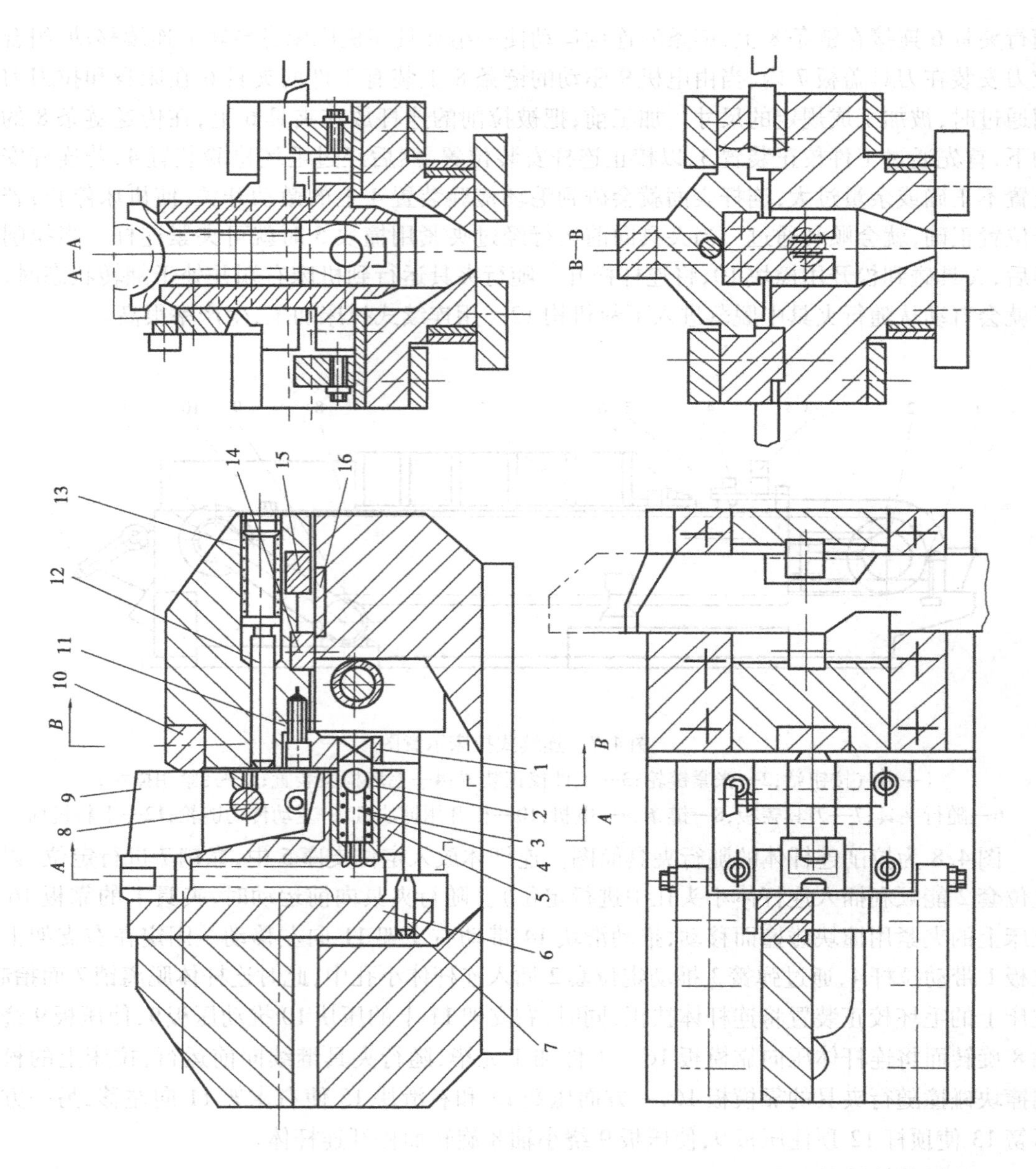


图 4.8　拉削连杆体和盖两侧面、半圆面和结合面夹具示意图

1—拉板；2—定位套；3—弹簧；4—拉杆；5—定位支承；6—板；7—销；8—小轴；9—压板；

10—压块；11—右支架；12—顶杆；13—压缩弹簧；14—滑块；15—右滑块；16—靠模板

加工有时使用带有前导部分的扩孔钻和铰刀，在孔的下部安装导套以保证两孔轴线之间的位置精度要求。

**5. 连杆的检验**

连杆加工工艺路线长，中间又需插入热处理工序，所以需经多次中间检验，最终检验项目包括尺寸精度、形状精度和位置精度以及表面粗糙度检验，由于装配的要求，大小头孔要按尺寸分组，连杆的位置精度要在专用检具上进行。如图 4.9 所示为连杆大小头孔在两个互相垂直方向平行度检验用检具工作原理示意图。在大小头孔中塞入心轴，大头的心轴放置在等高铁上，使大头心轴与平板平行。将连杆置于直立的位置时（见图（a））在小头心轴上距离为100 mm处测量高度的读数差，即为大小头孔在连杆轴心线方向的平行度误差值；工件置于水平位置时（见图（b）），用同样方法测出读数差即为大小头孔在垂直连杆轴线方向的平行度误差值。

连杆还需进行探伤以检查其内部质量。

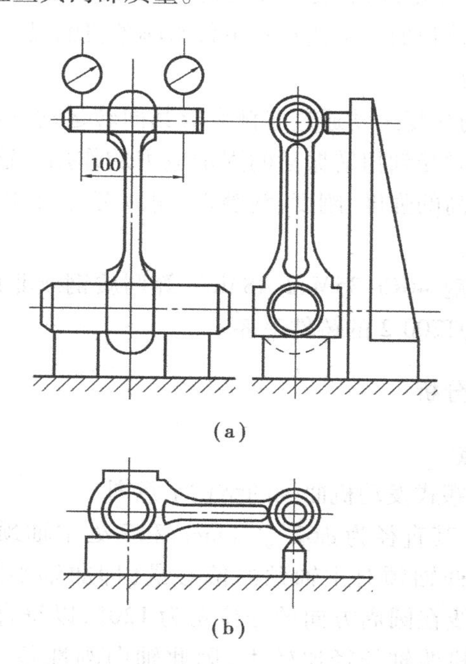


图4.9　连杆大小头孔在两个方向的平行度检验示意图

## 思考题

1. 连杆零件的结构有何特点？有哪些主要技术要求？分析连杆的结构特点和主要技术要求，对拟定其加工工艺规程起什么作用？

2. 连杆类零件一般刚性较差，加工时应采取什么措施解决受力变形问题？

3. 连杆加工中，第一道工序的定位和夹紧方法选择时，应注意哪些问题？

4. 连杆大、小头孔的精度在加工中应采取哪些工艺措施加以保证？

5. 连杆应进行哪些主要项目检验？怎样进行检验？

6. 连杆大头孔最终工序为什么安排珩磨？

7. 精镗连杆小头孔为什么遵循“自为基准”的原则？

8. 连杆两端面为什么要首先安排加工？

9. 连杆为什么安排去重工序？

10. 连杆为什么要进行分组？

## 4.2 曲轴加工

曲轴在发动机中是承受冲击载荷、传递动力的重要零件,在发动机五大件中是最难以保证加工质量的零件,其结构参数和加工工艺水平不仅影响整机的尺寸和重量,而且在很大程度上影响发动机的可靠性和寿命。

曲轴的作用是将活塞的往复运动通过连杆变成其回转运动,因此曲轴不但承受着周期性的弯曲力矩和扭转力矩,同时受到扭转振动的附加应力的作用。这样就使曲轴的受力情况非常复杂,所以要求曲轴有很高的强度、刚度、耐磨性、耐疲劳性及冲击韧性,曲轴的质量应尽量小,各轴颈应保证充分润滑。

曲轴材料一般采用45钢、40Cr、35Mn2、48MnV等调质钢或非调质钢,毛坯制造方法为模锻。汽油机曲轴也采用如QT700-2的铸件毛坯。

### 4.2.1 曲轴加工工艺分析

#### 1. 曲轴加工的工艺特点

图4.10为六缸往复活塞式发动机曲轴的结构示意图。

曲轴有6处连杆轴颈(其直径为$\phi 62^{0}_{-0.019}$ mm)和7处主轴颈(其直径为$\phi 75^{0}_{-0.019}$ mm),它们由12块曲柄连接,连杆轴颈对主轴颈的偏心量(即曲轴半径)为(57.50±0.03) mm。各连杆轴颈相对主轴颈轴线在圆周方向的相位角为120°,以符合每1/3转就有一个汽缸做功的设计要求。六缸发动机曲轴长径比较大,因此轴向刚性差。同时,由于曲柄半径也较大,因而径向刚性也差。总之,曲轴是一种结构复杂而刚性差的零件,这就要求采用有利于加强刚性、较耐磨的材料,在设计加工工艺规程时,应针对其轴向和径向刚度差的特点采取相应的措施。

曲轴的主要技术要求有:

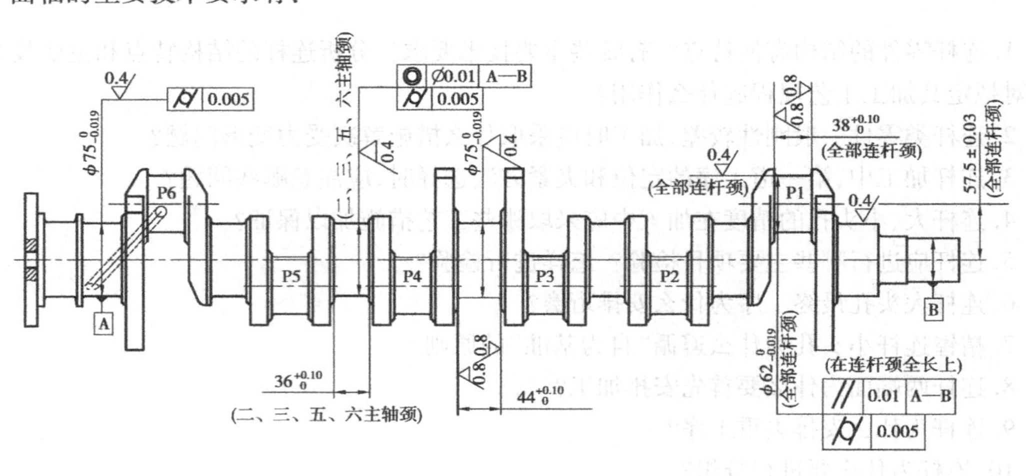


图4.10 曲轴结构示意图

1)主轴颈与连杆轴颈的尺寸精度一般为IT5~IT6,轴颈长度尺寸公差为IT9~IT10,圆柱度公差为0.005 mm，表面粗糙度 $R_a$ 值一般为0.4～0.2 μm；

2）连杆轴颈轴线对主轴颈的平行度要求一般为0.01 mm；

3）主轴颈、连杆轴颈的同轴度要求一般分别为 $\phi$0.01 mm；

4）曲轴光磨前，应进行探伤检查，不得有裂纹；

5）曲轴必须经过动平衡，动平衡精度（小于1 N·cm）；

曲轴的主要加工表面有：

1）主轴颈外圆和端面，其中第4主轴颈为止推轴颈；

2）连杆轴颈外圆和端面；

3）安装皮带轮、齿轮、飞轮的轴颈和端面；

4）油孔（保证可靠地向连杆轴颈供油的一组孔系）；

5）键槽、螺纹、中心孔。

**2. 定位基准的选择**

曲轴径向定位选择中心孔为定位基准，以符合基准统一的原则；

曲轴轴向定位以中间主轴颈为定位基准，以符合基准重合的原则；

曲轴角向定位采用工艺定位面或法兰盘上的工艺孔。

**3. 曲轴加工工艺过程**

大批生产中曲轴加工的简要工艺过程如表4.2。

**表4.2　曲轴加工简要工艺过程（大批）**

| 工序号 | 工序内容 | 工序简图 | 设备名称 |
| --- | --- | --- | --- |
| 10 | 毛坯检查 | | |
| 20 | 铣工艺定位面 | 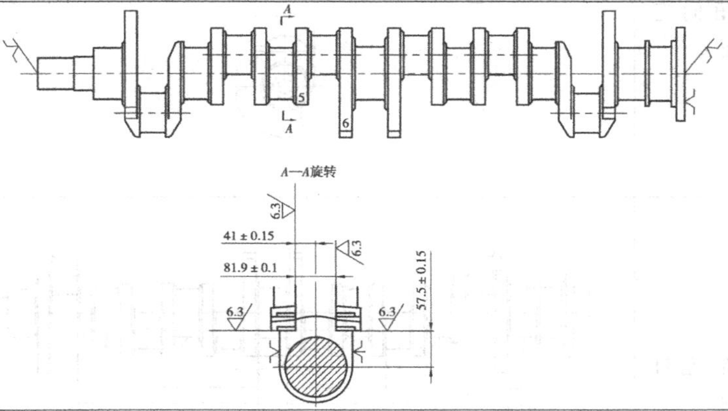 | 定位面铣床 |
| 30 | 粗车主轴颈及两端头 | 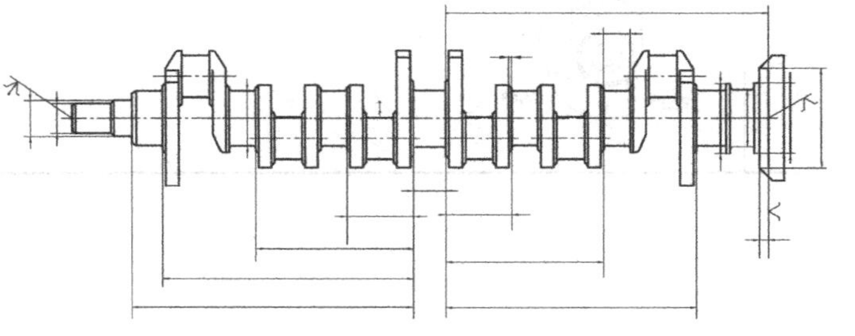 | 曲轴主轴颈车床 |

续表

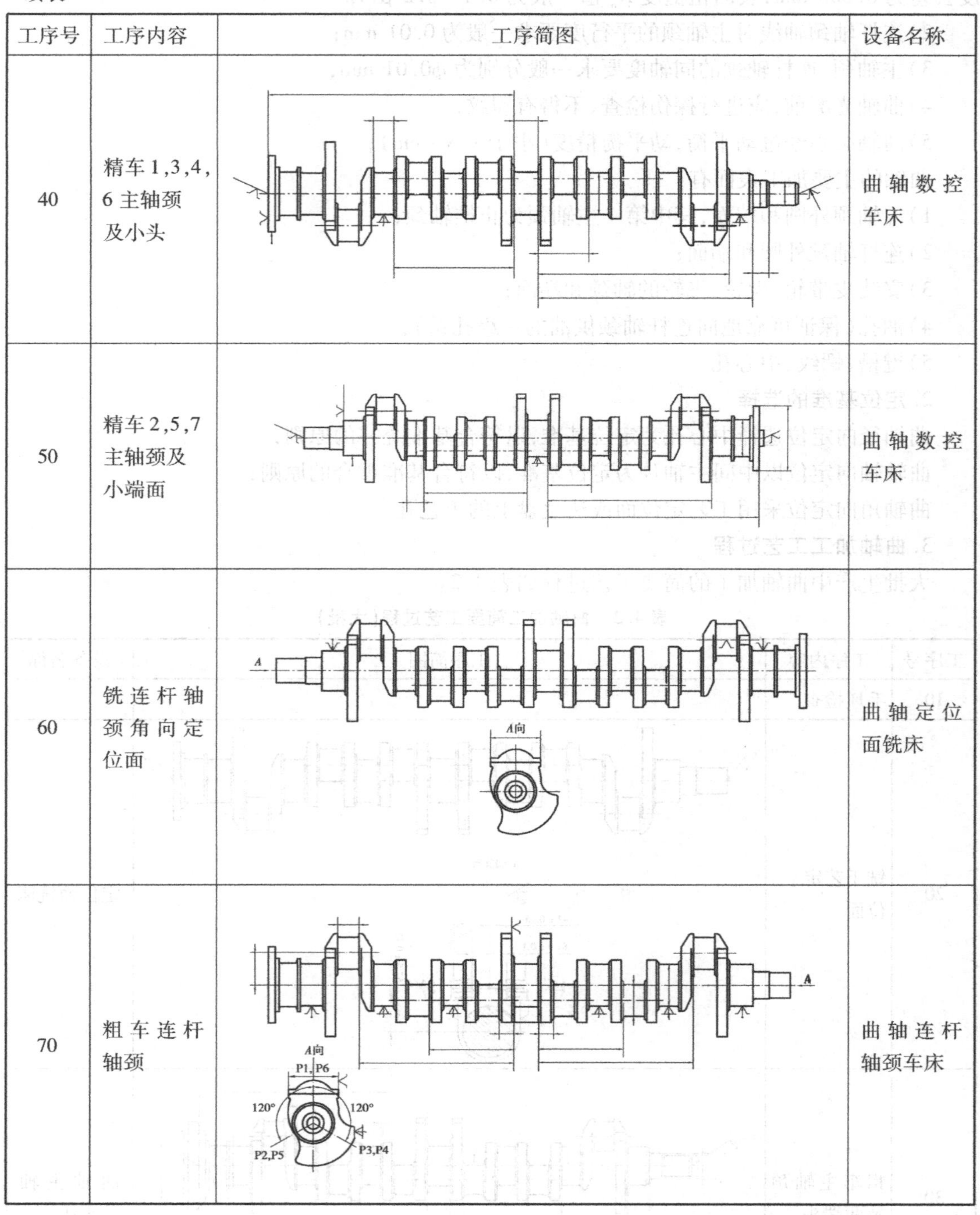


| 工序号 | 工序内容 | 工序简图 | 设备名称 |
|---|---|---|---|
| 40 | 精车1,3,4,6主轴颈及小头 | | 曲轴数控车床 |
| 50 | 精车2,5,7主轴颈及小端面 | | 曲轴数控车床 |
| 60 | 铣连杆轴颈角向定位面 | | 曲轴定位面铣床 |
| 70 | 粗车连杆轴颈 | | 曲轴连杆轴颈车床 |

续表

| 工序号 | 工序内容 | 工序简图 | 设备名称 |
| --- | --- | --- | --- |
| 80 | 钻削主轴颈斜油孔 | 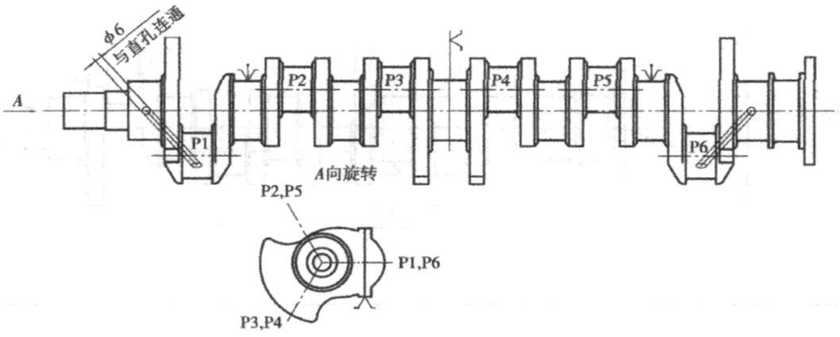 | 深孔组合钻床 |
| 90 | 铣回油螺纹 | 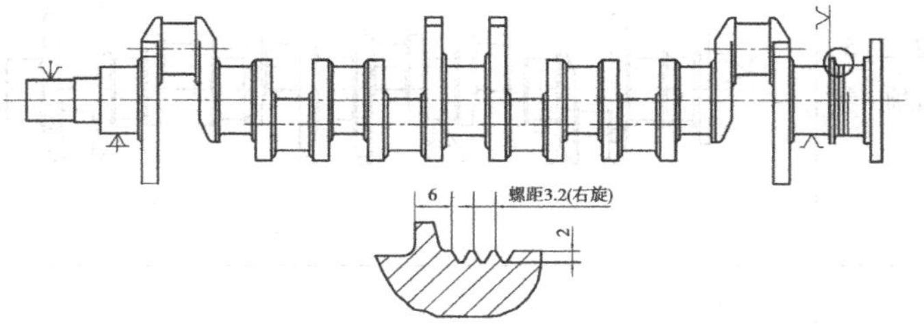 | 回油螺纹铣床 |
| 100 | 去毛刺 | | |
| 110 | 连杆轴颈淬火 | | 连杆颈淬火机 |
| 120 | 主轴颈淬火 | | 主轴颈淬火机 |
| 130 | 半精磨第1,7主轴颈 | 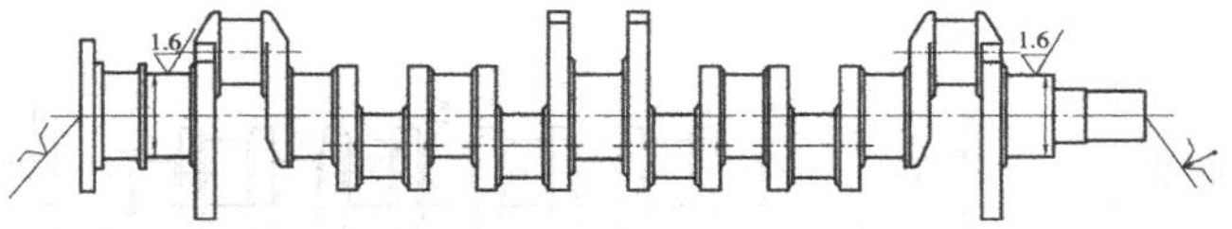 | 双砂轮曲轴主轴颈磨床 |
| 140 | 精磨连杆轴颈 | 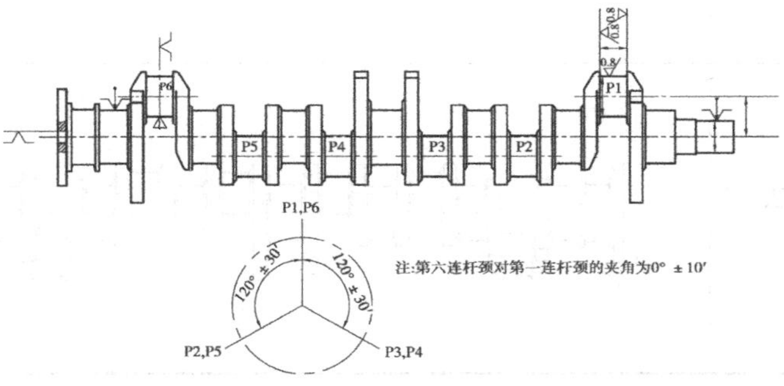 注:第六连杆颈对第一连杆颈的夹角为0° ±10′ | 曲轴连杆颈磨床 |

续表

| 工序号 | 工序内容 | 工序简图 | 设备名称 |
| --- | --- | --- | --- |
| 150 | 精磨第 4 主轴颈 | 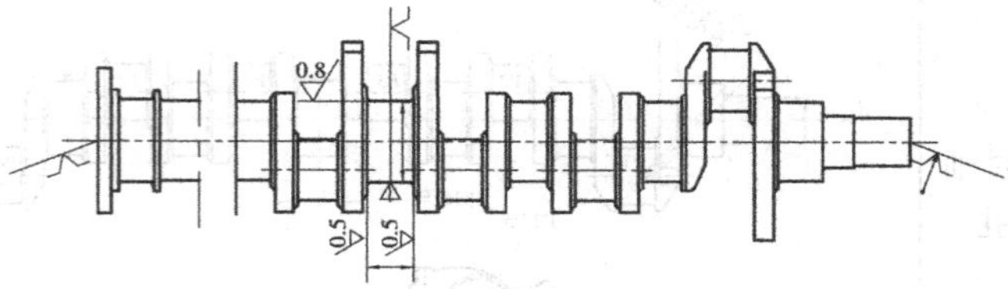 | 曲轴主轴颈磨床 |
| 160 | 精磨 2,3,5,6 主轴颈 | 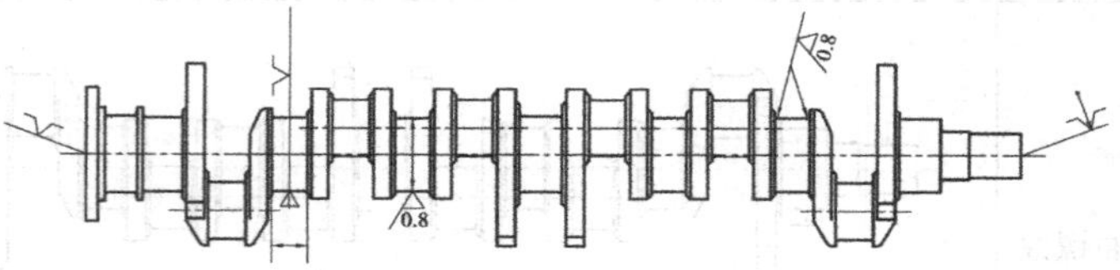 | 曲轴主轴颈跳档磨床 |
| 170 | 精磨第 1 主、齿轮、皮带轮轴颈 | 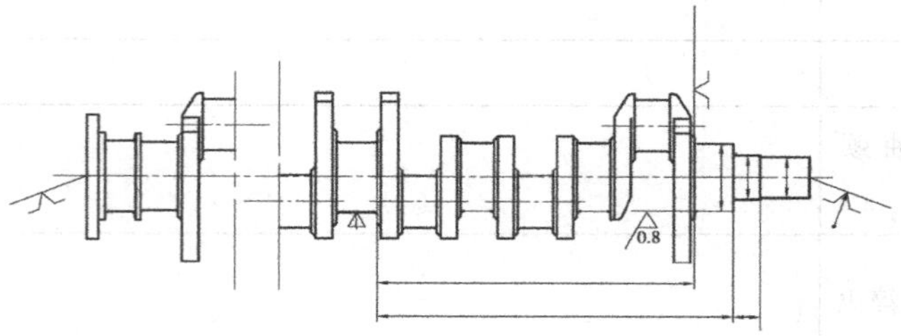 | 斜砂轮架磨床 |
| 180 | 精磨油封轴颈 | 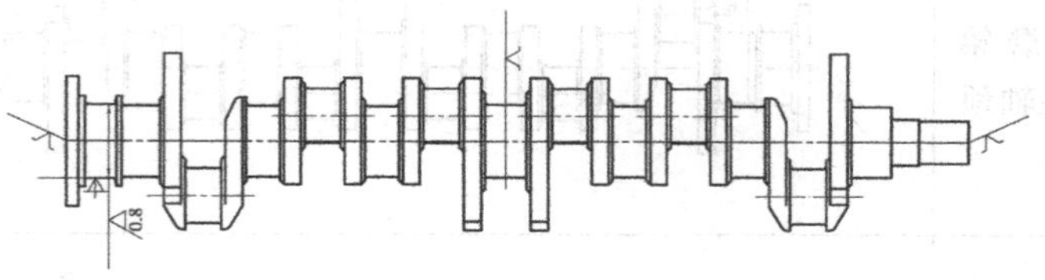 | 曲轴主轴颈磨床 |
| 190 | 精磨法兰外圆 | 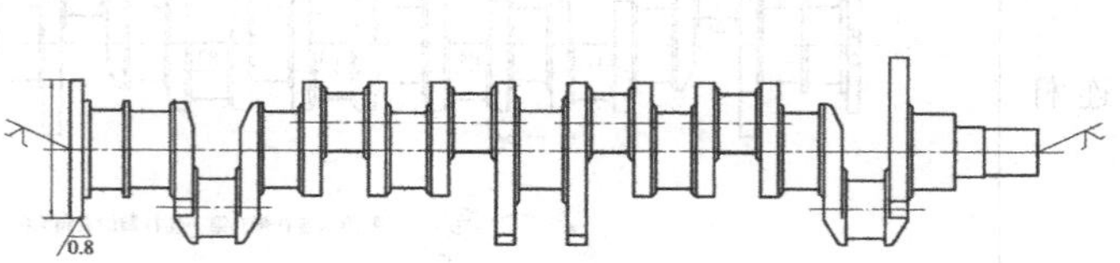 | 曲轴主轴颈磨床 |

续表

| 工序号 | 工序内容 | 工序简图 | 设备名称 |
| --- | --- | --- | --- |
| 200 | 精磨第 7 主轴颈 | 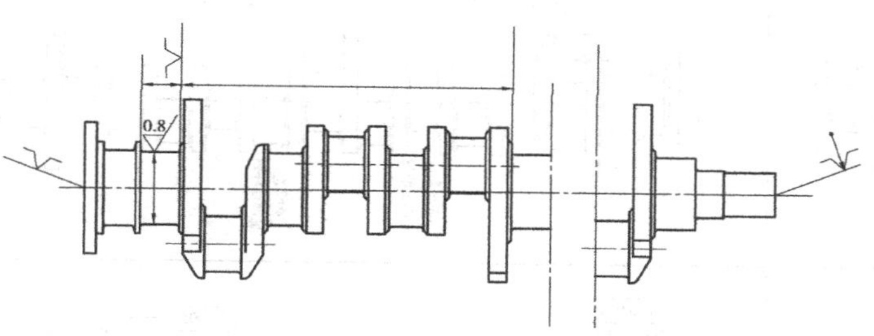 | 曲轴主轴颈磨床 |
| 210 | 两端孔加工 | 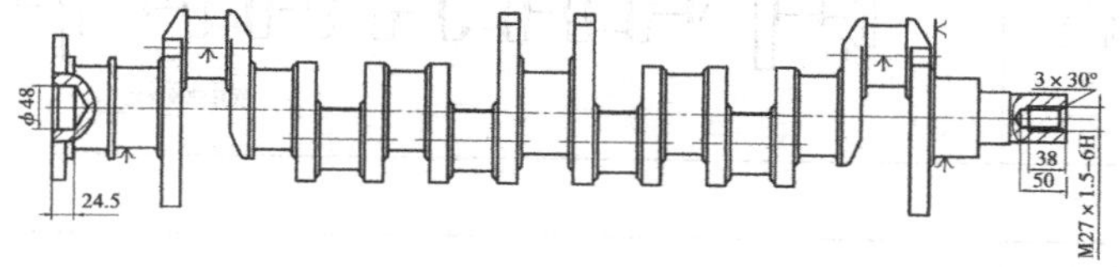 | 组合机床 |
| 220 | 铣键槽 | 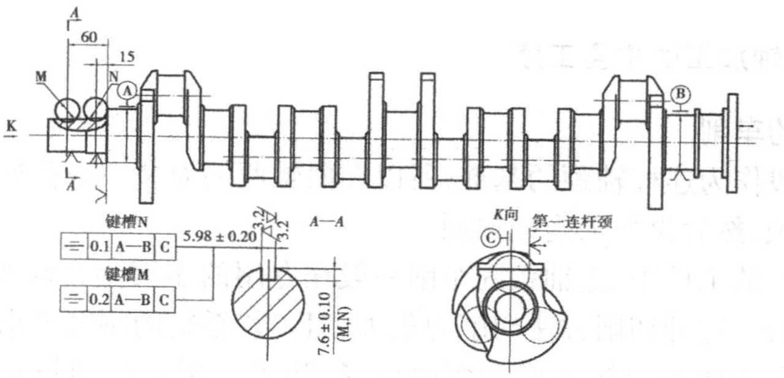 | 曲轴键槽专用铣床 |
| 230 | 校直 | | 油压机 |
| 240 | 精车法兰外端面及轴承孔 | 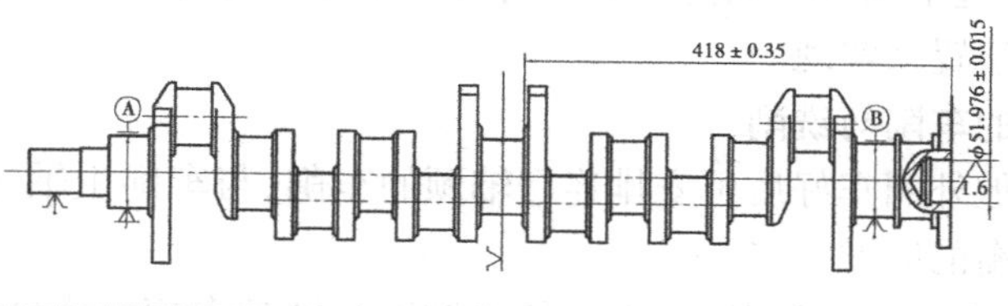 | 曲轴专用车床 |
| 250 | 动平衡检测 | | 动平衡检测机 |
| 260 | 粗平衡去重 | | 摇臂钻床 |
| 270 | 曲轴精平衡 | | 曲轴动平衡机 |

续表

| 工序号 | 工序内容 | 工序简图 | 设备名称 |
|---|---|---|---|
| 280 | 粗抛光主轴颈连杆轴颈 | 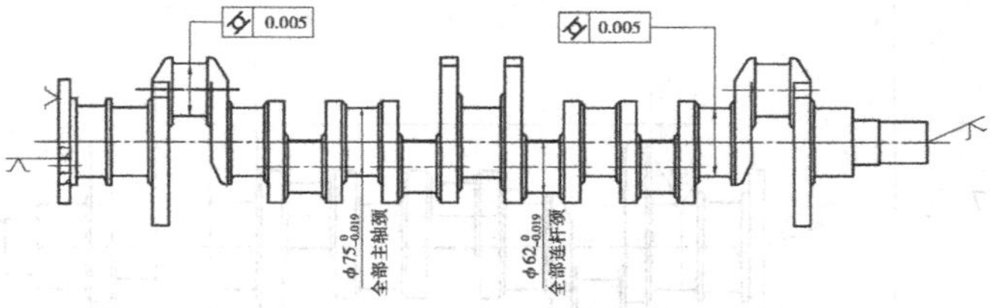  | 曲轴油石抛光机 |
| 290 | 精抛光主轴、连杆及油封轴颈 | 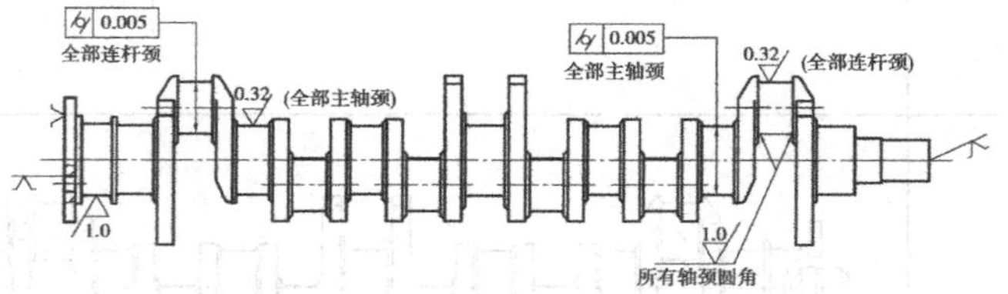  | 曲轴砂带抛光机 |
| 300 | 清洗 |  |  |
| 310 | 最终检验 |  |  |

### 4.2.2　曲轴加工的主要工序

**1. 主轴颈的车削**

主轴颈一般作为连杆轴颈的基准,所以在曲轴两端面和中心孔加工出来后,先加工主轴颈及其他同轴轴颈,然后再加工连杆轴颈。

在大量生产的工厂中,主轴颈的车削一般在专用的多刀半自动车床上采用宽刃成形车刀和偏刀横向进给。这种切削方法切削力很大,对工艺系统的刚度要求特别高。因曲轴刚度低,为了减少切削力造成的扭转变形和弯曲变形,除了采用一般细长轴类零件加工常用的方法(如用中心架支承),车主轴颈还可采用前后刀架同时进刀的方法,如图 4.11 所示为前后刀架的刀具布置图,由进给油缸驱动前后刀架的齿条实现横向进给,整个轴颈宽度的切削由前后刀架刀具和适当的位置来实现。

**2. 连杆轴颈的车削与铣削**

主轴颈及其他外圆车好后可安排连杆轴颈的车削,与车削主轴颈不同的是需要解决角向定位和旋转不平衡的问题。

在大批、大量生产中,可用高生产率的曲轴连杆轴颈专用车床同时车削全部连杆轴颈,如图 4.12 所示,这种机床有两个工位,每个工位的刀架数等于连杆轴颈数。工位Ⅰ用多刀同时车削所有连杆轴颈的轴肩端面,工位Ⅱ用多刀同时车削所有连杆轴颈外圆面。为了提高工件的刚性,中间主轴颈可用中心架支承,曲轴用两端主轴颈,第Ⅰ主轴颈轴肩端面以及曲柄臂侧面的工艺面为定位基准。主轴颈和机床主轴同轴,加工时连杆轴颈绕其主轴颈旋转,曲轴旋转一周,车刀把连杆轴颈外圆表面切去一层金属,车刀还有径向进给,以便将全部余量切掉。

上述方法加工主轴颈和连杆轴颈,工件旋转,导致机床主轴旋转不平衡的惯性较大,限制了机床主轴转速的提高,常用高速钢车刀进行加工,生产率的提高也受到一定限制。

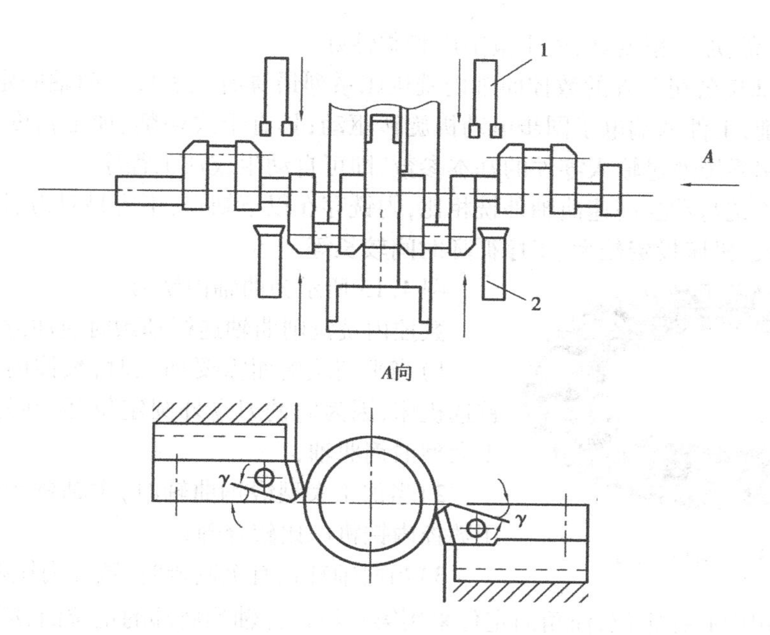


图4.11　车削曲轴主轴颈刀具布置示意图

1—后刀架刀具布置；2—前刀架刀具布置

为此，一些发动机厂采用铣削方法加工曲轴连杆轴颈，如采用专门设计制造的曲轴轴颈铣床，分外铣和内铣。

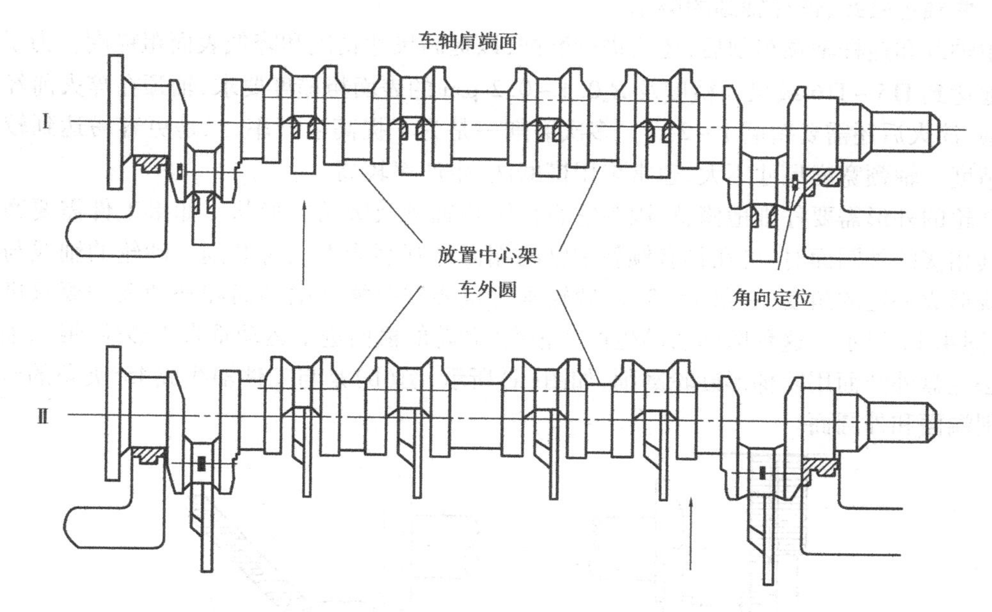


图4.12　双工位曲轴车床车削全部连杆轴颈

数控内铣是20世纪80年代中期出现的加工工艺，是目前国际上曲轴连杆轴颈粗加工先进的加工方法之一。数控内铣加工性能指标要高于普通外铣加工，尤其是对于锻钢曲轴，内铣更有利于断屑，刚性较好。

数控内铣机床有多种加工形式，使用最多的是曲轴固定型数控曲轴内铣加工工艺，主要特点是:生产效率高、加工精度好、适用范围广和柔性好。

德国 HELLER 公司开发的数控曲轴内铣机床系列最具有代表性。曲轴固定不动,铣刀跟随连杆轴颈铣削,工件两端电子同步电动机旋转驱动;具有干式切削、加工精度高和切削效率高等特点。控制系统通过输入零件的基本参数,即可自动生成加工程序。

数控曲轴内铣与数控高速曲轴外铣相比,内铣存在以下缺点:不容易对刀、切削速度较低、非切削时间较长、机床投资较大、工序循环时间较长等。

图 4.13　曲轴内铣刀

图 4.13 所示为曲轴内铣刀。

数控内铣铣削曲轴连杆轴颈时应注意:

1)当平衡块侧面需要加工时,数控内铣机床应当为首选机床,因为内铣刀盘外圆定位,刚性好,尤其适合加工大型锻钢曲轴;

2)当加工大型锻钢曲轴时,主轴颈和连杆轴颈均采用数控内铣机床比较合理;

3)当曲轴轴颈有沉割槽时,数控内铣机床不能加工。

加工时采用中心孔定位,而角向定位采用第一组连杆轴颈肩部的定位面,第 1,7 主轴颈处夹紧。

曲轴可以分为体形较大的锻钢曲轴和轻量化的轿车曲轴。锻钢曲轴轴颈一般无沉割槽,且侧面需要加工,余量较大;轿车曲轴一般轴颈有沉割槽,且侧面不需要加工。

**3. 曲轴主轴颈、连杆轴颈的磨削**

主轴颈和连杆轴颈车削后,还要进行磨削,以提高尺寸精度和降低表面粗糙度。为了比较经济地达到 IT5 ~ IT6 级尺寸精度及 $R_a$0.4 ~ 0.2 μm 的表面粗糙度要求,轴颈在淬火前经过一次粗磨,淬火后还需要精磨 1 ~ 2 次。多次磨削一是为了提高生产率,二是更容易达到较高的加工精度。轴颈宽度尺寸不大,通常采用横磨法,生产率较高。

砂轮的外形需要仔细地修整,因为它直接影响轴颈及圆角的形状。如果工件需要磨削端面及其相接的外圆面时,可在具有倾斜主轴的端面外圆磨床上同时磨削。砂轮的轴线与工件的轴线形成一定的角度(一般为 45°),砂轮本身也要按照能磨削端面和外圆面的要求进行修整,如图 4.14 所示。这种磨削法的生产率很高,砂轮的横向进给运动垂直于砂轮轴线,油封轴颈和法兰盘外圆面用阶梯形砂轮磨削,如图(a)所示,图(b)是与工件轴线成 45°夹角的砂轮同时磨削端面和外圆面。

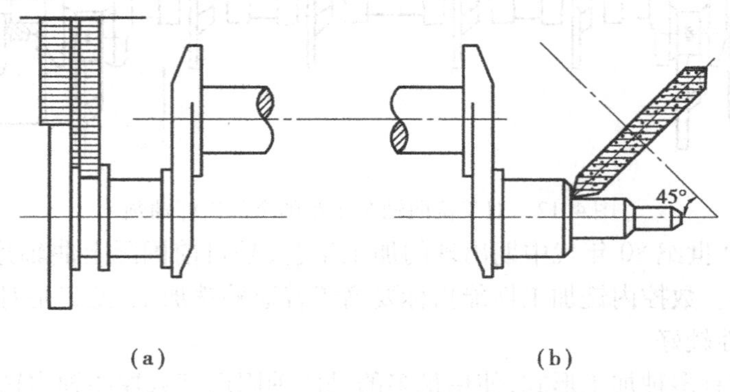


图 4.14　同时磨削曲轴端面和外圆面

通常先磨削主轴颈再磨削连杆轴颈。中间主轴颈磨好后再磨削其余的主轴颈。磨削主轴颈和连杆轴颈的安装方法基本上与车削相同。磨削主轴颈是以中心孔定位,磨削连杆轴颈则以经过精磨的两端主轴颈定位,以保证与主轴颈的距离相等的要求。

如图4.15所示的四缸发动机曲轴,磨削连杆轴颈是以第1,5主轴颈定位,主轴颈轴线与机床主轴轴线相差一个曲柄半径的距离。角向定位采用最后一个连杆轴颈的工艺平面 $E$ 来实现,轴向定位是以第5主轴颈轴肩端面实现。图中定位板1固定在夹具体3上,磨削完第1,4连杆轴颈后停车,曲轴向左移动并旋转180°,使工艺面从紧靠上定位螺钉2转为紧靠下定位螺钉4,以磨削第2,3连杆轴颈,此时第2,3连杆轴颈与机床主轴同轴。

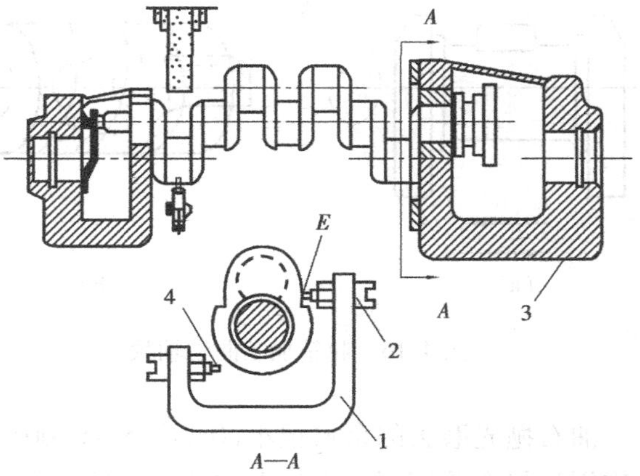

图4.15　磨连杆轴颈

1—定位板;2—上定位螺钉;3—夹具体;4—下定位螺钉

磨削连杆轴颈也可以用曲轴法兰盘上的工艺孔进行角向定位。

采用横磨法时,砂轮对工件的压力很大,为了避免曲轴弯曲,采用可以调节的中心架来支承所加工的轴颈。但应注意,在磨削刚开始时不能使用中心架,否则就不能消除上道工序留下的轴线的直线度误差。应待这个轴颈摆差显著减小后再使用中心架。

多于四缸的发动机曲轴,在磨削时为了使曲轴保持较好的刚性,除了使用中心架以外,还应按一定的顺序磨削各连杆轴颈,如磨削六缸发动机曲轴的连杆轴颈是先磨削第1,6连杆轴颈,然后磨削第2,5连杆轴颈,最后磨削第3,4连杆轴颈。

磨削主轴颈时通常先磨削中间主轴颈,再磨削两边的主轴颈,由于中间主轴颈在磨削后的摆差最大,在磨削过程中,也可采用中心架以减小变形。

对于磨削六缸发动机曲轴的主轴颈来说,先磨削第4主轴颈,然后磨削第1,5主轴颈,再磨削第2,6主轴颈,最后磨削第3,7主轴颈。

在大批、大量生产中为了提高生产率,常在半自动磨床上进行磨削。这类机床配有液压卡盘、工作台定位尺及自动测量仪等专用装置,砂轮的快速进退、切入进给、微量进给、工件测量都是自动的。工件磨削达到规定的尺寸时机床自动停车。从砂轮停止进给到砂轮退出,其间应有一定时间的无火花磨削修光,以磨去弹性恢复后的余量。

跟踪磨削技术是曲轴连杆轴颈精加工的先进工艺。这种跟踪磨削工艺可显著提高曲轴连杆轴颈磨削效率、加工精度和加工柔性。在对连杆轴颈跟踪磨削时,曲轴以主轴颈为回转中心,并在一次装夹下磨削所有连杆轴颈。在磨削过程中,砂轮需往复移动进给跟踪着偏心,回转的连杆轴颈进行磨削加工。

CBN砂轮的应用是实现连杆轴颈跟踪磨削的重要条件。CBN砂轮具有很高的刀刃强度和轮廓稳定性,砂轮修整的时间间隔长,从而减少了砂轮的更换次数,CBN砂轮可以采用很高的磨削速度,在曲轴磨床上可达125~140 m/s,有的甚至更高,这对提高生产率是非常重要的。

4. **曲轴轴颈抛光加工**

曲轴轴颈在精磨后为使表面更加光洁还需要进行油石及砂带抛光。

(1)油石抛光

油石抛光在曲轴专用抛光机上进行,可以同时对所有的轴颈进行抛光,加工时油石(磨条)以很小的压力与加工表面接触,此时有3种运动:曲轴的旋转运功,油石(或曲轴)的快速往复运动,曲轴的轴向进给运动。油石上的磨粒在工件表面上所作的相对运动构成一个复杂的运动轨迹,而且每个磨粒的运动轨迹并不重合,如图4.16所示。

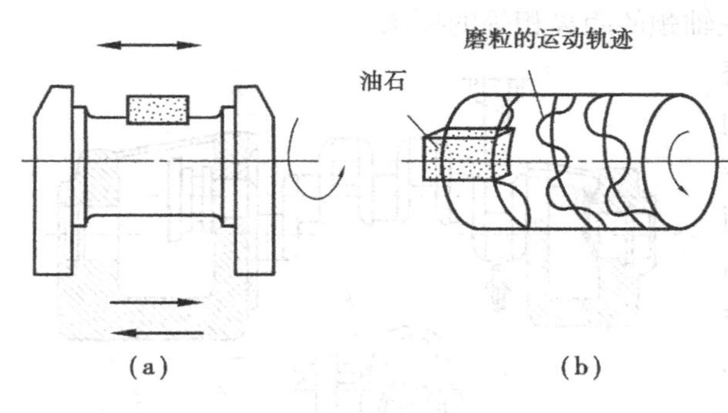


图4.16　超精加工曲轴轴颈

油石抛光磨去的余量很小(0.002 5 ~0.005 0 mm),只磨去前工序加工后存在的凸峰。它的作用是将金属切削加工后形成的表面碎片晶粒层及脱碳粒子等松散层除去,改善表面组织,使原来的结晶体暴露,使用时能承受较大的负荷。

油石抛光的特点是在不破坏原有几何形状精度的情况下,降低表面粗糙度数值,表面粗糙度值与上道精磨工序的质量有关。油石抛光是非强制切削,只能降低表面粗糙度值,不能提高尺寸精度、形状精度和位置精度,因此,油石抛光以前应精磨曲轴。

(2)砂带抛光

砂带抛光是用磨料粒度为180# ~280#的砂纸带(或砂布带)在抛光机上进行。曲轴安装在卧式抛光机工作台的顶尖上,曲轴除旋转外,还有往复运动。抛光刀架的数目与轴颈的数目相同,所有轴颈都是在曲轴绕主轴颈轴线旋转的过程中同时加工。抛光连杆轴颈的刀架,是在靠模轴的作用下与连杆轴颈作同步运动。

如图4.17所示,砂带2是以卷轴1绕过用磨料夹3压紧的轴颈5再绕到卷轴4上,卷轴是用棘轮机构来卷砂带,从而能连续向轴颈送进有新磨料的砂带,抛光时喷洒煤油,以洗去散落在轴颈上的磨粒和细小磨屑,由于曲轴有旋转和往复运动,磨粒在工件表面上的运动轨迹较为复杂。砂带上的磨粒把工件表面上的微峰磨去,表面粗糙度 $R_a$ 可达0.1 ~0.4 μm。砂带施于轴颈表面的压力很小,所以切除量很小。抛光只能降低表面粗糙度值,而不能提高尺寸精度、形状精度和位置精度。

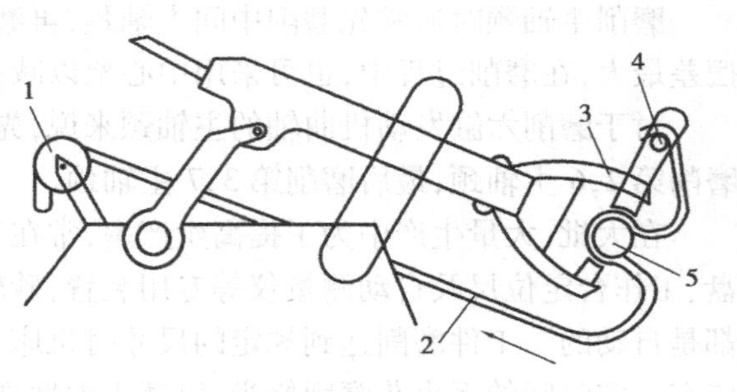


图4.17　用砂带抛光曲轴轴颈

1,4—卷轴;2—砂带;3—磨粒夹;5—曲轴轴颈

5. **轴颈斜油孔的加工**

主轴颈与相邻的连杆轴颈之间有贯穿的斜油孔,其深度多为200 ~250 mm,直径为6 ~8 mm,钻斜油孔应该在轴颈淬火前进行。大批、大量生产时,斜油孔可在专用机床或自动线上加工;中批生产时,可采用摇臂钻床进行加工。

深孔加工首先是排屑不方便，切屑阻塞会使扭矩增大，造成钻头折断，在加工钢件时更为困难；其次是刀具冷却困难，使钻头寿命降低；另外钻头容易引偏，对于轴颈斜油孔，由于轴心线与轴颈表面形成一定的角度，钻头刚性差，容易造成油孔轴线歪斜，并可能导致钻头折断。解决这些问题所采取的措施如下。

1）采取分级进给以便排除切屑和改善刀具的冷却。深孔钻组合机床动力头都备有分组进给机构，控制动力头的进退，钻头每钻入一定深度后就退出排屑，再次钻入一定深度后又退出，如此自动循环，直至钻到所需的深度为止。其进给机构常有以下3种控制方法：

① 时间控制，每次工作进给到快速退回的时间由时间继电器或液压定时器来调节。这种方法比较简单，但每次钻孔的深度不准确。

② 行程控制，采用滑动挡铁机构来控制行程。每次钻孔的深度准确，工作可靠，但是控制杠杆系统比较复杂。

③ 扭矩控制，扭矩超过允许数值，刀具即自动退回。这种方法的优点是刀具中间退回次数少，生产率高，但刀具寿命较低。扭矩控制也可作为时间控制时动力头的过载保护装置。

2）钻深孔所用的机床采用卧式布置，有利于切屑排出。

3）用强力喷嘴把冷却液从钻头与孔壁之间的间隙及钻头的排屑槽注入，加强冷却。

4）适当加大钻头螺旋槽和螺旋角，以改善排屑。

5）细长的钻头在开始钻入时的加工精度对孔轴线全长的直线度有很大影响。为防止钻头引偏，常在钻斜油孔前用刚性较好的钻头在轴颈表面先钻一个锥窝，然后再钻斜油孔，钻头便不容易引偏。同时还应提高钻套的位置精度，缩短钻套与工件表面间的距离，并使钻套长度不小于孔径的3倍。

这种传统加工方法加工精度低、效率低，且容易断钻头，为此一些生产厂采用枪钻，并采用内冷高压油冷却，有效地改善了斜油孔的加工条件。

**6. 探伤**

零件表面用荧光磁粉探伤，检查零件是否存在表面裂纹。

磁粉探伤的原理及其主要特点：有表面或近表面缺陷的工件被磁化后，当缺陷方向与磁场方向成一定角度时，由于缺陷处的磁导率的变化，磁力线逸出工件表面，产生漏磁场，吸附磁粉形成磁痕。用磁粉探伤检验表面裂纹，与超声探伤和射线探伤比较，其灵敏度高、操作简单、结果可靠、重复性好、缺陷容易辨认。但这种方法仅适用于检验铁磁性材料的表面和近表面缺陷。

**7. 曲轴的最终检验**

由于曲轴是发动机中的重要零件，加工过程较长且复杂，成本也高，因此必须对曲轴进行严格的多次检验。

曲轴的检验包括材料质量检验（如金相组织、材料性能、内部裂纹、外表缺陷等）、外形尺寸检验和动平衡检验等。在机械加工之前需进行毛坯检验，在机械加工中需进行工序检验，在机械加工后需进行最终检验。

曲轴的最终检验项目主要有：

1）全部主轴颈及其同轴线的内、外圆柱面和全部连杆轴颈的尺寸精度、表面粗糙度。

2）全部主轴颈及连杆轴颈的圆柱度及轴向宽度。

3)各主轴颈、连杆轴颈与轴肩端面的连接圆弧的表面粗糙度。

4)曲柄及连杆轴颈的相位角。

5)止推端面的表面粗糙度及止推端面到各轴颈的轴向尺寸。

6)以第1,7主轴颈为测量基准,检测第4主轴颈、皮带轮轴颈、正时齿轮轴颈、轴承孔、油封轴颈的径向圆跳动;油封轴颈端面、正时齿轮轴颈端面的全跳动;全部连杆轴颈轴线的平行度。

7)连杆轴颈端面对连杆轴颈轴线的端面圆跳动。

8)键槽的对称度。

9)外观有无裂纹、刮伤、毛刺等缺陷。

10)内部裂纹探伤和动平衡合格印记。

上述各项终检内容除少数外,大部分内容进行抽检。

### 4.2.3 钻床类夹具

钻床类夹具是用于各种钻床和某些镗床、组合机床上的夹具,简称钻模。它的主要作用是保证被加工孔的位置精度。曲轴上的斜油孔、法兰盘上的连接孔等的加工均采用了此类夹具。

**1.钻床夹具的种类**

(1)固定模板式钻模

图4.18所示是在连杆零件上钻孔用的固定模板式钻模。

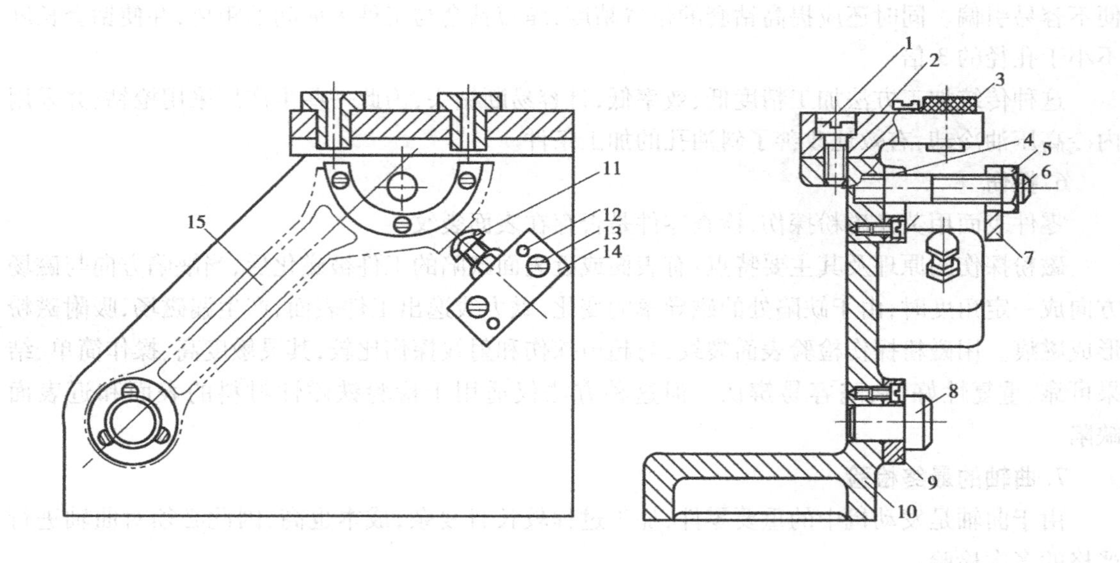


图4.18 加工连杆螺钉孔专用夹具

1—螺钉;2—钻模板;3—快换钻套;4—支承板;5—螺母;6—螺栓;7—半圆压板;8—圆柱销;9—支承板;10—夹具体;11—六角头支承;12—销钉;13—螺钉;14—支承座

固定模板式钻模的钻模板固定在夹具体上。这种钻模刚性好,但易导致钻套端面离工件加工面较远,刀具容易引偏。这类钻模在使用过程中夹具和工件在机床上的位置固定不动,用于在立式钻床上加工较大的单孔或在摇臂钻床上加工平行孔系。

(2) 覆盖式钻模

① 覆式钻模

覆式钻模的特点是可将钻模板“覆”在工件上或装于工件中，定位元件与钻套均装在钻模板上，此时工件通常都是直接放置在机床工作台上，而钻模就利用本身定位元件在工件上的定位基准面上定位。

覆式钻模的结构简单，有时甚至可以没有夹紧装置，如图4.19所示。此外，由于定位元件与钻套直接连接在一起，精度较高。应用于大型工件时，能避免笨重的夹具体和工件的装卸，从而节省材料和减轻工人的劳动强度。然而采用这种钻模的工件必须有两个平面或端面，一个用来安装钻模，另一个用来将工件放在机床工作台上。如果工件不能直接放在机床上时，可以通过增加一个垫块或支座来解决。

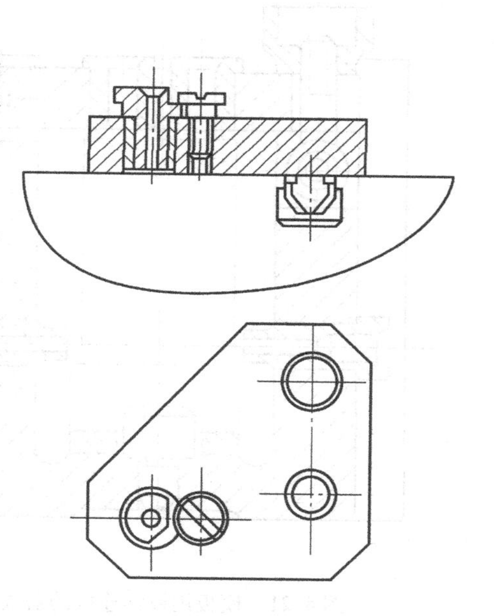

图4.19　无夹紧装置覆式钻模

② 盖式钻模

盖式钻模的钻模板是个活动的盖板，它可以与夹具体用定位销组合或用铰链连接。

图4.20所示是模板可拆卸的盖式钻模。工件以外圆和端面在夹具体1上的定位面上定位。钻模板借衬套9准确地套在心轴11上，圆柱销3实现钻模板对夹具体的角向定位，使各钻套对准夹具体上的让刀孔，螺母8通过旋转垫圈6将钻模板连同工件一起紧压在夹具体上。钻模板上均匀分布了8个固定钻套和两个快换钻套。为了更可靠地保证被加工孔之间的位置精度，还可将插销插入第一个加工的孔中。

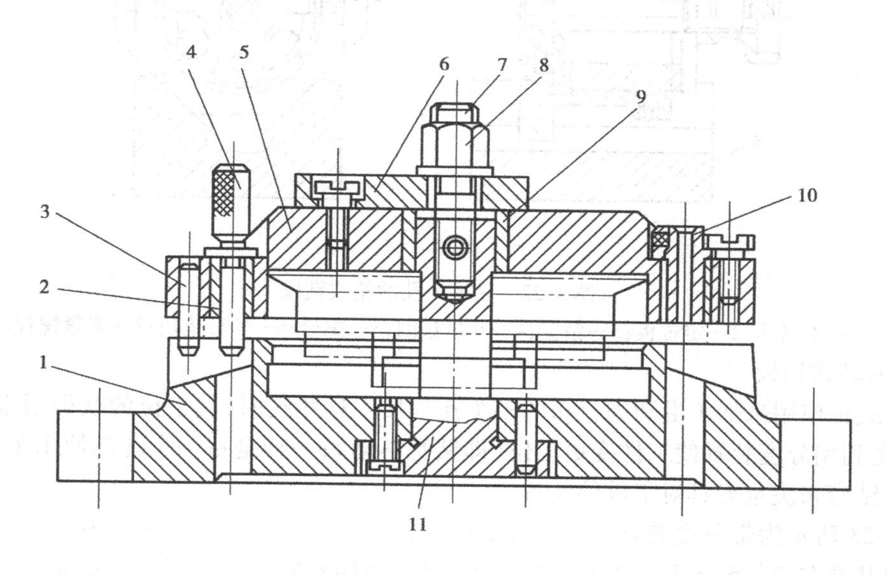


图4.20　模板可卸盖式钻模

1—夹具体；2，9—衬套；3—圆柱销；4—插销；5—压板；
6—旋转垫圈；7，8—螺栓螺母；10—钻套；11—心轴

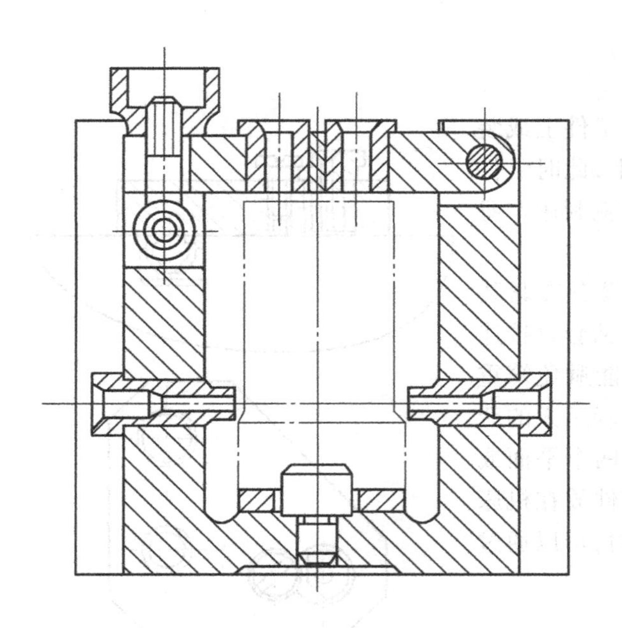

图4.21　模板用铰链连接的盖式钻模

图4.21是用铰链连接模板的盖式钻模。当工件以“一面两孔”定好位后，用两个螺旋压板将工件夹紧，然后盖上钻模板，用螺母将钻模板固定即可加工工件上的孔了。

东风汽车有限公司发动机厂在曲轴加工线上，曲轴主轴颈上直油孔的加工即采用了这种钻模板。

(3)翻转式钻模

这类钻模的特点是整个夹具可以和工件一起翻转，用以加工不同方向的孔。图4.22所示为在套筒上钻孔用的箱式钻模。箱式钻模的钻套3一般直接装在夹具体上，整个夹具呈封闭形式，只在一面或两对面敞开。工件在夹具体1内孔及定位板2的端面上定位，用螺母5通过开口垫圈4夹紧，整个钻模呈正方形。为了能钻出8个径向孔，另设置了V形垫块6。

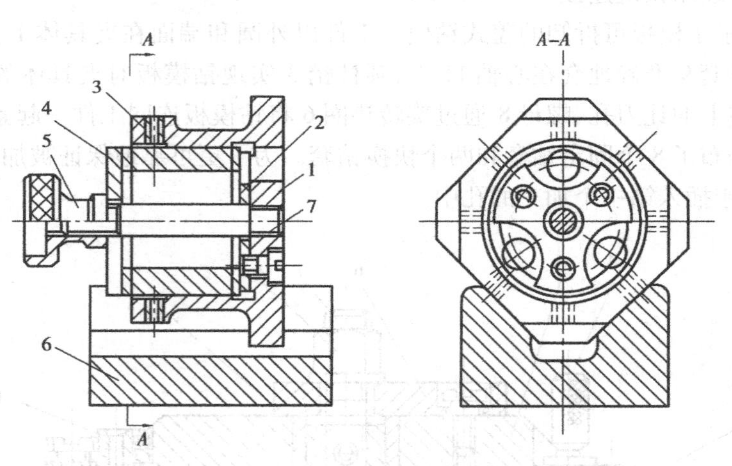


图4.22　钻8个孔的箱式钻模

1—夹具体；2—定位板；3—钻套；4—开口垫圈；5—螺母；6—V形垫块；7—夹紧螺杆

(4)回转式钻模

回转式钻模用来加工沿圆周分布的多个孔。加工这些孔时，其工位的获得通常有两种方法，一种是利用分度装置使工件变更工位(即钻套不动)；一种是每一个孔都使用单独的钻套，依靠这些钻套来决定刀具对工件的位置。

图4.23所示为带分度装置的回转式钻模，用于加工工件上的三圈径向孔。工件以孔和端面为定位基准在定位轴3和分度盘2端面上定位，用锁紧螺母1锁紧。当钻完一个工位上的孔后，松开锁紧螺母1并拉出分度销6后就可进行分度了。分度完成后要用锁紧螺母1再将分度盘锁紧，以便对另一工位的孔进行加工。

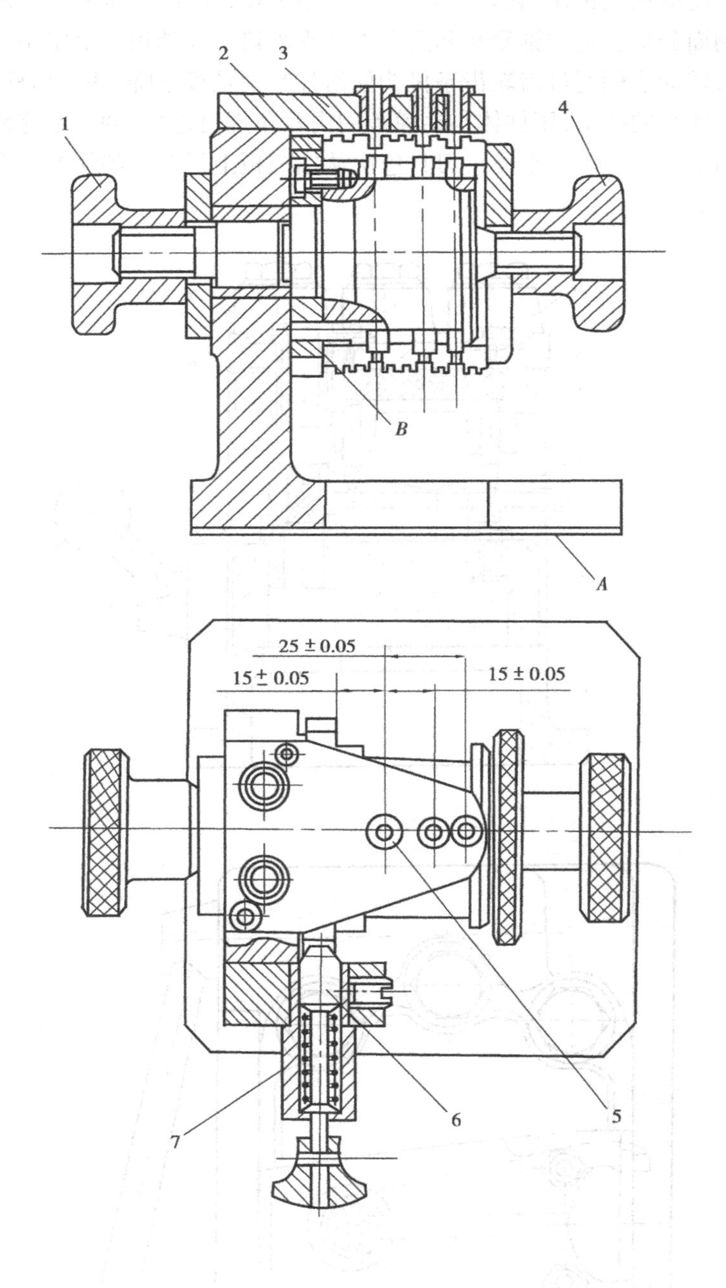


图4.23　带分度装置的回转式钻模

1—锁紧螺母;2—分度盘;3—定位轴;4—夹紧螺母;5—钻套;6—分度销;7—弹簧

在东风汽车有限公司发动机厂曲轴加工线上,曲轴两端孔的加工即是在立式钻床上采用这种钻模进行加工的。

(5)滑柱式钻模

滑柱式钻模的结构已经通用化、规格化了,加之这种钻模不需另设夹紧装置,且生产率高,所以在生产中被广泛使用。

图 4.24 为手动滑柱式钻模,它是用来钻、扩、铰拨叉上直径为 $\phi$20H8 的孔。工件以外圆端面、底面及后侧面分别在定位锥套 9 和两个可调支承钉 2 及挡销 3 上定位,所有定位元件均安装在底座 1 上,转动手柄通过齿轮齿条机构使滑柱带动钻模下降,两个压柱 4 就把工件夹紧了,压柱装在压柱体 5 的孔中,压柱体与钻模板用内六角螺钉连接,内腔填充液性塑料,并用螺塞 6 封住,以使两个压柱的压力平衡。刀具依次从钻模板上衬套 8 的快换钻套 7 中通过,即可进行钻、扩、铰加工。

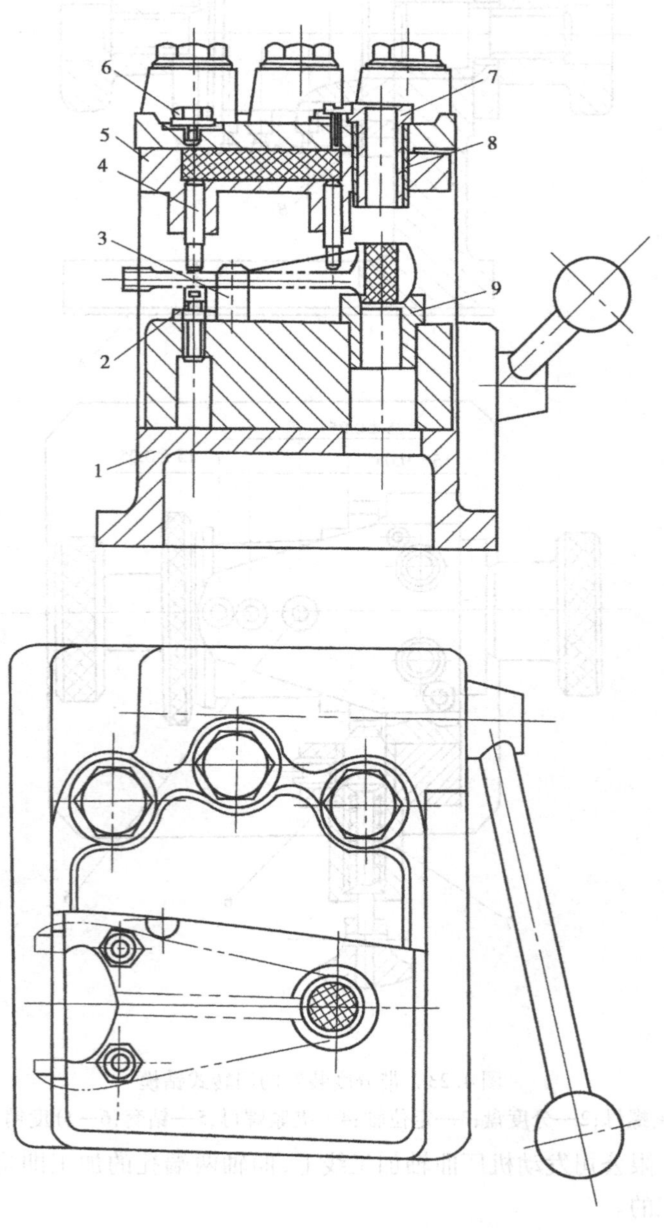


图 4.24　滑柱式钻模

1—底座;2—支承钉;3—圆柱销;4—压柱;5—压柱体;
6—螺塞;7—快换钻套;8—衬套;9—定位圆锥

使用这类钻模时应注意滑柱与导向孔间的配合间隙(常用 H7/g6、H7/f6),因为它们之间的配合间隙会影响所钻孔的尺寸精度以其位置精度,设计时应在保证滑柱能自如滑动的情况下尽可能地减小滑柱与导向孔间的配合间隙。

**2. 钻套的结构和设计要点**

钻套的结构:

钻套是钻床夹具所特有的元件。钻套用来引导钻头、扩孔钻、铰刀等孔加工刀具,加强刀具刚度,并保证所加工的孔和工件其他表面准确的相对位置。用钻套比不用钻套可以平均减少孔径误差50%。因此,钻套的选用和设计是否正确,不仅影响工件质量,而且也影响生产率。钻套的结构、尺寸均已标准化,可参阅国家标准《夹具零件及部件》中的相关部分。

钻套按其结构和使用特点可分为:

①固定钻套

如图4.25(a)、(b)所示是固定钻套,钻套外圆与钻模板孔采用 H7/r6 或 H7/n6 配合。图(a)所示是最简单的无肩式固定钻套,图(b)所示是有肩式固定钻套,其端面可用作刀具进刀时的定程挡块。固定钻套磨损到一定程度时就必须更换,将钻套压出并重新修正座孔,再配换新钻套,所以一般在中小批生产中采用,固定钻套能保证较高的位置精度。

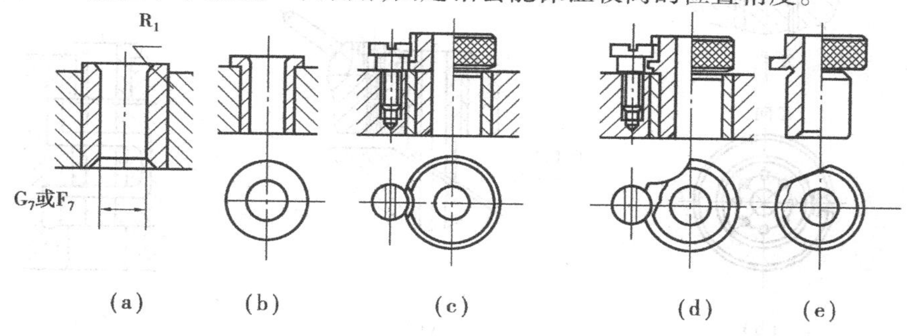


图4.25　标准钻套

②可换钻套

如图4.25(c)所示是可换钻套,这种钻套以 H6/g5 或 H7/g6 配合装入衬套内,并用钻套螺钉固定,以防止工作时随刀具转动或被切屑顶出。更换钻套时卸下钻套螺钉,不需要重新修正座孔。为避免钻模板的磨损,在可换钻套与钻模板之间按 H7/r6 或 H7/n6 的配合装入衬套孔中。可换钻套一般用于大批或大量生产中。

③快换钻套

如图4.25(d)所示是快换钻套,这是在多工步工序中采用的一种钻套,它与衬套间也采用 H6/g5 或 H7/g6 配合。快换钻套除了在其凸缘上有供钻套螺钉压紧的台肩外,还有一个削平的平面。更换钻套时,不需要拧下钻套螺钉,只要将快换钻套朝反时针方向转过一定的角度使其削平平面正对着钻套螺钉头部时,即可取出钻套。曲轴连杆轴颈上斜油孔与倒角在一次安装情况下完成加工,即采用了快换钻套,以达到快速更换钻套的目的。

④特殊钻套

如图4.26所示为几种生产中常用的特殊钻套。当工件结构、形状和被加工孔的位置特殊时标准钻套不能满足其使用要求,此时只需将钻套结构稍作改进就行了。

图(a)所示是将相邻钻套的肩部侧面切去,以满足被加工孔位置非常近的要求,图(b)是在一个钻套体上加工8个孔,钻套体的角向定位用定位销嵌入槽中实现。图(c)为在工件的圆弧面及斜面上钻孔用的钻套。曲轴连杆轴颈上斜油孔的加工所用钻套即是该类型的特殊钻套。图(d)是在工件凹腔内钻孔用钻套,装卸工件时需将钻套提起。图(e)所示钻套用于加工间断孔,中间钻套可防止刀具引偏。

设计时需确定钻套的内径、高度及钻套底面到加工孔面的距离。

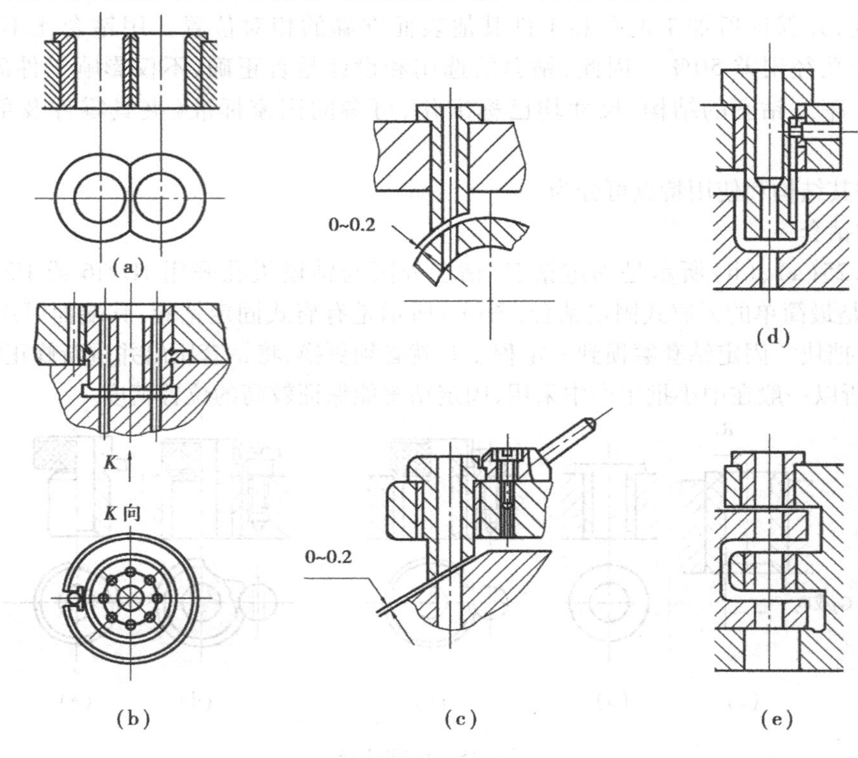


图4.26　特殊钻套

## 思考题

1. 分析曲轴加工的工艺特点。

2. 掌握曲轴的功能结构以及毛坯的制造要求。

3. 具体划分曲轴加工阶段,分析加工阶段划分符合的原则。

4. 分析曲轴主轴颈的加工方案,为什么?

5. 分析曲轴连杆轴颈的加工方案,为什么?

6. 画出一套夹具的结构示意图、传动原理简图,并指出其对自由度的限制情况。

7. 曲轴的热处理工序有哪些?曲轴热处理表面后的组织有哪些?

8. 在斜面上钻孔时,怎样确定钻套相对于定位元件的位置?

9. 为什么选择中心孔作曲轴加工统一的精基准?

10. 为什么选择中间主轴颈的轴肩作轴向定位基准。

# 4.3　汽缸体加工

机体是发动机的骨架,是发动机各机构和各系统的安装基础零件。机体内、外安装着发动机的所有主要零件和附件,承受各种载荷。因此,机体必须要有足够的强度和刚度。机体组主要由汽缸体、曲轴箱、汽缸盖和汽缸垫等零件组成。

## 4.3.1　缸体的结构特点与技术要求

现代汽车上基本都采用水冷多缸发动机,按照汽缸的排列方式不同,汽缸体还可以分为直列式、V型和对置式等形式。

如图4.27所示为直列四缸汽油机缸体。缸体是发动机的基础零件,通过它把发动机的曲柄连杆机构(包括活塞、连杆、曲轴、飞轮等)和配气机构(包括缸盖、凸轮轴等)以及供油、润滑、冷却等系统连接成一个整体。

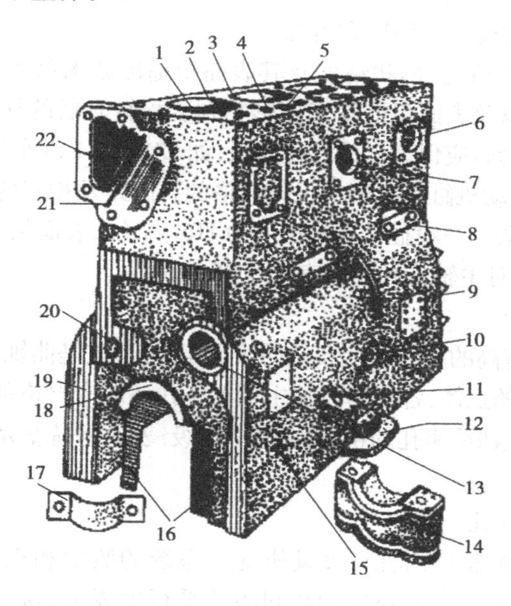


图4.27　缸体

1—缸套底孔;2—螺栓孔;3—润滑油孔;4—推杆孔;5,6—工艺孔;7—机油加油管接盘;8—减压机构轴孔;9—机油滤清器安装平面;10—机油泵出油管接头孔;11—油尺孔;12—机油泵固定接盘;13—凸轮轴孔;14—主轴承盖;15—机油主油道;16—主轴承孔螺栓;17—锁片;18—主轴承座;19—齿轮室安装平面;20—中间齿轮销孔;21—水泵安装平面;22—配水管

缸体是一个结构复杂、受力大、技术要求很高的薄壁箱体零件。缸体有很多安装平面,其中以顶面、底面和前后端面要求较高、面积较大,其他一般较小且要求较低;缸体有四组要求高的孔:缸套孔、主轴承座孔、凸轮轴孔和挺杆孔等,除此之外,还有很多螺栓孔、油孔和出砂孔等次要的孔,缸体内部有许多水腔和油道。

如图4.28为某发动机缸体简图。由于缸体需要加工的表面很多,技术要求也是多方面的。现在就一般发动机缸体加工中最主要的技术要求加以阐述。

1. **主要平面**

(1)顶面和底面

顶面应平整、光洁,才能与缸盖有良好的接触,保证发动机装配后在此部分不漏油、气和水。底面除其本身的平面度及表面粗糙度要求较高才能保证在装配油底壳后不漏油外,同时在缸体的许多加工中底面还是后续各加工工序的精基准面,这就更加要求底面有较高的精度和低的表面粗糙度。

一般顶、底面的平面度误差为:0.05/100 mm,0.1 ~0.2/全长,表面粗糙度 $R_a$ 为1.6 ~6.3 μm。

(2)前后端面

前后端面一般为相对较次要的安装基面,一般平面度不得大于 0.10 mm,表面粗糙度 $R_a$ 为6.3 ~3.2 μm。

其余一般为次要平面,可经简单加工满足其要求。

2. **主要孔的尺寸精度、形状精度和表面粗糙度**

(1)缸套孔

缸孔是气体压缩燃烧和膨胀的空间,并对活塞起导向作用,缸孔表面是发动机磨损最严重的表面之一,它决定了发动机的大修期和寿命。

各缸套孔其本身的尺寸精度、形状精度及其表面粗糙度要求都很严,因为缸套孔的直径误差、圆度误差、圆柱度误差以及表面粗糙度直接影响到装配缸套后的松紧程度,影响到发动机的性能。汽缸孔在安装汽缸套后应保证合适的过盈量,如 EQ6100-I 汽车发动机汽缸过盈量规定为0.045 ~0.075 mm。多缸发动机缸套孔间应保持严格的孔间距及相互的轴线平行度,以保证各缸活塞连杆的装配和运动关系。一般缸套孔的精度为 IT6 ~7 级,表面粗糙度 $R_a$ 为0.8 ~1.6 μm,圆柱度公差0.01 μm,缸孔对主轴承孔的垂直度0.05 μm。

(2)曲轴主轴承座孔

曲轴主轴承座孔应该有高的尺寸精度和低的表面粗糙度,这是曲轴主轴颈轴承和连杆轴颈正确装配的保证,多缸发动机的缸体,各缸的曲轴主轴承座孔还应有严格的同轴度要求,才能保证曲轴的正确装配。一般曲轴主轴承座孔的精度为 IT6 ~7 级,表面粗糙度 $R_a$ 为0.8 ~1.6 μm,各孔同轴度误差不应超过0.06 mm。

(3)凸轮轴孔及其挺杆孔

凸轮轴孔及其挺杆孔的精度对保证发动机配气系统的装配和正确运动关系极为重要,凸轮轴孔不仅应与曲轴主轴承座孔有精确的孔间距及平行度要求,从而使得凸轮轴与曲轴通过齿轮形成正确的啮合,而且还应与挺杆孔有严格的垂直关系,才能保证挺杆的正确运动而不被“卡死”。当然多缸发动机的凸轮轴孔在各孔间还应有很高的同轴度,才能保证凸轮轴的正确装配。一般凸轮轴孔的尺寸精度为 IT6 ~7 级,同轴度要求为0.03 ~0.06 mm,与曲轴主轴承座孔孔的平行度要求为0.05/600 ~0.10/600 mm,表面粗糙度 $R_a$ 为0.8 ~1.6 μm。挺杆孔精度为 IT7 ~8 级,表面粗糙度 $R_a$ 为1.6 ~3.2 μm。

其余一般为次要的螺栓孔、油孔等。

3. **孔与孔、孔与平面的位置精度**

为保证发动机的正常工作,缸体很多主要表面间都有极高位置关系要求,主要如下。

①各缸孔轴线对于曲轴主轴承座孔与凸轮轴孔轴线的垂直度,不得大于0.05 mm;

②曲轴主轴承座孔与凸轮轴孔轴线的平行度,不得大于0.1 mm;

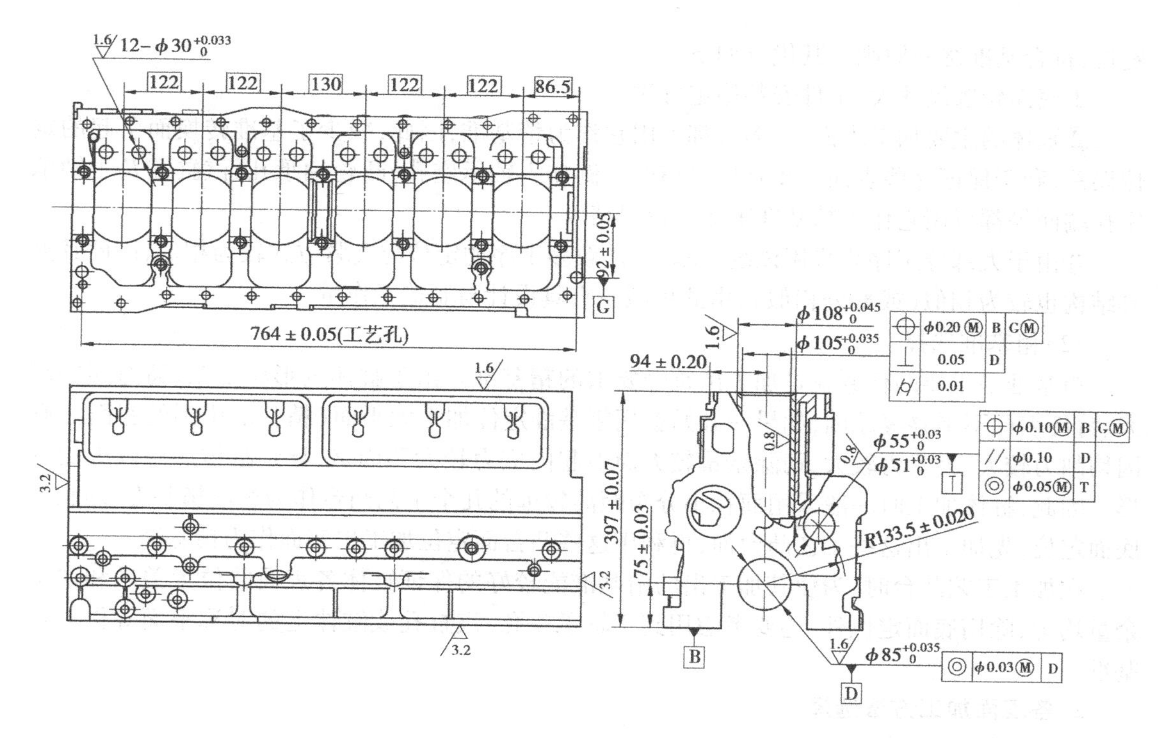


图4.28 某六缸发动机缸体简图

③前后端面对于曲轴主轴承座孔轴线的垂直度,分别为不得大于0.15 mm、0.10 mm;

④各缸孔对于安装曲轴的中间主轴承座的止推端面的纵向位置精度为0.25 mm。

### 4.3.2 缸体的材料及毛坯特点

缸体的受力情况严重且复杂,因此要有一定的强度、刚度及抗震性。此外,缸体的形状很复杂,毛坯制造困难,所以缸体的材料一般选用的是HT200、HT250灰铸铁(如东风汽车有限公司发动机厂生产的6100系列缸体材料为HT200,其6102、491和6105系列和dcill缸体材料均为HT250)。小型汽车发动机考虑其体积小、重量轻、散热好等因素,一般用铝合金铸件。

灰铸铁缸体中小批量时一般选用的是木模或塑料模砂型铸造,在大批量生产时则采用金属模砂型铸造、机器造型,以提高铸件的精度,降低表面粗糙度及保证生产率。

铸件被浇铸及落砂以后,最好还应进一步用喷丸等方法清理铸件各表面。一方面是可以进一步清理各表面的残砂,另一方面使得铸件表面更加光洁,对弥合铸件表面的微裂纹和改变铸件表面的拉应力为压应力等均有好处。

缸体在机械加工以前,一般经过人工时效,以消除铸件的内应力、改善毛坯的机械加工性能。有些缸体在铸造车间就进行初次的水套水压试验,水压为$3\times10^6 \sim 5\times10^6$ MPa,在1~3 min内不得有渗漏现象。

### 4.3.3 缸体机械加工工艺过程

#### 1. 定位基准的选择

(1)精基准选择

大多数缸体加工均是选用底面及底面上的两个工艺孔作为精基准,采用"一面两销"方式

定位,符合基准统一原则。其优点如下:

①底面轮廓尺寸大,工件安装稳定可靠。

②缸体的主要加工表面,大多数都可用它作为精基准,因此,减少了基准转换而引起的定位误差,利于保证这些表面的相互位置精度。例如主轴承座孔、凸轮轴承孔、汽缸孔及主轴承座孔端面等都可用它作为精基准来保证位置精度。

③由于大部分工序均采用该统一基准,使较多工序的定位与夹紧方式较为相似,因此其夹具结构也较为相似(或部分相似),由此可减少夹具设计与制造工作量。

(2)粗基准选择

粗基准最主要的任务就是加工出符合要求的精基准。由于缸体的形状复杂,铸造误差较大、铸件表面不平整等原因,如果一开始就用粗基准定位加工大平面(精基准用到的底面),则因切削力较大、夹紧力较大、切除余量较大而引起内应力较大等因素,导致缸体产生较大的变形。因此,缸体加工时一般采用面积小分布距离较远的几个工艺凸台作为过渡精基准,即利用底面定位,先加工出这些工艺凸台面,再利用这些凸台面定位加工出底面作为精基准。

在加工工艺凸台时,为使其加工出的精基准能较好的保证缸体各表面的位置关系和加工余量均匀,除用底面定位外,还要考虑用到主轴承座孔、汽缸孔或缸体上的对称平面等作为粗基准。

**2. 各表面加工方法选择**

(1)缸体的平面加工

刨削和铣削是平面加工最重要、最常用的加工方法,另外磨削加工对于加工要求高(尤其是表面粗糙度)或经淬火后的平面也是一种不可缺少的加工方法,拉削平面则是一种更高效率的生产,适应于大批大量生产的工艺。

铣削和刨削比较起来,由于铣削同时参加切削的可以是多齿刀刃且没有空行程,无论从生产效率还是从加工质量来说都比刨削好(狭长平面除外),因此一般缸体的平面加工,都采用铣削加工。

对于底面、顶面和前后端面,由于面积较大,加工精度要求较高,故采用粗铣→精铣的加工方案。其余表面加工要求较低,采用一次铣削即可。

对大批量的缸体生产,较多企业也采用拉削的方式加工平面,且同时拉削较多平面,以充分提高生产率并同时保证加工的平面的位置关系。

(2)汽缸孔的加工

汽缸孔的技术要求很高,尺寸较大,且有很高的位置关系。因此,要对其进行多道工序的加工才能达到这些技术要求,而且加工时应多缸孔同时加工,其加工方式主要采用镗削的形式。

缸套底孔采用:粗镗→半精镗→精镗。

压入缸套后再:粗镗→精镗→珩磨。

(3)曲轴孔和凸轮轴孔的加工

曲轴孔和凸轮轴孔不仅自身尺寸精度和粗糙度要求高,而且两者之间还有较高的平行度要求和位置尺寸要求。这两组孔还均是同轴线上一系列同尺寸且要求高同轴度的孔(如六缸发动机有7个主轴承座孔)。因此,一般多采用同时多次镗削加工的方法来达到其要求。如:粗镗→半精镗→精镗,压入瓦盖后再同时精镗一次。最后在保证了两组孔的位置关系后,还对凸轮轴孔进行一次铰削，以保证其高的精度和低的粗糙度。

(4)挺杆孔的加工

挺杆孔也是一组要求尺寸精度的相互位置均较高的的孔。一般也是采用对该组孔同时多次加工的方法来达到其精度。

对六缸发动机上的 12 个挺杆孔采用：钻→粗扩→精扩(→精镗)→铰的加工方案。

**3. 加工顺序安排**

在考虑机械加工顺序时，除按照一般的机械加工顺序安排的 4 个原则“先基面后其他、先主后次、先面后孔、先粗后精”外，还要考虑缸体零件特殊性的一些因素。

(1)应遵循的一般性原则

①先基面后其他

应在工艺路线的最开始阶段先加工出精基准面：一面两销。如前面的分析，首先加工出过渡基准，再加工出“一面两销”。加工时，宜先加工较大的平面，再安排两个销孔的加工，而且要尽快地将其提高到一定精度。

②先主后次

缸体零件比较复杂，在各个表面(或方向上)都有一些主要表面和较多的次要表面，在加工的各个阶段，先考虑主要表面加工，再安排次要表面加工，而次要表面加工可以根据主要表面的加工从加工方便与经济角度出发进行安排。

缸体零件的主要表面还有很高的精度要求，这些高精度表面的加工易出现废品。先主后次可以减少因主要表面加工报废时所造成的损失。

③先面后孔

先加工出缸体零件上较大的平面，并用其定位加工孔，可以保证定位准确、稳定，且夹具相对较简单。另外，缸体上有若干的水孔、螺纹孔等，其孔口处虽一般为较小的平面，但先加工这些平面，切去表面的硬质层，再加工这些平面上的孔，可避免因表面凸瘤、毛刺及硬质点的作用而引起的“钻偏”和“打刀”等现象，提高孔的加工精度。

④先粗后精(粗精分开)

先粗后精有利于消除粗加工时产生的热变形和内应力，提高精加工的精度。所以在整个工艺路线的安排上或一些主要表面的加工时均要粗精分开。另外，先粗后精还有利于及时发现废品，避免工时和生产成本浪费。

(2)还应考虑以下一些因素

①因缸体是较大型铸造件，所以容易发现内部缺陷的工序应安排在工艺路线较前一些的位置。

②因缸体上的主轴承座孔为半圆孔，需与轴承盖装配后才能加工，所以还要先将主轴承座孔与轴承盖二者的结合部分加工到正确接合的程度后，装配轴承盖，再安排主轴承座孔的加工。

③把各深孔加工尽量安排在较前面的工序，以免这些深孔的加工带来较大的内应力，影响以后工序的加工精度的获得与精度的保持。

④加工时，要考虑一些孔系有较高的位置精度要求，需要同时加工。如主轴承座孔与凸轮轴孔系，除同轴线上的孔有同轴度要求，两组孔系还有较高的相互位置要求。

⑤缸体上有较多的次要的螺纹孔和台阶凸面，宜利用专用机床和加工中心对较多的表面

同时加工，既容易获得其相互位置精度，又有利于提高生产率。

另外，在机械加工顺序中，还要适当安排检验、清洗等工序。

表4.3所示为大批量生产的某六汽缸缸体加工的简要工艺过程。

表4.3　缸体加工简要工艺过程

| 工序号 | 工序内容 | 工序简图 | 设备名称 |
|---|---|---|---|
| 05 | 铣定位凸台、发电机支架凸台、机冷器面、工艺导向面 | 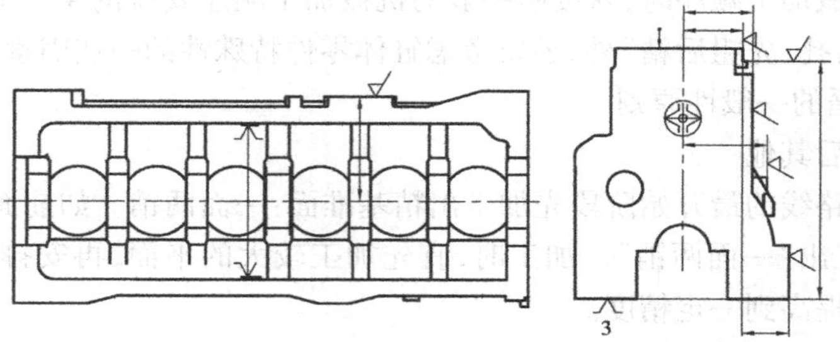 | 卧式数控铣床 |
| 10 | 粗铣底面、龙门面、对口面、顶平面 | 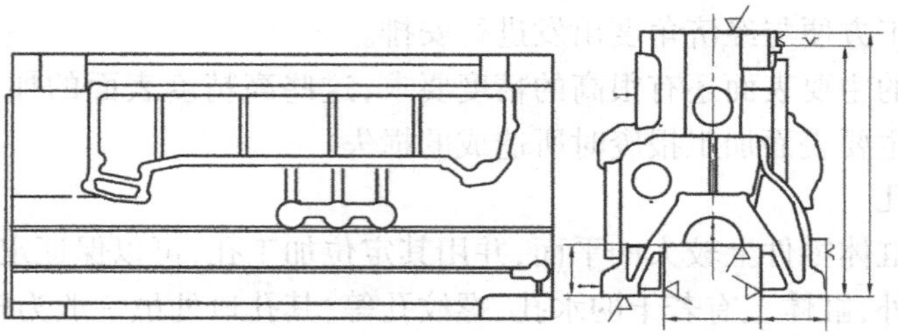 | 双面卧式数控铣床 |
| 15 | 精铣底平面 | 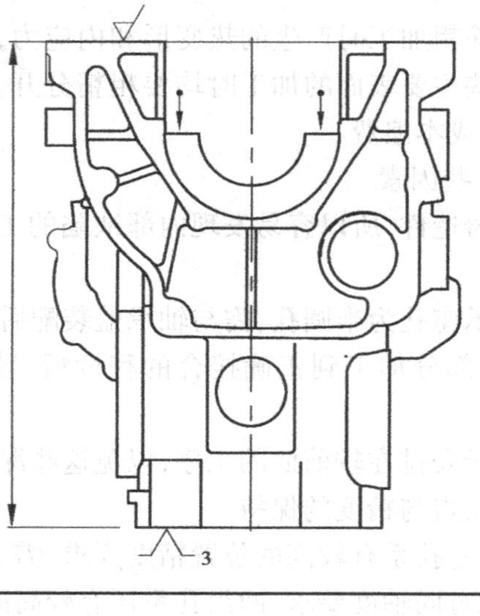 | 转盘铣床 |

续表

| 工序号 | 工序内容 | 工序简图 | 设备名称 |
| --- | --- | --- | --- |
| 20 | 钻、铰工艺孔 | 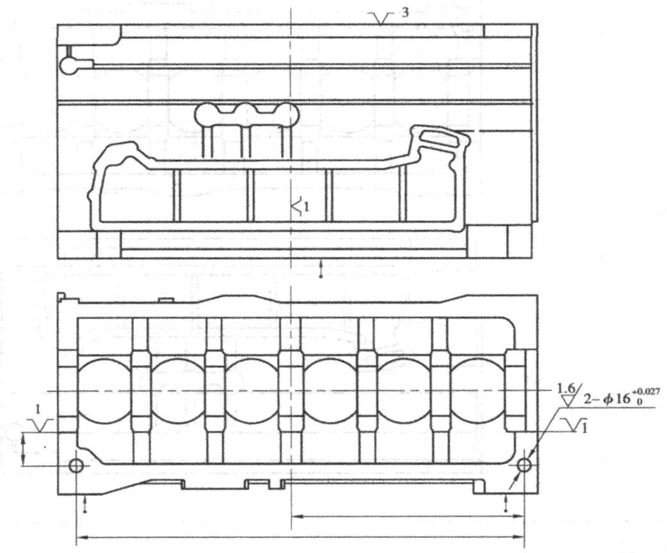 | 钻铰双工位组合机床 |
| 25 | 镗主轴承孔半圆 | 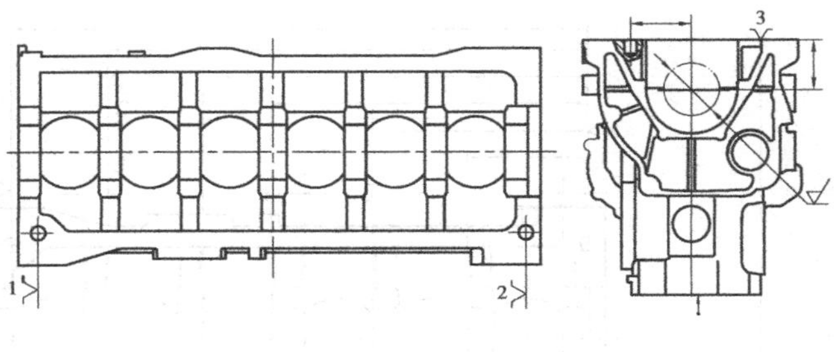 | 组合机床 |
| 30 | 第一次粗镗缸套底孔 | 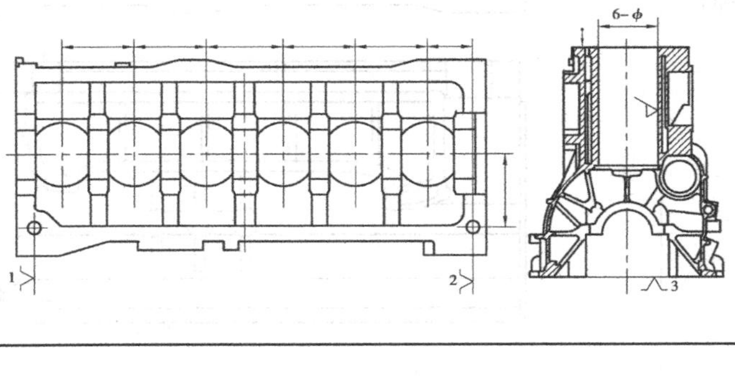 | 组合机床 |

续表

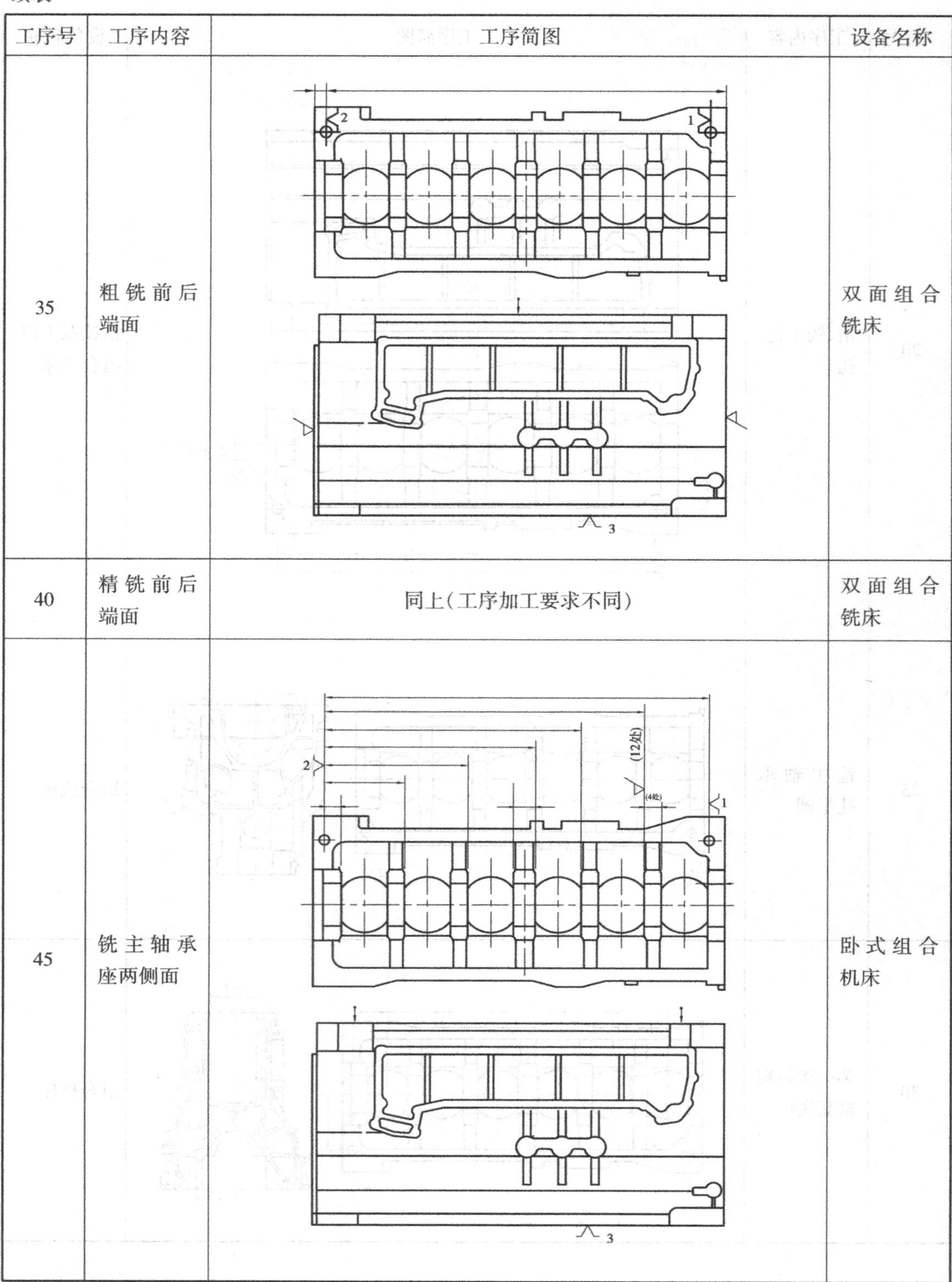


| 工序号 | 工序内容 | 工序简图 | 设备名称 |
|---|---|---|---|
| 35 | 粗铣前后端面 |  | 双面组合铣床 |
| 40 | 精铣前后端面 | 同上（工序加工要求不同） | 双面组合铣床 |
| 45 | 铣主轴承座两侧面 |  | 卧式组合机床 |

续表

| 工序号 | 工序内容 | 工序简图 | 设备名称 |
| --- | --- | --- | --- |
| 50 | 铣油封凹座 | 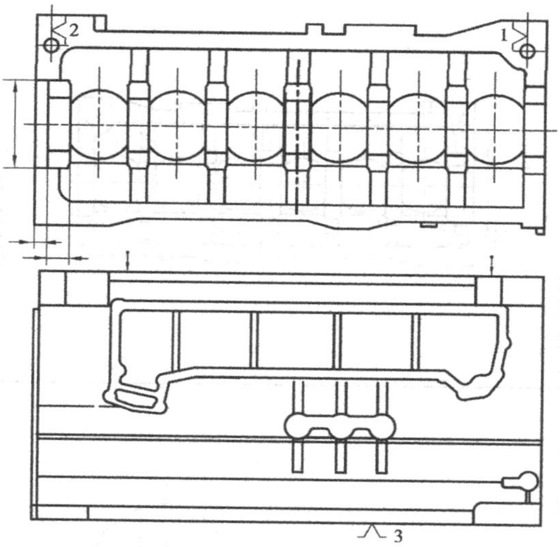 2 1 3 | 卧式组合机床 |
| 55 | 铣主轴承孔瓦片槽 | 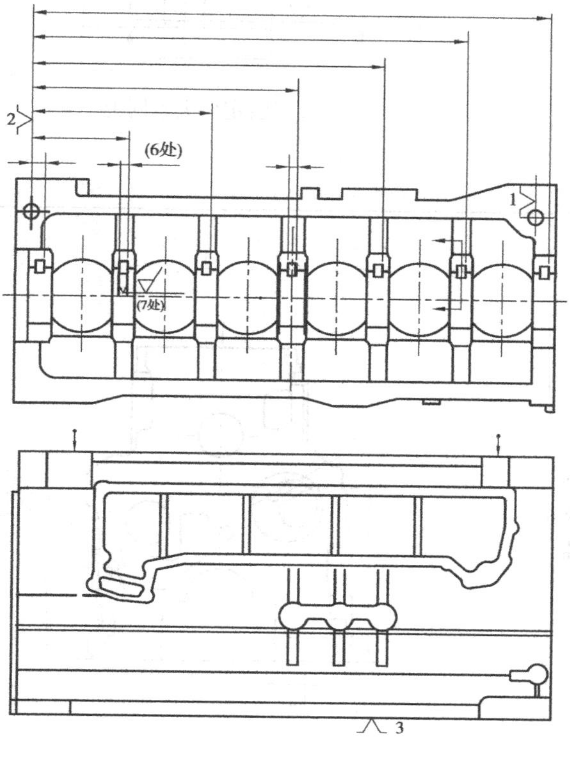 2 (6处) 1 (7处) 3 | 卧式组合机床 |

续表

| 工序号 | 工序名称 | 工序简图 | 设备名称 |
| --- | --- | --- | --- |
| 60 | 扩第1、2、4、5凸轮轴底孔 | 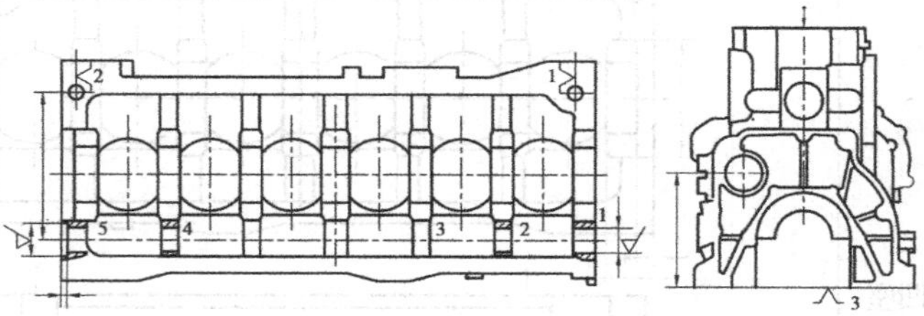 2 1 5 4 3 2 1 3 | 组合机床自动线 |
| 65 | 扩第3凸轮轴底孔 | 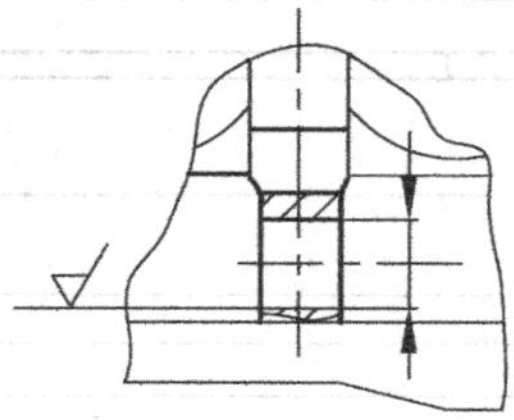 注：定位夹紧同上 | 组合机床自动线 |
| 70 | 枪钻前后端主油道孔及油泵座内油道孔 | 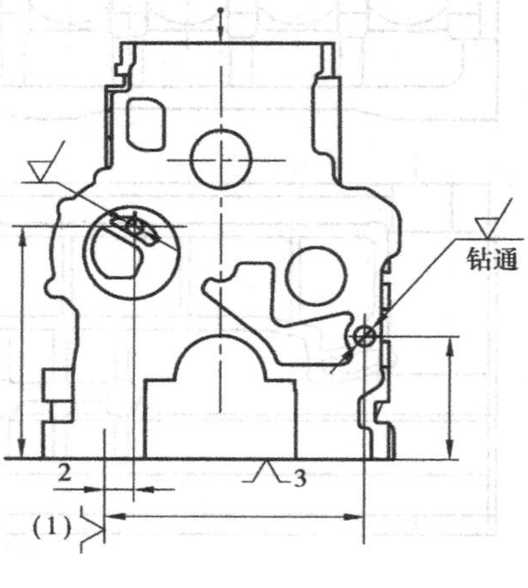 钻通 2 3 (1) | 双面卧式枪钻组合机床 |

续表

| 工序号 | 工序内容 | 工序简图 | 设备名称 |
|---|---|---|---|
| 75 | 枪钻两个横油道及顶面2个深油孔(1,7) | 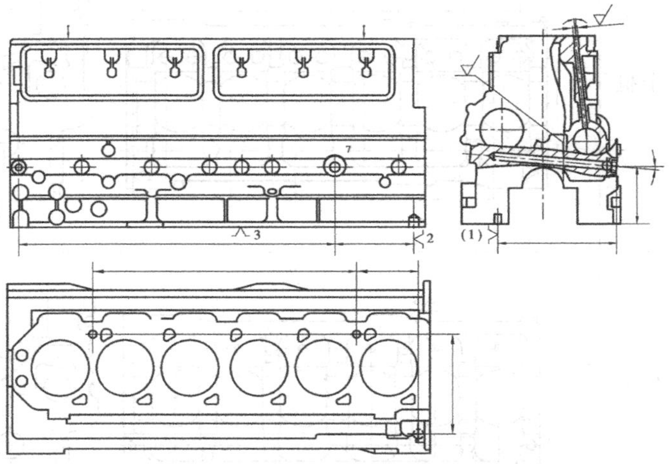 | 双面卧式枪钻组合机床 |
| 80 | 钻5个横油道孔及顶面12个推杆孔(2,3,4,6,8) | 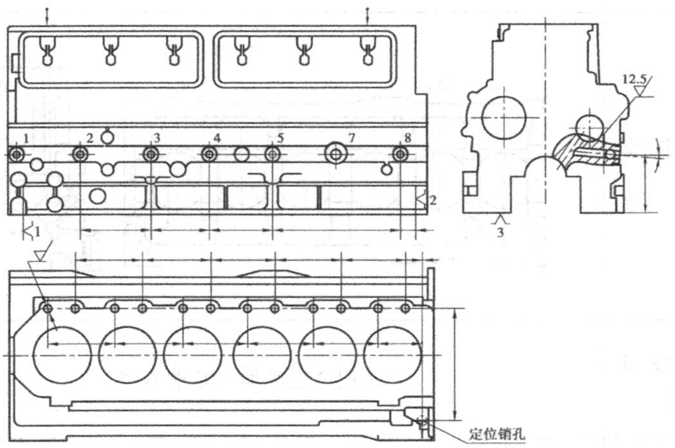 定位销孔 | 组合机床 |
| 85 | 钻主轴承孔内7个斜油孔 | 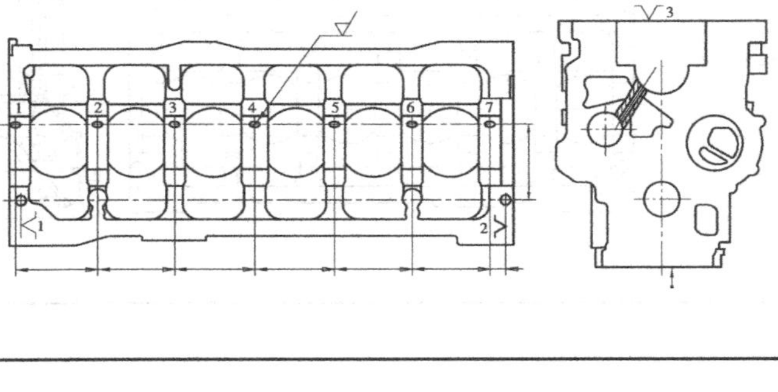 | 组合机床自动线 |

续表

| 工序号 | 工序内容 | 工序简图 | 设备名称 |
| --- | --- | --- | --- |
| 90 | 钻 12 个挺杆孔 | 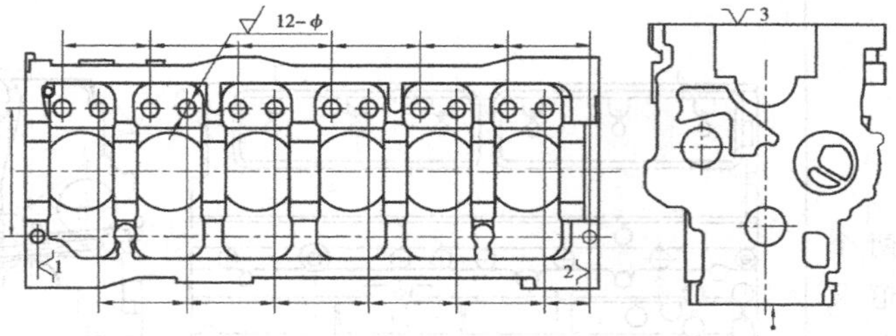 12-φ | 组合机床自动线 |
| 95 | 钻 6 个回油孔 | 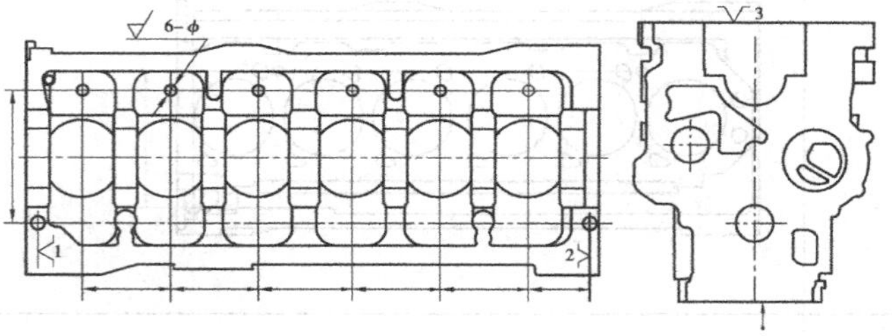 6-φ | 组合机床自动线 |
| 100 | 粗镗缸套底孔 | 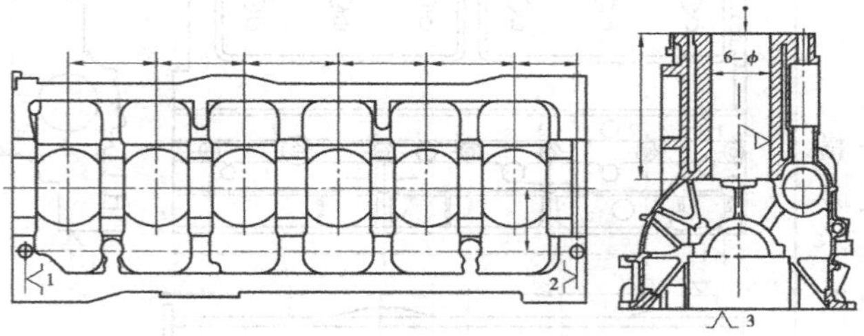 6-φ | 专用镗床 |
| 105 | 半精镗缸套底孔 | 同上(工序加工要求不同) | 专用镗床 |
| 110 | 镗缸套下止口 | 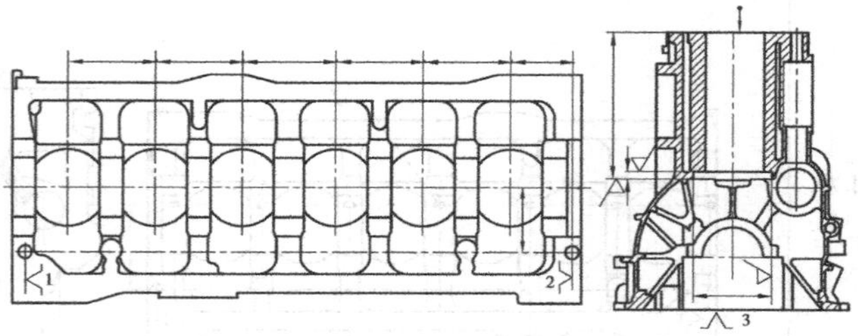 | 专用镗床 |

续表

| 工序号 | 工序内容 | 工序简图 | 设备名称 |
|---|---|---|---|
| 115 | 加工两侧面：凸台面、导向面和孔系 | 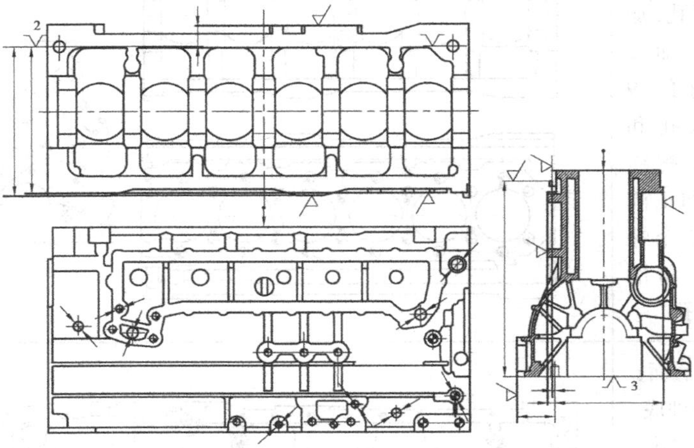 | 卧式加工中心 |
| 120 | 加工前后面：前销、后环、出砂孔、凸轮轴凹座孔及部分螺孔 | 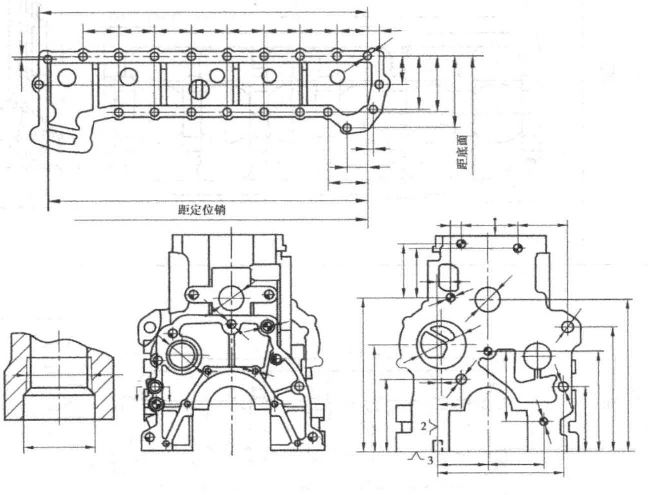 距底面<br>距定位销 | 卧式加工中心 |

续表

| 工序号 | 工序内容 | 工序简图 | 设备名称 |
|---|---|---|---|
| 125 | 加工底面销孔内油孔、瓦盖定位环孔,加工顶面2个销孔、9个水孔和26个螺栓孔,加工前面23个螺纹孔和惰轮轴孔 | 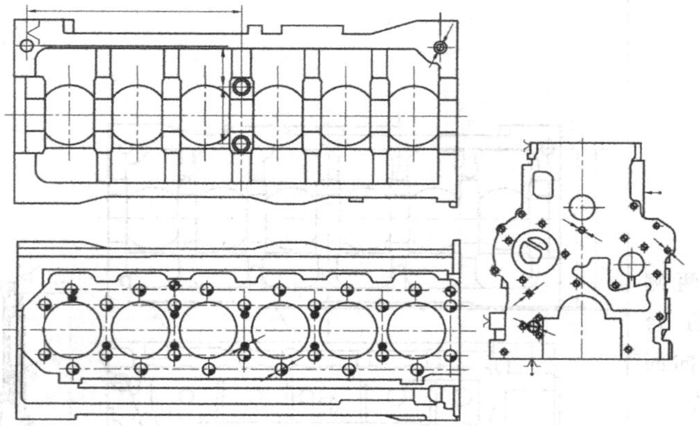 | 卧式加工中心 |
| 130 | 加工底面:27个油底壳螺纹孔、14个瓦盖螺栓孔、深油孔喷油嘴 | 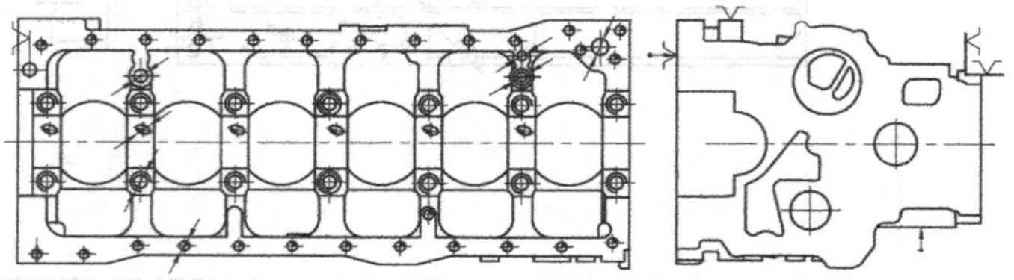 | 卧式加工中心 |
| 135 | 精镗缸套底孔 | 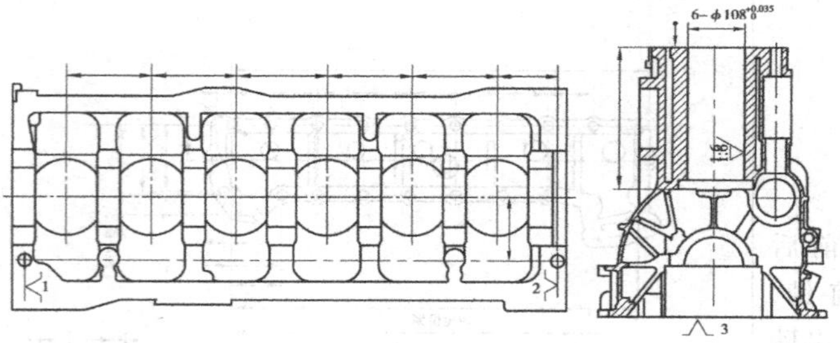 6-ϕ108 | 专用镗床 |
| 140 | 精拉瓦盖结合面 | 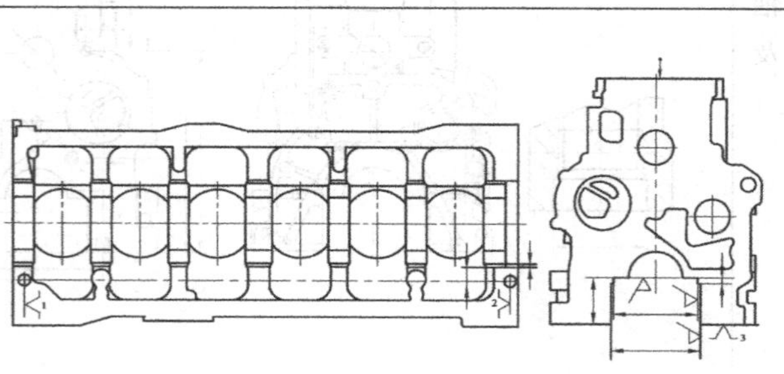 | 拉床 |

续表

| 工序号 | 工序内容 | 工序简图 | 设备名称 |
| --- | --- | --- | --- |
| 145 | 水压试验 | 注:将缸体浸在试漏液里,将压缩空气通往缸体内试验,应1 min内无漏气。 | 水压试验机 |
| 150 | 缸孔分组及压缸套 | | 液压机 |
| 155 | 装瓦盖及瓦盖螺栓 | | 拧紧机 |
| 160 | 粗镗主轴承孔、凸轮轴衬套底孔 | 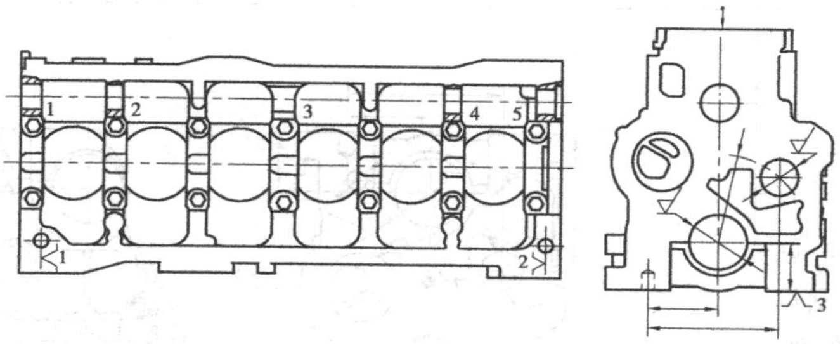 | 卧式组合镗床 |
| 165 | 半精镗主轴承孔、精镗凸轮轴衬套底孔 | 同上(工序加工要求不同) | 卧式组合镗床 |
| 170 | 铰凸轮轴衬套底孔 | 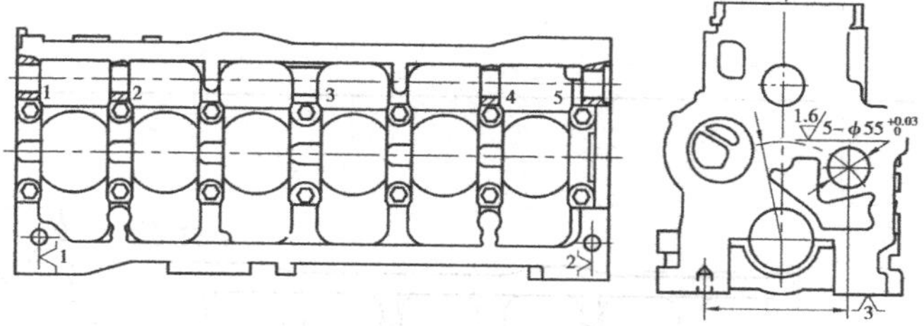 | 组合机床 |
| 175 | 压凸轮轴衬套 | | 液压机 |

续表

| 工序号 | 工序内容 | 工序简图 | 设备名称 |
|---|---|---|---|
| 180 | 粗车第4轴承止推面 | 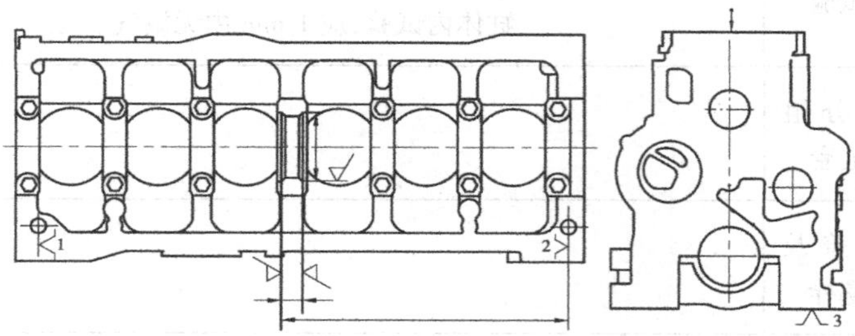 | 组合机床 |
| 185 | 精镗主凸孔、精刮第4止推面，铰惰轮轴孔、2个前定位销孔、油泵座销孔、2个后定位环孔 | 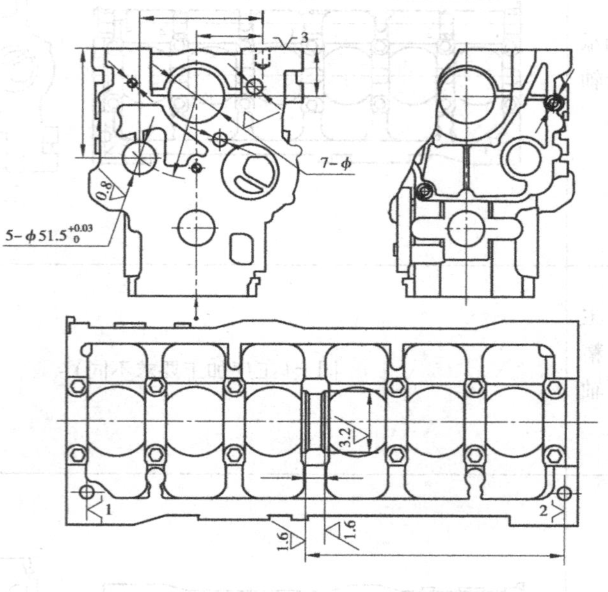 7-$\phi$<br>5-$\phi 51.5^{+0.03}_{0}$<br>0.8 3.2 1.6 | 专用镗床 |
| 190 | 铰主轴承孔 | 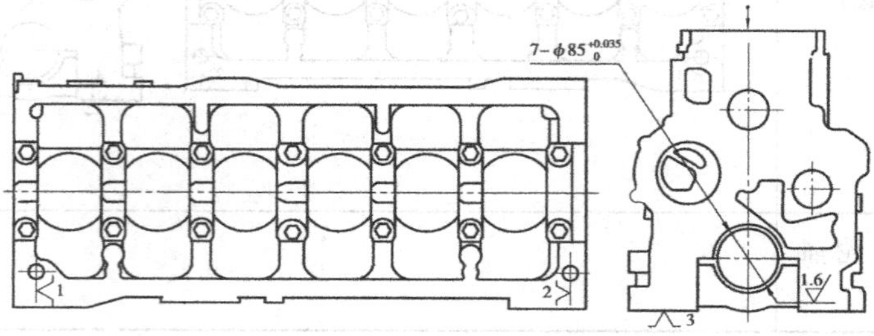 7-$\phi 85^{+0.035}_{0}$<br>1.6 | 组合机床 |

续表

| 工序号 | 工序内容 | 工序简图 | 设备名称 |
| --- | --- | --- | --- |
| 195 | 扩挺杆孔 | 12-φ　1　2　3 | 组合机床 |
| 200 | 第2次扩挺杆孔 | 同上（工序加工要求不同） | 组合机床 |
| 205 | 精镗挺杆孔 | 同上（工序加工要求不同） | 组合机床 |
| 210 | 铰挺杆孔 | 1.6　12-φ30$^{+0.033}_{0}$　1　2　3 | 组合机床 |
| 215 | 钻第5横油道孔、攻6个横油道孔，钻、铰机油标尺孔（2,3,4,5,6,8） | 6-φ　1 2 3 4 5 6 7 8　1　2　3　机油标尺孔-2处　底面 | 摇臂钻床 |

续表

| 工序号 | 工序内容 | 工序简图 | 设备名称 |
| --- | --- | --- | --- |
| 220 | 攻第1，7横油道孔，扩、铰出砂孔，钻、铰增压器回油孔 | 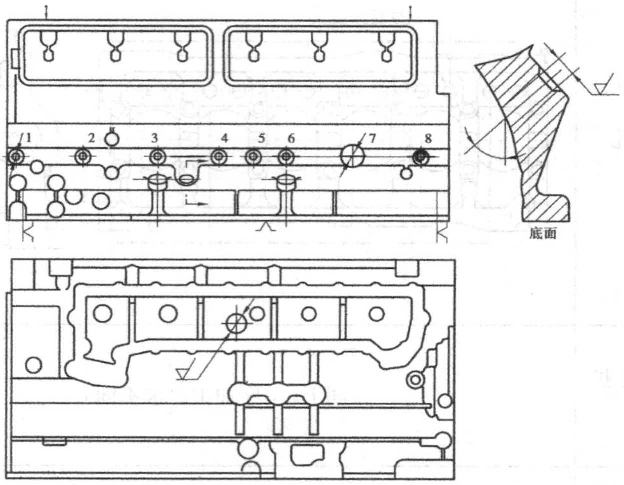 底面 | 摇臂钻床 |
| 225 | 粗镗缸套孔 | 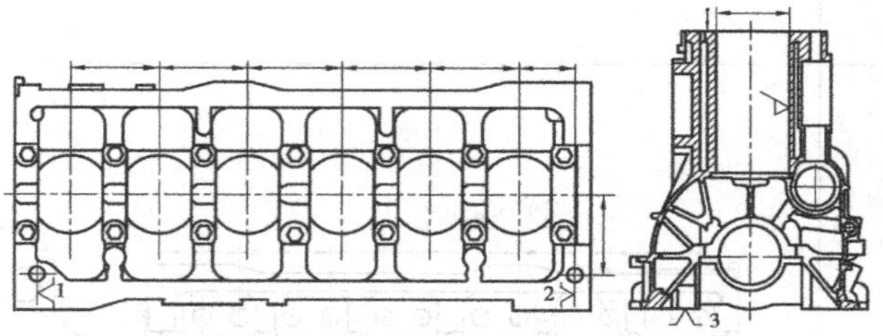  | 镗床 |
| 230 | 缸孔倒角 |  | 组合机床 |
| 235 | 精镗缸套孔 | 同225工序（工序加工要求不同） | 镗床 |
| 240 | 粗、精珩磨缸孔 | 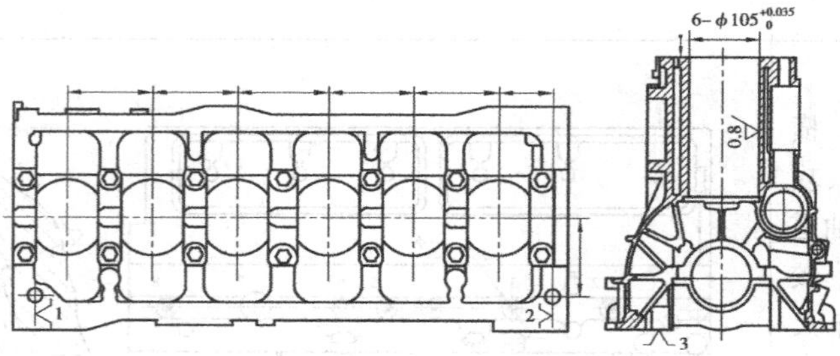 6-$\phi 105^{+0.035}_{0}$ 0.8 | 珩磨机 |

续表

| 工序号 | 工序内容 | 工序简图 | 设备名称 |
| --- | --- | --- | --- |
| 245 | 精铣缸体顶平面 | 1.6 3 | 转盘铣床 |
| 250 | 总成清洗 | | 清洗机 |
| 255 | 压装前后端盖、凸轮轴孔后堵盖、侧面出砂孔碗形塞 | | 压床 |
| 260 | 气压试验 | 注：将缸体浸在试漏液里，将压缩空气通入缸体内试验，应1 min内无漏气。 | 气压试验机 |
| 265 | 装、镗油泵托架 | | 镗床 |
| 270 | 总成检查 | | |
| 275 | 清洗、防锈，入库 | | |

**4. 主要表面加工分析**

(1)主要平面的加工

箱体类零件的平面加工，大多采用铣削加工，但东风汽车公司发动机厂在生产EQ600-I型汽车发动机缸体时，因其生产批量大，曾采用自主研发的拉床(俗称“大拉床”)在第一道加工工序即对缸体多个表面同时拉削，极大地提高了生产率，其同时加工表面如图4.29所示。但该拉床专用性强，适应不了当今变化较快的市场、产品，所以在进入21世纪后，“大拉床”逐渐退出了历史舞台，取而代之的是适应性较好的数控铣床，当然，原来由“大拉床”一台设备加工的表面，就改由几台数控铣床和拉床来完成其加工了。

底平面作为主要精基准，在工艺路线的前部就采用粗、精铣达到较高的精度。前后平面上有较多的孔要加工，所以在精基准加工后，也采用粗、精铣达到其要求的精度。顶面则在工艺路线的较前部分进行粗铣，以便于加工顶面的孔，为保证缸盖安装精度，在工艺路线最后安排了精铣，达到并保证较高的精度。

(2)缸孔加工

如前所述,缸孔除自身有较高的尺寸、形状精度外,还有很高的位置精度(如各缸孔相互的中心位置关系、与主轴承座孔轴线的垂直度等)。缸孔的加工还分为缸套底孔与缸套孔两个阶段。

在缸套底孔加工中,在工艺路线前期,以去除毛坯表面余量为目的进行了一次粗镗,缸体主要表面(含较大表面)加工一次后,分别对缸孔进行了粗镗、半精镗,使缸孔达到了一定精度,最后还对缸孔进行了精镗,尺寸精度达到了7级、表面粗糙度达到了$R_a1.6\ \mu m$。

随着发动机强化程度的不断提高,这样的工艺已不能很好地满足设计要求。对于镶干缸套的汽缸体,由于干缸套不与冷却水直接接触,活塞组的热量要通过缸套外圆与缸孔之间的接触面才能传给冷却水,因此在新的工艺中,一些企业对缸套底孔还进行了珩磨,以提高缸孔的圆度和圆柱度,提高表面粗糙度精度,保证缸套压入后与缸孔紧密贴合,增加接触面积,改善散热条件。

在压入缸套后,对其进行了粗镗、精镗和珩磨,确保形成缸套孔很高的加工质量。

在缸孔的镗削加工中,多采用较粗的刚性镗杆几个缸孔同时镗削。几个缸孔同时加工以充分保证各孔的中心距和平行度等相互位置关系。

缸套孔表面粗糙度是影响发动机燃油消耗和寿命的重要因素。一般而言,表面粗糙度小,则燃油消耗低、发动机寿命长。但缸孔表面粗糙度太小,加工不易获得且不经济。试验表明,只要在缸孔表面形成合适的加工纹理及表面状况,则表面粗糙度不太小也能保证缸壁良好的使用性能。所以,在汽缸体的加工中对缸套孔的最终加工普遍采用珩磨方式。除获得精确的圆柱孔(珩磨后的缸孔圆度和圆柱度很高)外,更重要的是利用珩磨头的运动(主轴的旋转运动、主轴的往复运动)在缸套孔内形成交叉网纹的切削纹理,如图4.30所示。交叉网纹有利于贮油润滑。实行平顶珩磨,去除网纹的顶尖,可获得较好的相对运动摩擦副,获得较理想的表面质量。

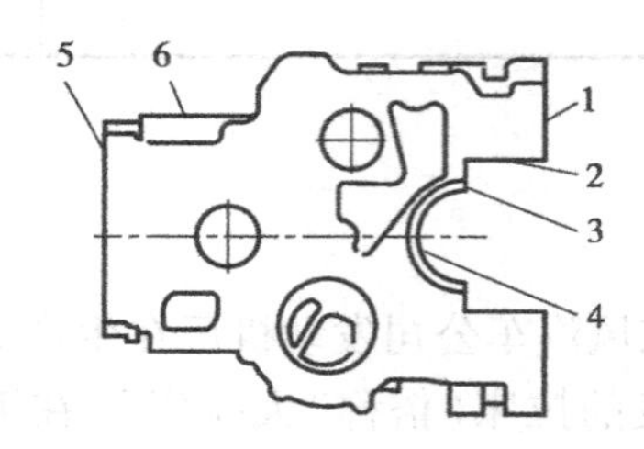


图4.29 东风发动机厂"大拉床"加工表面示意图

1—底面;2—龙门开挡面;3—瓦盖结合面;4—半圆面;
5—顶面;6—窗口面

图4.30 珩磨后缸套孔内的交叉网纹

(3)主轴承座孔和凸轮轴孔加工

首先,主轴承座孔和凸轮轴孔自身的尺寸精度、同轴度要求均高,而且还有较高的相互位置精度,特别是两组孔系之间的中心距与平行度都有很高的要求。其次,在结构上主轴承座孔是由缸体上的主轴承座半圆孔与轴承盖相配形成圆孔的;而凸轮轴孔则在获得高的底孔精度的基础上,压入衬套后还要再保证很高的尺寸、形状和相互精度。

因此加工这两组孔系,利用专用机床采用了多次同时镗削的方式,既要使同轴线上的孔系同时镗削加工(采用同一根镗杆上装多个镗刀片),又要同时镗削这两组孔系。两组孔系先各自去除自身毛坯表层余量后,再同时经粗镗、半精镗加工以获得一定的尺寸精度、形状精度和较高的相互位置精度,对凸轮轴孔铰削压入衬套后,再与主轴承孔同时精镗,以保证主轴承座孔与安装了衬套后的凸轮轴孔中心也能保证很高的位置精度,最后,对凸轮轴衬套孔还进行一次精铰,以提高其尺寸精度和降低其表面粗糙度(铰削加工一般不影响位置精度)。

(4)各方向表面上次要孔的加工

顶面、底面、前面、后面的大部分孔系(主轴承座孔和凸轮轴孔除外),两侧面的大部分凸台面、窗口面以及孔系,这些表面一般而言,量大、尺寸精度不高,但有一定的相互位置精度要求,以前多采用组合机床在多个工序中加工完成,但东风汽车公司发动机厂近年来引进大量的加工中心,利用4台加工中心用4道工序几乎完成其全部加工。而且充分利用加工中心的性能,在保证生产率的同时,很好地保证了相互位置精度。如对缸体前端面孔系进行加工时,采用一面两销定位,对主轴孔进行测量,并建立加工孔系的坐标系,然后再对前端面孔系进行加工;实践证明这种方式可以有效地、稳定地提高孔系的位置精度。

### 4.3.4　缸体机械加工主要工装分析

**1.生产线及加工设备**

由于发动机的生产一般属于大量生产类型,缸体结构又十分复杂,加工表面繁多,因此缸体生产线通常主要由流水线(或自动线或在流水线中含少量自动线)构成。生产线上大部分为多工位的组合机床,现在也有不少的加工中心和数控机床加入生产线,甚至整条生产线全部由加工中心构成。

组合机床是由已经系列化、标准化的通用部件为基础,配以少量专用部件组合而成的一种高效专用机床。它常用多刀、多面、多工位同时加工,是一种工序高度集中的加工方法,其生产率和自动化程度高,加工精度稳定。

组合机床的通用部件,已由国家制订了完整的系列和标准,并由专业厂家预先设计制造好。设计制造专用的组合机床时,可根据具体的工件和工艺要求,选用相应的通用部件组合而成。

组合机床与一般专用机床相比,具有以下特点:

①设计和制造组合机床,只限于少量专用部件,故不仅设计和制造周期短,而且便于使用和维修。

②通用部件经过了长期生产实践考验,且由专业厂家集中成批制造,质量易于保证,因而机床加工精度稳定,工作可靠,制造成本也较低。

③当加工对象改变时,通用零件、部件可以重复使用,故有利于企业产品的更新换代。

④生产率高,因为工序集中,可多面、多工位、多刀同时加工。加工精度稳定,因为常与专用夹具配套,且自动循环工作。

组合机床的配置型式主要有单工位组合机床和多工位组合机床两大类。

单工位组合机床加工过程中工件位置固定不变,由动力部件移动来完成各种加工。这类机床能保证较高的相互位置精度,它特别适合于大、中型箱体类零件的加工。

多工位组合机床工件在加工过程中,按预定的工作循环作周期移动或转动,以便顺次地在各个工位上,对同一加工部位进行多工步加工,或者对不同部位顺序地进行加工,从而完成一个或数个面的比较复杂的加工工序。这类机床的生产率比单工位组合机床高,但由于存在转位所引起的定位误差,所以加工精度不如单工位机床。且结构复杂,造价较高,多用于大批大量生产中比较复杂的中小型零件的加工。

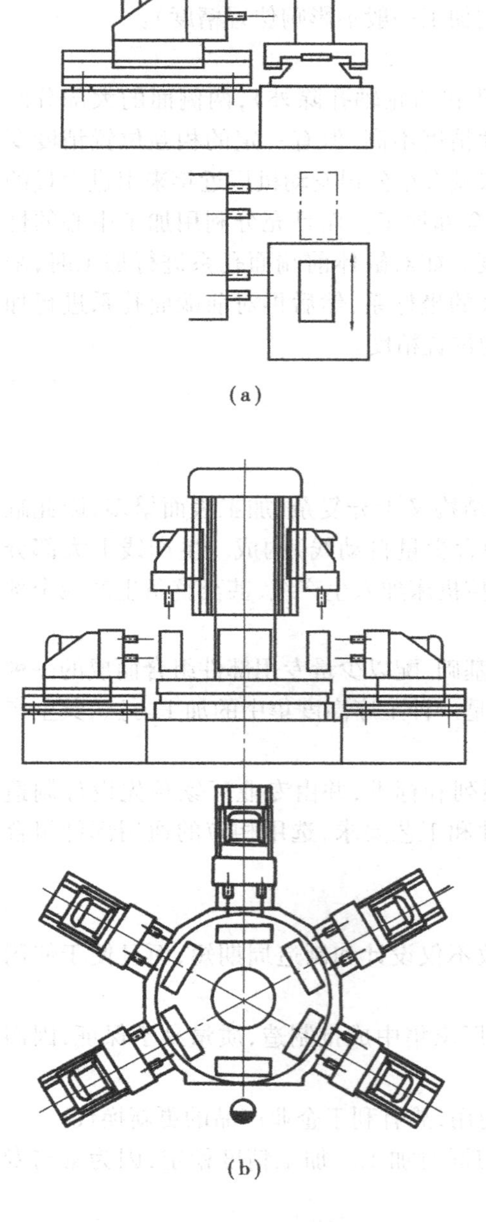

图 4.31　组合机床的配置型式

如图 4.31(a)所示为移动工作台式组合机床,其工作台带动夹具和工件可先后在 2 ~ 3 个工位上,从单面或双面对工件进行加工。这种机床运用于加工孔间距较小的工件。图 4.31(b)所示为中央立柱式组合机床,这类机床的动力部件安装在工作台四周和中央立柱上,夹具和工件装在回转工作台上,工作台绕中央立柱转位,依次进行加工。这类机床的工位数很多,工序集中程度高,但结构复杂。

尽管组合机床能够重新组合重复使用,但其重新组合需重新配置通用部件、设计少量专用机构,传统的组合机床快速适应不同规格产品的共线生产仍有一定的难度。因此,一些企业在设计与制造组合机床时,对不同规格产品尽量设置一些快速调整部分(或部分换置),形成具有一定通用性的专机。如图4.32 所示为东风汽车有限公司发动机厂的柔性专机,可适应多规格品种加工。

在数控机床、加工中心逐渐普及的现代企业里,在生产线上,还增设一些数控机床和加工中心,对较为复杂的表面和繁多的表面进行加工。甚至在一些企业,几乎全由数控机床和加工中心形成生产线来完成产品的主要零件的生产。如东风汽车有限公司发动机厂的缸体加工生产线就安排了几台加工中心,充分利用加工中心的功能对若干平面及孔在几个工序中全部加工完成,如前述工艺路线中的工序 115,120,125,130 均由加工中心对缸体各个表面上较小的平面和相对次要的若干孔进行加工,有利于这些平面、孔之间的相互位置精度的保证。

东风汽车有限公司发动机厂的 dci11 大马力发动机的主要零件的生产线基本上全由加工中心构成生产线,既有一定的柔性,又能很好地保证加工质量,但生产率稍显不够,所以当产品产量太大时,即使同一工序也需几台加工中心来完成其加工。

**2. 镗床夹具与主凸孔镗削加工夹具分析**

缸体加工中,生产线上广泛使用了专用机床夹具,由于缸体零件大,各工序加工表面较多,因此这些夹具在满足一般夹具的要求外,还应该具有良好的刚性。

在缸孔、主轴承座孔和凸轮轴孔的加工中,使用了镗床夹具。这两组镗床夹具较为充分地体现了镗床夹具的设计与结构特点。

镗床夹具又称为镗模。它除具有夹具的一般机构(或元件)外,一般要采用刀具引导装置(主要由镗模支架与镗套组成)。

(1)镗模支架的布置形式

根据镗模支架布置时与工件的关系一般分为:单面前导向、单面后导向、双面单导向、单面双导向4种基本形式。

如系单支承导向,镗杆与机床主轴一般采用刚性连接,如采用了双导向,则镗杆与机床主轴应采用浮动连接方式。镗杆与机床主轴刚性连接时,机床主轴的回转误差将会影响镗孔的精度;镗杆与机床主轴浮动连接时,所镗孔的位置精度完全取决于镗模支架上镗套的位置精度,而与机床主轴无关,故能利用低精度机床加工出高精度的孔系来。所以生产实践中很多镗床夹具采用了双支承导向。

图4.32　适应多品种加工的柔性专机

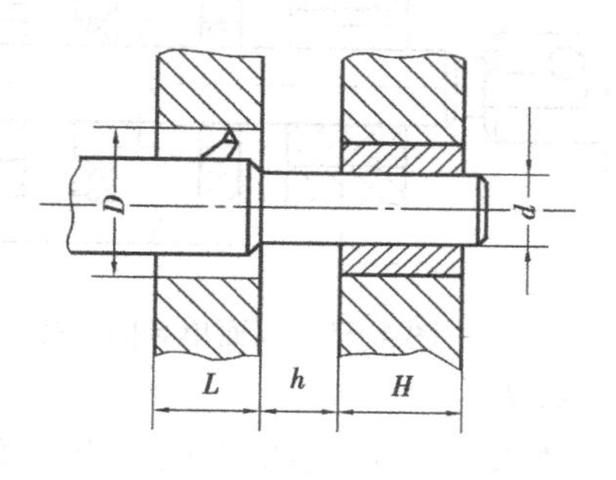


图4.33　单面前导向镗孔

①单面前导向

图4.33所示为单面前导向镗孔示意图。

这种方式主要用于加工 $D>60$ mm、$L<D$ 的通孔,或小型箱体上单向排列的同轴线通孔。因镗杆上的导向柱直径比所镗孔小,镗套的径向尺寸可以做得小,故这种导向可镗削孔间距很小的孔系。为了排屑和装卸工件的方便,一般取 $h=(0.5\sim1.0)D$,其值在20~80 mm。

②单面后导向

图4.34所示为单面后导向镗孔示意图。

这种布置形式,根据 $L/D$ 的比值大小,其结构一般有两种类型。一种类型是:当 $L<D$ 时(即镗削短孔)时,则采用导向柱直径大于所镗孔径的结构形式,如图4.34(a)所示。其特点是:刀具悬伸长度短,故镗杆刚性好,加工精度高。另一种类型是:当 $D<L$(即镗削长孔)时,则采用导向柱直径小于所镗孔径的结构形式,如图4.34(b)所示。其特点是:因镗杆可以进入所加工孔内,故可减少镗杆的悬伸量和利于缩短镗杆长度。

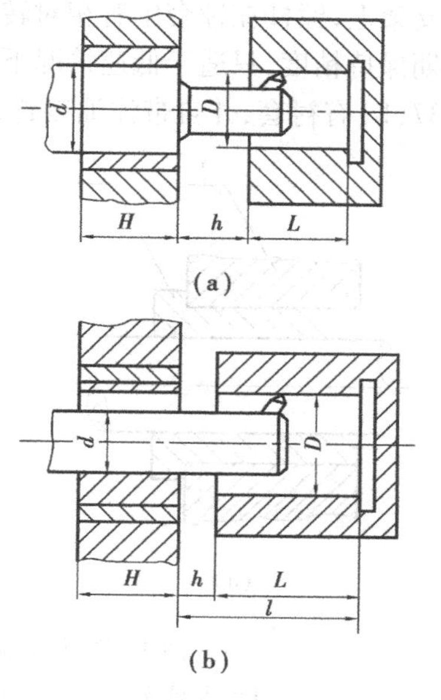


图4.34　单面后导向镗孔

③双面单导向

在工件两侧分别设置一个导向支架。图 4.35 所示为双面单导向镗孔示意图。

这种方式在生产企业中应用最为广泛，主要用于加工 $L/D>1.5$ 的孔，或加工排列在同一轴线上的一组通孔，而且孔自身精度和各孔的同轴度精度要求均较高的场合。由于镗杆较长、刚度低，当 $L>10\ d$ 时，应设置中间引导支承。

发动机缸体上的主轴承座孔和凸轮轴孔镗削加工时一般均采用这种方式。

④单面双导向

在工件一侧设置两个导向支架。图 4.36 所示为后引导的双支承导向镗孔示意图。

在某些情况下，因条件限制，不能采用前后引导的双支承导向时，可采用后引导的双支承导向方式。其优点是：装卸工件方便，装卸刀具容易，加工过程中便于观察、测量。

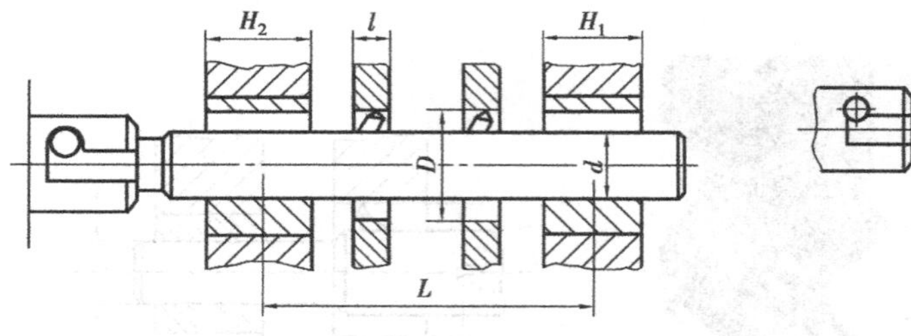


图 4.35　双面单导向镗孔

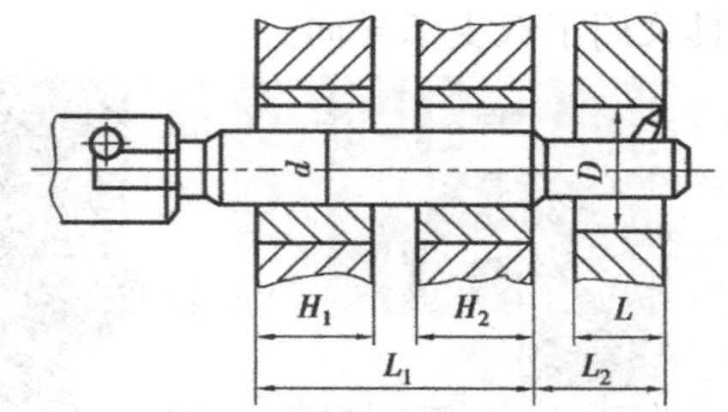


图 4.36　单面双导向镗孔

(2) 镗套

根据镗套运动形式的不同，镗套结构有固定式和回转式两种，而回转式又有内滚式镗套和外滚式镗套两种形式。

①固定式镗套

在镗孔过程中不随镗杆转动的镗套，称为固定式镗套。如图 4.37 所示，镗套固定在镗模支架上，镗杆在镗套中有相对转动（速度较高）和轴向移动，因而存在较严重的磨损，不利于长期保持精度，只适于低速情况下工作。图 37(a) 无衬套，不带油杯，需在镗杆上滴油润滑。图 37(b) 有衬套，并自带注油装置，镗套或镗杆上必须开有螺旋形槽或杯形油槽。

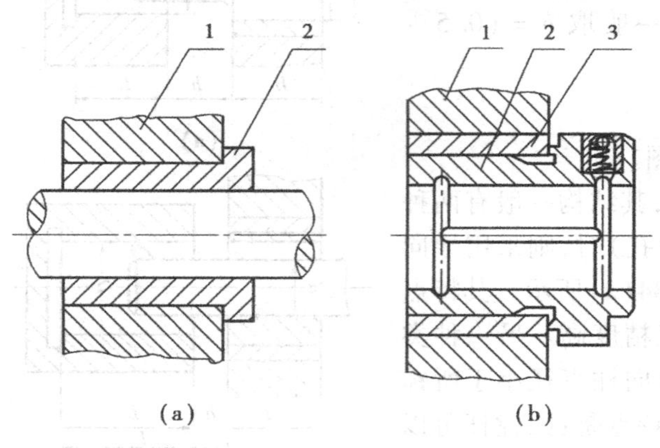


图 4.37　固定式镗套

1—夹具体；2—固定镗套；3—衬套

这类镗套具有结构紧凑，外形尺寸小、中心位置准确（易达到较高的孔系位置精度）且制造简单的优点，但也有容易磨损，当切削落入镗杆与镗套之间时，易发热甚至咬死等缺点。

②回转式镗套

当采用高速镗孔，或镗杆直径较大，导致镗杆与镗套摩擦表面线速度超过 24 m/min 时，一般应采用回转式镗套。

回转镗套的特点是，刀杆本身在镗套内只有相对移动而无相对转动，因而这种镗套与刀杆之间的磨损很小，避免了镗套与镗杆之间因摩擦发热而产生

"卡死"的现象,但应充分保证对回转部分的润滑。回转式镗套的回转部分可为滑动轴承或滚动轴承。

根据回转部分安装的位置不同,可分为内滚式回转镗套和外滚式回转镗套。图4.38所示是在同一根镗杆上采用两种回转式镗套的结构。图中的后导向(左部)采用的是内滚式镗套,前导向(右部)采用的是外滚式镗套。

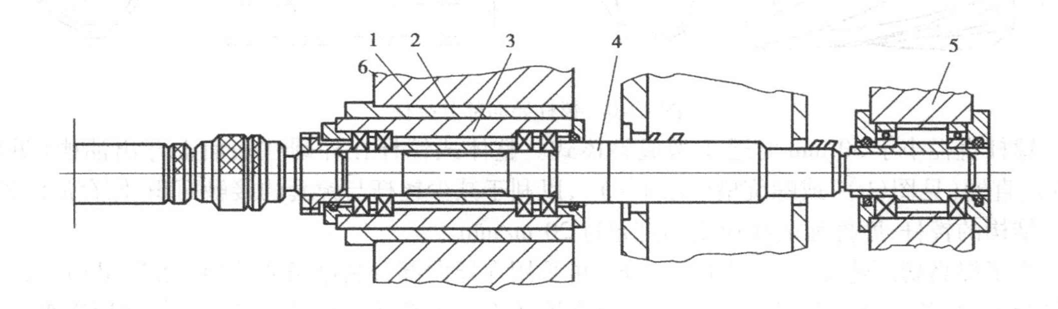


图4.38　两种回转式镗套结构图

1,6—镗模支架;2,5—导套;3—导向滑动套;4—镗杆

内滚式镗套是把回转部分安装在镗杆上,并且成为整个镗杆的一部分,安装在夹具导向支架上的导套2固定不动,它与导向滑动套6只有相对移动,没有相对转动,镗杆和轴承的内环一起转动。

外滚式镗套的回转部分安装在导向支架6上。在导套5上装有轴承,镗杆4在导套内只作相对移动而无相对转动。生产中较多采用此类镗套形式。

图4.39为带引刀槽和导向键的外滚式镗套,是最常见的一种回转式镗套。引刀槽用于镗杆上安装的镗刀顺利通过镗套,而定向键(钩头键或尖头键)则保证镗刀与引刀槽的位置关系,以确保镗刀进入引刀槽内而不与镗套发生碰撞。

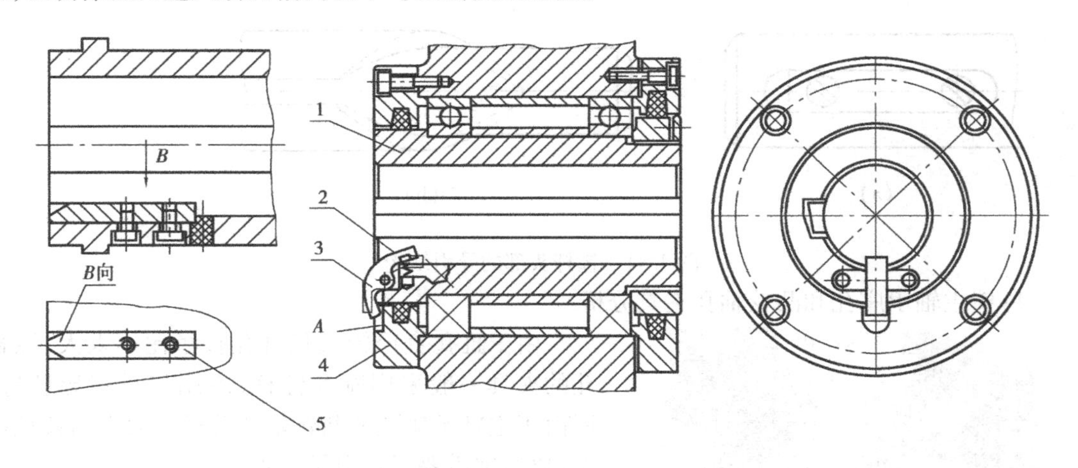


图4.39　带引刀槽、定向键的外滚式镗套

1—镗套;2—弹簧;3—钩头键;4—端盖法兰;5—尖头键

(3)镗杆

镗杆的有整体式和镶条式两种结构,如图4.40所示。

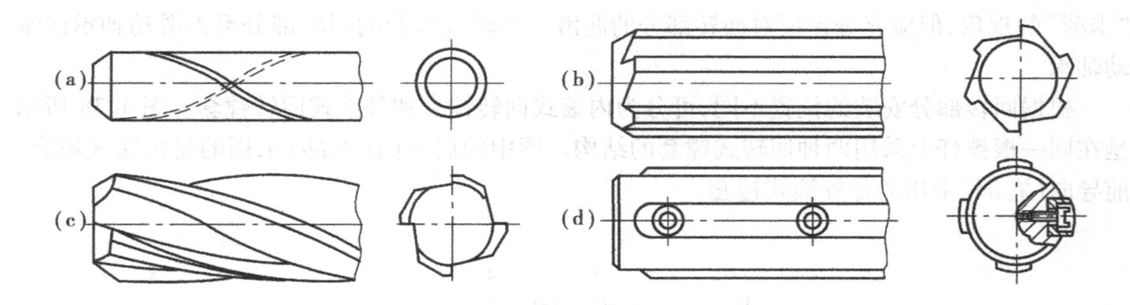


图 4.40　镗杆导向部分结构

镗杆直径小于 50 mm 时适于做成整体式。整体式镗杆在外圆柱表面上开出油槽(见图(a))、直槽(见图(b))或螺旋槽(见图(c)),以利于减少镗杆与镗套的接触面积、储存油润滑。这种结构的镗杆,摩擦面的线速度不宜超过 20 m/min。

为了提高切削速度,便于磨损后修理,可采用在导向部分装镶条的结构(见图(d))。镶条数量为 4~6 条,一般用铜制造,磨损后,可在镶条下面加垫片,再修磨外圆,以保持原来直径。

若回转镗套内开有键槽,则镗杆的导向部分应带平键。一般在平键下面装有压缩弹簧,如图 4.41(a)所示,当镗杆进入镗套时,平键被压缩后伸入镗套,利用弹簧的弹力可使平键在回转过程中自动进入镗套内的键槽。

若镗套内装有尖头定向键时,则镗杆上应加工出长键槽与之配合,镗杆的前端做成螺旋导引结构,如图 4.41(b)所示,便于镗杆进入镗套后让尖头键顺螺旋导引面自动地进入键槽内。

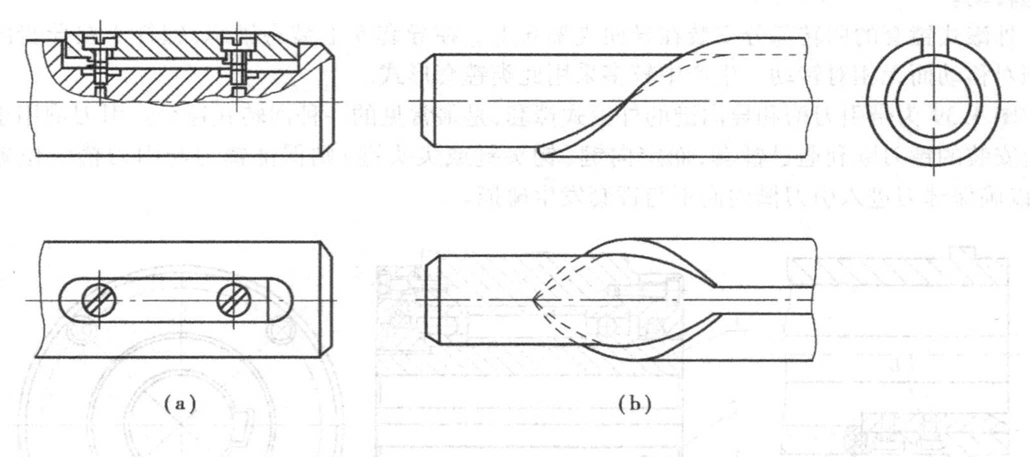


图 4.41　镗杆头部的导引结构

(4)镗主轴承座孔和凸轮轴孔夹具分析

图 4.42　镗削主轴承座孔和凸轮轴孔的夹具

由于缸孔直径较大且缸孔长径比不太大,镗缸孔的夹具一般采用刚性镗杆,不用刀具引导装置。而由于主轴承座孔和凸轮轴孔孔径不太大而长径比大,故通常需要刀具引导装置。

如图 4.42 所示为东风汽车有限公司发动机厂的缸体加工生产线上的镗削主轴承座孔和凸轮轴孔的夹具。

由于主轴孔与凸轮轴孔自身轴线上各孔有很高的同轴度要求，而两组孔的轴线又有严格的中心距和平行度要求，故通常在一道工序中同时对这两组孔进行加工。

该套夹具工件采用"一面两销"定位，用气动夹紧工件。在刀具引导方面有如下特点：

由于镗杆长径比大，为了提高镗杆刚性，保证加工精度，镗杆除采用双面单导向之外，主轴承座镗杆还需采用数量不同的中间支承。而镗杆与组合镗床镗削头的主轴连接则相应采用"浮动"式连接。

为适应较高的镗削速度，采用滚动式镗套，为使镗杆上的刀具能穿过镗套，在镗套上开有引刀槽，并装有尖头键确定镗杆与镗套的相对角度位置。

为镗杆上的镗刀片加工前穿过工件上的毛坯孔（或前工序加工的孔）到达本工序预定的加工位置，需设置"让刀机构"。由电机控制保证镗杆有准确的角度定位，镗刀头准确定位在最高位置，安装工件时，将缸体抬高一个位置（稍大于本工序加工余量）让镗杆穿过待加工孔到达预定位置后，工件再落下并完成定位和夹紧。加工结束后，镗杆停止转动并自动将镗刀头定位在最高位置（准备下次加工的"让刀"）并退出完成工作循环。

由于镗模支架较大，为提高其刚性，采用了箱形结构，其在镗模底座上的定位采用了类似工件定位的"一面两销"，但此处的"两销"为两颗内螺纹圆锥销，装配镗模时调试好镗模支架位置后再配作销孔并压入锥销。

## 思考题

1. 分析缸体的结构特点和主要技术要求。

2. 缸体加工精基准选择的什么表面，符合基准选择的什么原则？有何优点？

3. 缸体加工为何首先不直接加工出定位用的底面？

4. 划分缸体加工的加工阶段。

5. 缸体加工工艺路线采用的是工序集中还是工序分散原则？为什么？

6. 写出汽缸孔的加工方案，所用的加工设备、刀具和夹具。

7. 写出主轴承座孔和凸轮轴孔的加工方案，所用的加工设备、刀具和夹具。

8. 为何主轴承座孔和凸轮轴孔大部分加工均在同一工序中进行？

9. 画出镗主轴承座孔和凸轮轴孔夹具结构草图，并对其结构特点进行分析。

10. 画出一套铣床夹具结构草图，并对其结构特点进行分析。

11. 画出一套钻床夹具结构草图，并对其结构特点进行分析。

12. 镗缸孔夹具与镗主轴承座孔和凸轮轴孔夹具在刀具引导上有何不同？为什么？

13. 镗缸孔与镗主轴承座孔和凸轮轴孔时镗杆与机床主轴连接方式有何不同？为什么？

14. 专用夹具上有的部件需在夹具体上定位，如钻模的钻模板和镗模的镗模支架。试分析其定位方式和常用定位元件的结构。

15. 缸体在夹具上定位采用的"一面两销"与夹具部件在夹具体上定位采用的"一面两销"有何异同？为什么？

16. 钻、扩、铰挺杆孔时所用刀具有何不同？各有何特点？

17. 在缸体生产线上所用设备有哪些类型？各有何特点？用简图表示不同的组合机床的配置形式。

## 4.4 汽缸盖加工

汽缸盖是内燃机零件中结构较为复杂的箱体零件,装在缸体上部,其作用是密封汽缸并与汽缸和活塞顶部组成燃烧室。汽缸盖与内燃机的配气和点火等主要性能密切相关,精度要求高,加工工艺较复杂,其加工质量的好坏直接影响发动机整机性能。

内燃机工作时,汽缸盖承受较大的周期性交变机械应力和热应力,因此,汽缸盖应有足够的强度和刚度。汽缸盖内部有冷却水套,其底面的冷却水孔与汽缸体冷却水孔相通,以利用合理的循环水流来冷却燃烧室的高温。

### 4.4.1 缸盖的结构特点及技术要求

如图4.43所示为某四缸柴油机缸盖结构外形图。柴油机缸盖上装有喷油器,进、排气门,进、排气管和摇臂轴总成等。汽油机缸盖与柴油机缸盖的主要区别在于其上没有喷油器而装有火花塞,火花塞头部伸入燃烧室。汽油机的燃烧室大多直接做在汽缸盖上。

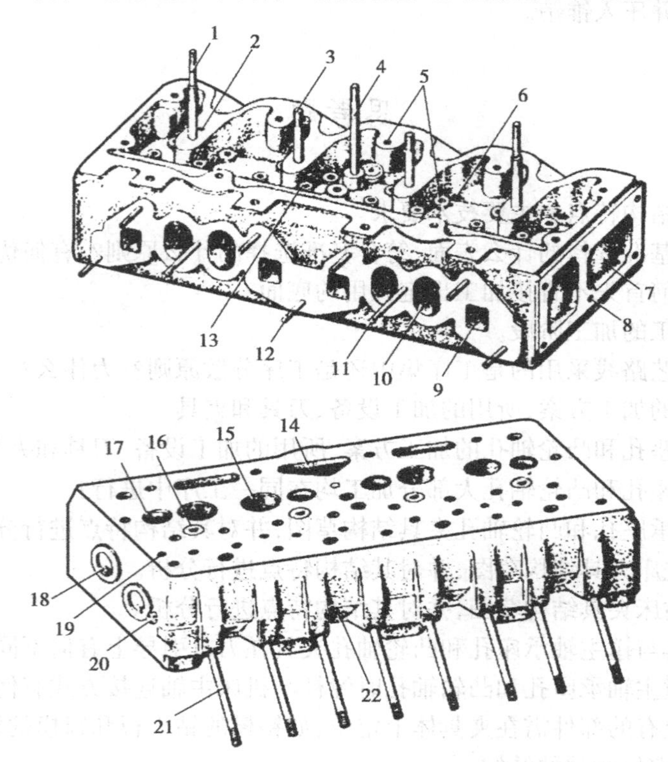


图4.43 汽缸盖

1—汽缸盖罩及摇臂座固定螺栓;2,19—机油孔;3—摇臂固定螺栓;4—汽缸盖罩固定螺栓;5—螺栓孔;6—推杆孔;7—水套;8—螺孔;9—排气道;10—进气道;11—进气管固定螺栓;12—排气管固定螺栓;13—气门导管;14—进气门座;15—燃烧室;16,18,20—堵头;17—排气门座;21—喷油器固定螺栓;22—装喷油器的孔汽缸盖与汽缸垫的结合面应具有良好的密封性,其内部的进排气通道应使气体通过时流动阻力最小,还应冷却可靠,并保证安装在其上的零部件可靠地工作。

汽缸盖一般为六面体形状,系多孔薄壁零件。在其六个面上有大量需要加工的部位。其中顶面、底面和进排气管结合面的精度要求较高、面积较大,是重要的加工平面;汽缸盖上的气门座孔、导管孔等都是要求较高的孔系,其尺寸精度、位置精度和表面粗糙度要求极为严格,这些高精度孔系的加工工序是缸盖工艺中的核心工序。除此之外,还有很多螺纹孔、油孔以及柴油机的喷油器孔或汽油机的火花塞孔等次要孔,缸体内部有许多水腔和进排气通道。

如图4.44为某六缸发动机汽缸盖零件简图。缸盖的加工表面较多,为保证发动机良好的使用性能,其主要加工表面及技术要求如下。

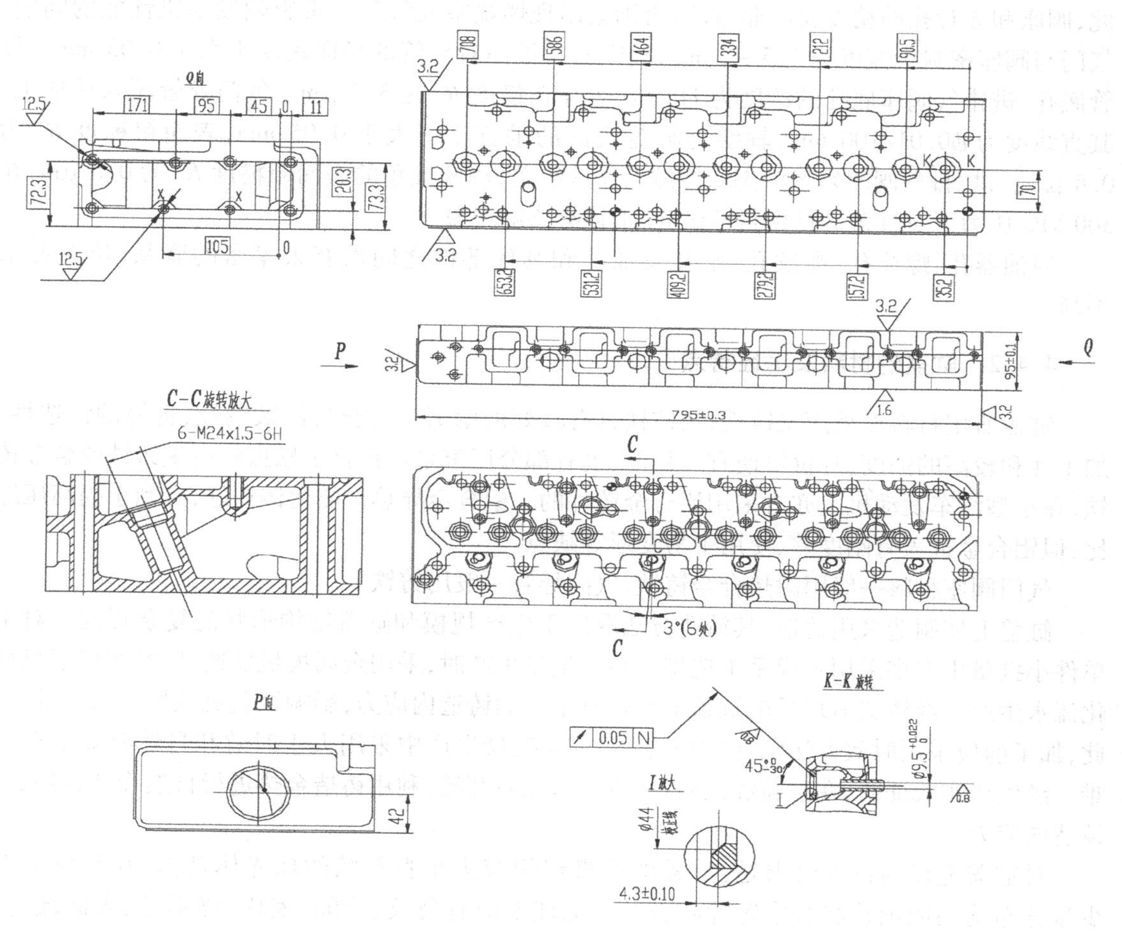


图4.44　某六缸发动机缸盖零件简图

### 1. 主要平面

缸盖顶面是与缸体的结合面,此面上有燃烧室。汽缸的容积与燃烧室容积的比值称为压缩比,是发动机的重要性能参数。另外,此面对发动机燃烧室的密封性关系重大,因此,顶面应平整、光洁。底面除与凸轮罩壳配合以起防尘、防噪作用外,还是缸盖加工中的主要精基准面,所以对其也有较高的精度和低的表面粗糙度要求。进、排气管平面分别与进、排气管相配合,前、后端面主要安装一些控制器、罩壳等装置,这些平面要求不高。

一般顶面的平面度误差为:0.15 mm,0.15/100 mm,表面粗糙度 $R_a$ 为3.2 μm。底面的平面度误差为:0.15 mm,0.05/100 mm,表面粗糙度 $R_a$ 为1.6 μm。进、排气管平面的平面度误差为:0.20 mm,0.05/100 mm,对底面的垂直度0.1 mm,表面粗糙度 $R_a$ 为3.2 μm。前、后端面表面粗糙度 $R_a$ 为3.2 μm。

**2. 主要孔**

发动机的工作行程是:进气、压缩、做功及排气。缸盖一个重要功能就是给发动机配气,配气机构的工作过程是凸轮轴通过驱动挺杆进而驱动进排气门开启,进排气得以实现。在压缩和做功的2个行程中,进排气门通过挺杆内的弹簧等作用而关闭。阀座与导管位置关系必须保证气门在导管孔内往复运动,同时,气门头必须要与阀座的密封锥面保证良好的配合。因此,阀座和导管孔的精度要求非常严,否则会出现燃烧室漏气等严重影响发动机性能的问题。气门与阀座密封带宽度为1.5 ~2 mm,阀座密封锥面对导管的径向跳动不大于0.05 mm。导管底孔、进排气阀座底孔的精度为IT7级,表面粗糙度 $R_a$ 为3.2 μm。气门导管压入后加工,其直线度为 $\phi$0.01/100 mm,轴线与缸盖底面的垂直度不大于0.05 mm,表面粗糙度 $R_a$ 为0.8 μm。进、排气阀座须经液态氮冷缩后压入缸盖,阀座锥角的表面粗糙度 $R_a$ 为0.8 μm,在300 kPa压力下对缸盖进行密封性试验,不得有渗漏现象。

喷油器孔、螺栓孔、螺纹孔、水孔及油孔和其他部件之间没有太紧密的联系,位置要求不高。

### 4.4.2 缸盖的材料及毛坯特点

缸盖所用材料多采用灰铸铁,灰铸铁具有较好的耐磨性、耐热性、减震性,良好的铸造性、加工性和较高的强度,且价格便宜。目前,也有部分厂家采用铜合金蠕虫状石墨铸铁或合金铸铁,在小型汽车发动机上亦有采用铝合金铸件的。铝合金导热性能比铸铁好,有利于提高压缩比,但铝合金缸盖有刚度差、使用中易变形等缺点。

气门阀座材料一般用耐热合金铸铁,气门导管一般用铸铁。

缸盖毛坯制造采用铸造,其铸造方法取决于生产规模和缸盖结构形状的复杂程度。对于单件小批量生产多采用木模手工造型。在大批量生产时,采用金属模机器造型,并实现了机械化流水生产。经铸造清理后的缸盖毛坯常有很大的铸造内应力,影响缸盖机械加工的质量,因此,加工前应采用时效方法消除内应力,但在大批量生产中采用人工时效和自然时效都有困难。经生产实践证明,在缸盖浇注后,在400 ℃左右开箱,利用铸造余热进行自然冷却,可减小铸造内应力。

对缸盖毛坯的技术要求是:缸盖的显微组织应为小颗粒状的珠光体基体,在基体上有少量分布均匀的细片状和中等片状石墨。毛坯不应有裂纹、冷隔、缩松、浇不足、表面疏松、气孔、砂眼等缺陷。在缸盖不加工表面上不允许有个别最大测量尺寸大于5 mm、深度大于1.5 mm的气孔,尺寸未超过上述规定的单独气孔和凹坑的数量也不允许多于5个。在已加工的重要表面上不允许有数量多于5个的单独气孔。定位基面(粗基准)和夹紧表面应光滑平整。

### 4.4.3 缸盖机械加工工艺过程

对于内燃机汽缸盖制造,其制造系统虽然不同,但对于加工工艺及工艺设计中所采用的工艺技术仍有其许多共同之处。根据上节对缸盖结构及技术要求的分析可以看出:缸盖的外形基本上是较规则的六面体,在其六面上有大量要加工的部位,其工序包括切削加工工序和非切削加工工序。这些工序大致可分为:平面加工,一般孔加工,高精度孔加工,质量检验,简单装配,密封性试验和清洗、防锈等。

**1. 定位基准的选择**

(1)精基准选择

缸盖加工的精基准大多选用底面及底面上的两个工艺孔,即采用"一面两销"定位方式,符合基准统一原则。同时,在顶面和底面的加工中采用了互为基准原则,即先以铸造质量好的底面为粗基准加工顶面,再以加工过的顶面为基准加工底面,最后再以底面为基准精铣顶面,从而保证顶、底面的平面度和平行度的要求。

(2)粗基准选择

为了保证缸盖燃烧室的容积(一般燃烧室表面不加工),选用底面为定位基准加工缸盖的顶平面,再以顶平面定位加工缸盖底平面。这样燃烧室高度变动量最小。另外,粗基准的选择,将影响到加工余量分布的均匀性、非加工面的偏移等。最常见的情况是汽缸盖座圈底孔余量不均匀、气道位置形状发生变化等。因此,必须选择主要孔系(面),或在铸造过程中重点保证孔系(面)作为粗基准,以保证关键孔系(面)加工余量均匀,位置准确。另外,由于在自动线加工过程中,无人为因素,因此,还必须注意选择表面质量较好,位置度较高的表面为粗基准,确保零件定位可靠。

在汽缸盖生产线中,一般采用顶面、进气座圈底孔和进气道方孔为粗基准,加工定位销孔或加工出过渡基准后加工定位销孔,保证座圈底孔和气道质量。如果铸造采用了整体气道芯,可选择以底面(已精铣)、进气座圈底孔作为粗基准,加工工艺定位销孔,以较好地保证座圈底孔和气道质量。

**2. 加工方法选择**

(1)平面加工

缸盖的平面加工主要铣削加工方法。其中底面加工精度要求及表面粗糙度要求较高,采用粗铣→半精铣→精铣的加工方案。顶面和进、排气管平面也有较高要求,故采用粗铣→精铣的加工方案。其余表面加工要求较低,采用一次铣削即可。

(2)孔加工

在汽缸盖的切削加工中,孔加工的工作量最大,加工时间最长,工艺涉及范围最广。根据汽缸盖上各孔的精度等级和技术要求,可将其孔分为一般孔和重要孔两大类。

一般孔的加工。汽缸盖上有很多的螺栓紧固孔、油孔、堵头孔等。这些孔的精度要求不高,其加工一般采用传统的钻、扩、镗、铰、攻丝等工艺方法。随着技术的进步和发展,近几年来,国内已开始采用涂层刀具及超硬刀具等先进刀具,并采用了大流量冷却系统,大大提高了切削速度,提高了生产率。

重要孔的加工。汽缸盖上的气门座孔和导管孔的加工工序是汽缸盖加工中的核心工序,尺寸精度和位置精度要求很严格,其工艺方法涉及钻、扩、锪、镗、铰等,是一种非常复杂的孔加工技术。

气门座孔和气门导管孔的全部工艺过程包括以下3个部分:

a. 气门座底孔和导管底孔加工。

b. 压装气门座和气门导管。

c. 气门座孔和气门导管孔的加工。

气门座底孔和导管底孔的直线度、同轴度误差将直接影响气门座孔和导管孔的最后加工精度。所以这 2 个孔的粗加工、半精加工和精加工多数采用复合刀具。另外，通过对座圈孔和导管孔复合扩刀几何角度的改进，把常规的扩刀变为镗扩刀、镗铰刀，也可收到很好的效果。

目前，加工气门座圈锥面多采用车削工艺。而采用锪锥面的加工工艺，具有刀具结构和运动简单、生产效率高的特点。其缺点是在锥面上会复映锪刀切削刃的各种缺陷，另外，由于切削力较大，要求刀体的刚性好。

另外，由于座圈材料的不同，也会影响加工方式的选择。一般地，当座圈硬度在 HRC40 以上时，只能采用车削锥面；当座圈硬度低于 HRC40 时，既可采用车削锥面，也可采用锪锥面工艺。

气门座和导管压装完成之后是气门座孔、气门座 45°锥面和导管孔的加工。为保证气门座 90°锥面对导管孔轴线的径向跳动要求，应采用复合刀具加工。即先锪气门座 90°锥面，然后精铰导管孔，即锪-铰复合工艺。由于传统铰孔工艺所用的普通机铰刀为多刃刀具，加工时进给量较大，切削速度低，因此切削能力较差，只能提高导管孔的尺寸精度、形状精度，而无力修正导管孔的位置误差，很难达到气门座与导管孔的位置精度要求，已逐渐被淘汰。目前在生产中被广泛采用的是枪铰工艺。由于枪铰刀切削速度高，进给量小，自导性好（有两个导向条），因此切削能力强，加工孔的精度高，粗糙度低，尤其是枪铰修正导管孔位置误差的能力强，应用越来越广。另外，在枪铰刀基础上发展起来一种枪镗刀，与枪铰刀十分类似，它采用三个导向条，这样，在镗刀切入工件后，其中一导向条立即起支撑作用，提高了镗刀的刚性。通过锪-铰复合工艺，将阀座刀具与导管刀具复合，不必换刀可实现二者同时加工，从而消除了机床重复定位误差，更稳定地保证了跳动精度。

**3. 加工顺序安排**

安排加工顺序时总的原则是先面后孔，先粗后精，先主后次，先基准后其他。大致过程是顶底面加工、定位孔加工、侧面加工、一般孔加工、主要孔粗加工、主要孔精加工。

编制工艺过程中的注意事项如下：

①当缸盖尺寸较大时，由于内应力重新分布而产生变形，会严重影响加工精度，因此，其工艺过程一般是先粗、半精加工顶面、底面、侧面，加工次要的孔，粗加工主要孔，再精加工底面、侧面，再精加工主要孔。当缸盖尺寸较小时，内应力的影响不严重，也可粗、精加工连续进行。

②为避免底平面划伤，影响缸盖的密封性和保证导管底孔、气门座底孔的加工精度，在导管底孔和气门座底孔精加工阶段之前将底平面精铣一次。

③加工过程中水腔渗漏试验，一般安排一次；如果毛坯气孔、砂眼等缺陷严重则需安排二次。密封性试验安排在与水腔有关的加工部位都加工完之后进行。

④震动清理内腔铁屑杂物工序，应安排在与水腔有关加工工序以后为宜。免得震动清理后，再加工与水腔有关部位，又有铁（切）屑掉进去，以后还须进行清洗。

另外，在机械加工顺序中，还要适当安排检验、清洗等工序。

表 4.4 所示为大批量生产的某六缸缸盖加工的简要加工工艺过程。

**表4.4　缸盖加工简要加工工艺过程**

| 工序号 | 工序名称 | 定位基准 | 设　备 |
| --- | --- | --- | --- |
| 05 | 粗铣顶面 | 底面 | 转盘铣床 |
| 10 | 粗铣底面 | 顶面 | 转盘铣床 |
| 15 | 精铣顶面 | 底面 | 转盘铣床 |
| 20 | 半精铣底面 | 顶面 | 转盘铣床 |
| 25 | 钻、铰工艺孔 | 顶面、进气座圈底孔 | 钻铰双工位组合机床 |
| 30 | 粗、精铣进、排气管平面 | 底面及两定位销孔 | 组合机床 |
| 35 | 铣前、后端面 | 底面及两定位销孔 | 组合机床 |
| 40 | 钻进气管面螺纹底孔 | 底面及两定位销孔 | 组合机床 |
| 45 | 钻顶面各孔 | 底面及两定位销孔 | 双面组合机床 |
| 50 | 钻排气管面螺纹底孔 | 底面及两定位销孔 | 组合机床 |
| 55 | 钻、扩、铰进气面堵头孔 | 底面及两定位销孔 | 摇臂钻床 |
| 60 | 钻摇臂支座螺纹底孔及顶面出砂孔 | 底面及两定位销孔 | 摇臂钻床 |
| 65 | 钻底面水套孔 | 底面及两定位销孔 | 摇臂钻床 |
| 70 | 摇臂支座螺纹孔攻丝 | 底面及两定位销孔 | 摇臂钻床 |
| 75 | 进气管面螺纹孔攻丝 | 底面及两定位销孔 | 摇臂钻床 |
| 80 | 扩、铰后端面堵头孔 | 底面及两定位销孔 | 摇臂钻床 |
| 85 | 钻顶面斜油孔 | 底面及两定位销孔 | 摇臂钻床 |
| 90 | 钻导管底孔并倒角 | 底面及两定位销孔 | 立式加工中心 |
| 95 | 钻前端面螺纹孔并攻丝 | 底面及两定位销孔 | 摇臂钻床 |
| 100 | 排气管面螺纹孔攻丝 | 底面及两定位销孔 | 摇臂钻床 |
| 105 | 锪排气阀座及排气导管底孔口 | 底面及两定位销孔 | 组合机床 |
| 110 | 锪进气阀座及进气导管底孔口 |  | 组合机床 |
| 115 | 清除切屑 |  | 振动除屑机 |
| 120 | 精铣底面 | 顶面 | 精密数控铣床 |
| 125 | 粗扩进气阀座底孔并倒角 | 底面及两定位销孔 | 组合机床 |
| 130 | 粗扩排气阀座底孔并倒角 | 底面及两定位销孔 | 组合机床 |
| 135 | 锪喷油器安装平面 | 底面及两定位销孔 | 立式钻床 |
| 140 | 加工喷油器孔系 | 底面及两定位销孔 | 加工中心 |
| 145 | 半精镗、精铰进、排气阀座及导管底孔 | 底面及两定位销孔 | 加工中心 |

续表

| 工序号 | 工序名称 | 定位基准 | 设备 |
| --- | --- | --- | --- |
| 150 | 清洗 | | 清洗机 |
| 160 | 装各面堵头 | | |
| 165 | 水压试验(注:将缸盖浸泡在含防锈剂的试漏液里,将压缩空气送入水套内腔进行密封试验,3 min 内无漏气。) | | 水压试验机 |
| 170 | 压入进、排气阀座(注:液氮冷缩进、排气阀座) | | 压床 |
| 175 | 压气门导管 | | 压床 |
| 180 | 锪进、排气阀座锥面,枪铰进、排气导管孔 | 底面及两定位销孔 | 组合机床 |
| 185 | 打标记 | | |
| 190 | 总成清洗 | | 清洗机 |
| 195 | 终检 | | |
| 200 | 清洗、防锈,入库 | | |

## 思考题

1. 分析缸盖的结构特点和主要技术要求。
2. 分析缸盖的粗、精基准的选择符合基准选择的什么原则?
3. 分析缸盖主要孔系的加工方案,写出精度保障措施及所用的加工设备、刀具和夹具。
4. 画出粗铣底面、加工工艺孔及气门座孔、导管孔各工序的工序简图。
5. 缸盖加工中,在组合机床上钻、铰孔、攻螺纹时,刀具与机床主轴的连接方式和导向方式如何?

## 4.5 凸轮轴加工

凸轮轴是发动机配气机构的主要组成零件,它通过传动件(挺杆、推杆、摇臂等)对各汽缸进、排气门的开启和关闭按一定时间进行准确控制,保证发动机按一定规律进行换气。

凸轮轴工作时,凸轮外表面与挺杆间呈线接触而不是面接触,同时还有受到传动机件冲击力的作用,接触应力大,因此要求凸轮轴应具有足够的韧性和刚度,能承受冲击载荷,受力后变形小,且凸轮表面有较高的耐磨性。

### 4.5.1 凸轮轴的结构特点及技术要求

各种发动机凸轮轴的结构基本差不多，主要差别只是凸轮的数量、形状和位置不同，其中以四缸、六缸、八缸发动机的凸轮轴用得最多。就其结构来说，一般都包括支承轴颈，若干个进、排气凸轮，偏心轮，驱动发动机辅助装置的齿轮和正时齿轮轴颈等部分，通常做成一个整体轴。就凸轮轴的结构特点来说，形状复杂、长径比大、工件刚性差。

如图4.45所示为某六缸发动机凸轮轴结构外形图。为减少凸轮轴的弯曲变形，多缸凸轮轴常采用多轴颈支承；为使凸轮轴安装时能直接从轴承孔中穿过去，凸轮轴上轴颈直径必须大于凸轮外廓最大尺寸；为保证发动机准确的配气时间，凸轮轴上装有正时齿轮，曲轴和凸轮轴在装配时必须将正时齿轮上的正时标记对准；为防止凸轮轴产生轴向窜动，在凸轮轴一端设有推力轴承以实现凸轮轴轴向定位。

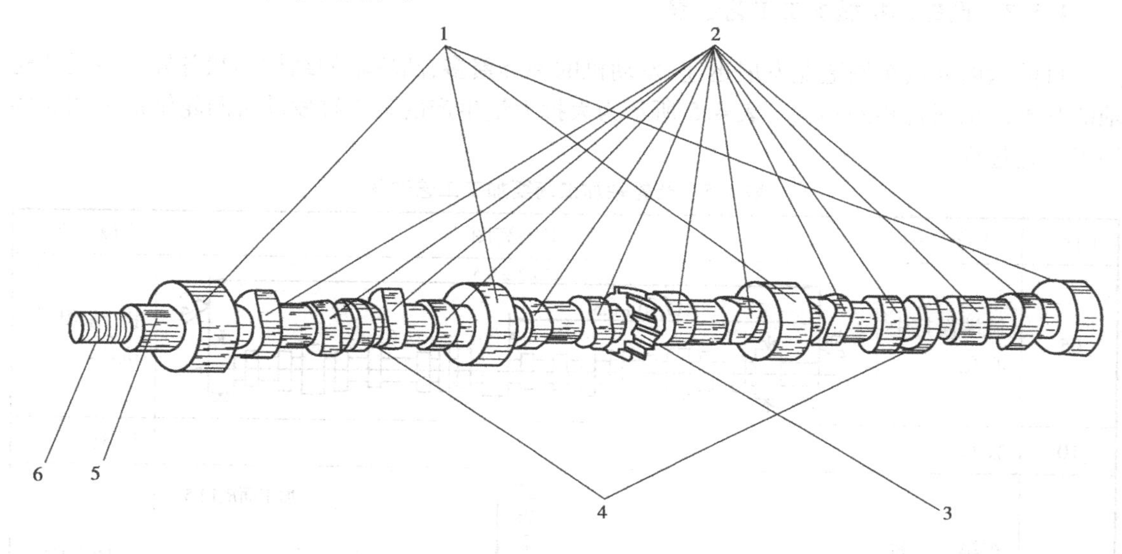


图4.45 凸轮轴

1—支承轴颈；2—进、排气凸轮；3—驱动分电器齿轮；4—驱动汽油泵偏心轮；

5—安装正时齿轮用键槽；6—安装凸轮轴轴向定位装置锁紧螺母用螺纹

以某六缸发动机凸轮轴为例，其各部分的主要技术如下：

(1)支承轴颈

4个支承轴颈的精度为IT6～7级，表面粗糙度 $R_a$ 为0.4 μm。第1支承轴颈端面相对于过第1,4支承轴颈的基准轴线的端面跳动0.02 mm，第2,3支承轴颈相对于过第1,4支承轴颈的基准轴线的径向跳动0.02 mm。

(2)凸轮

凸轮基圆的精度为IT7级，表面粗糙度 $R_a$ 为0.4 μm。各凸轮基圆相对于过第1,4支承轴颈的基准轴线的径向跳动0.04 mm，各凸轮曲线的升程偏差为±(0.05～0.025)。

(3)偏心轮

偏心轮外圆的精度为IT7级，表面粗糙度 $R_a$ 为0.8 μm。

(4)正时齿轮轴颈

正时齿轮轴颈的精度为IT7级，表面粗糙度 $R_a$ 为0.8 μm。正时齿轮轴颈外圆相对于过第1,4支承轴颈的基准轴线的径向跳动0.02 mm。

其余一般为次要平面,可经简单加工满足其要求。

### 4.5.2 凸轮轴的材料及毛坯特点

由于发动机工作时凸轮承受气门开启的周期性冲击载荷,因此,要求凸轮和支承轴颈表面应耐磨,凸轮轴本身应具有足够的韧性和刚度。为此,凸轮轴的材料目前国内外一般采用铸铁(冷硬铸铁、可淬硬的低合金铸铁、球墨铸铁等)、优质碳钢或合金钢。为了提高耐磨性,轴颈和凸轮表面需渗碳淬火或高频感应加热淬火。

对于钢凸轮轴,一般选用中碳钢或渗碳钢经热模锻制坯。一般模锻的主要工序是加热—模锻—热切边—磨残余飞刺等,经检查合格后,进行消除锻造应力的热处理并校直。

### 4.5.3 凸轮轴机械加工工艺过程

目前国内外汽车制造业发展迅速,发动机的种类繁多,凸轮轴的结构形状各异。但就凸轮轴的基本结构而言相差不大。表4.5所示为大批大量生产的某六缸发动机凸轮轴加工的简要加工工艺过程。

表4.5 凸轮轴加工简要加工工艺过程

| 工序号 | 工序名称 | 工序简图 | 设备 |
|---|---|---|---|
| 05 | 铣端面打中心孔 | 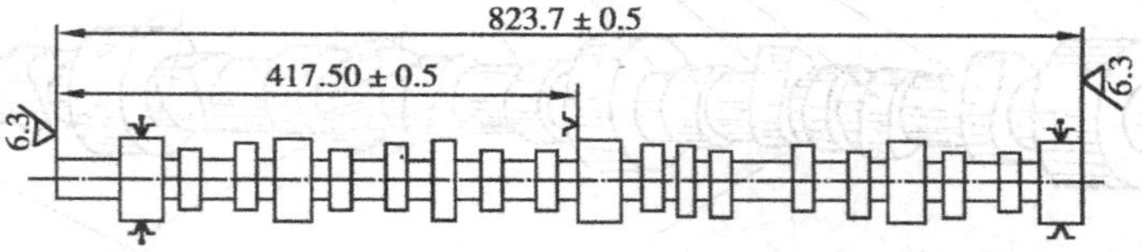 823.7 ± 0.5；417.50 ± 0.5；6.3；6.3 | 铣钻组合机床 |
| 10 | 校直 | | 压床 |
| 15 | 车第3主轴颈 | 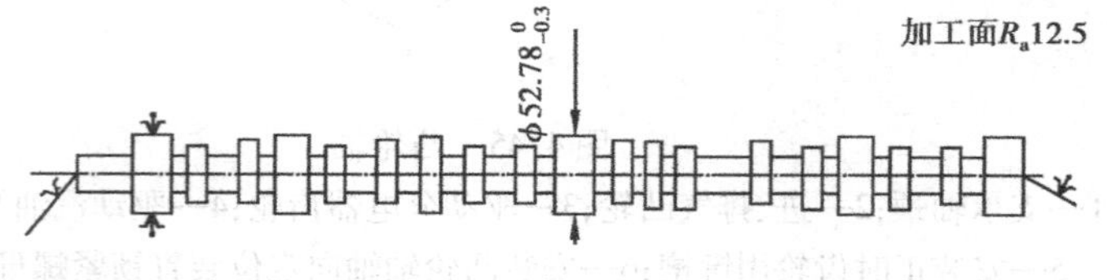 $\phi 52.78_{-0.3}^{0}$；加工面$R_a$12.5 | 数控车床 |
| 20 | 车第1,2主轴颈及齿轮轴颈 | 775.50 ± 0.25；加工面$R_a$12.5；2.5 × 45°；$18.5_{-1.5}^{0}$；1.8 × 45°；$6\phi 49.95_{-1.5}^{0}$；$\phi 52.7_{-1.5}^{0}$；$\phi 31.2_{-1.5}^{0}$；$\phi 30.5_{-1.5}^{0}$ | 多刀车床 |
| 25 | 车第4,5主轴颈 | 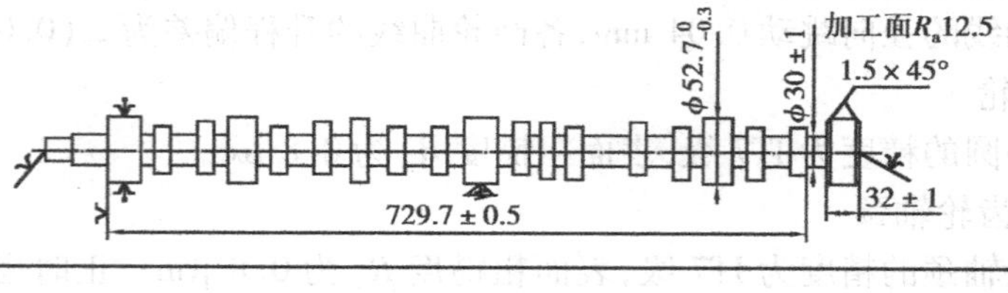 $\phi 52.7_{-0.3}^{0}$；$\phi 30 \pm 1$；加工面$R_a$12.5；1.5 × 45°；32 ± 1；729.7 ± 0.5 | 多刀车床 |

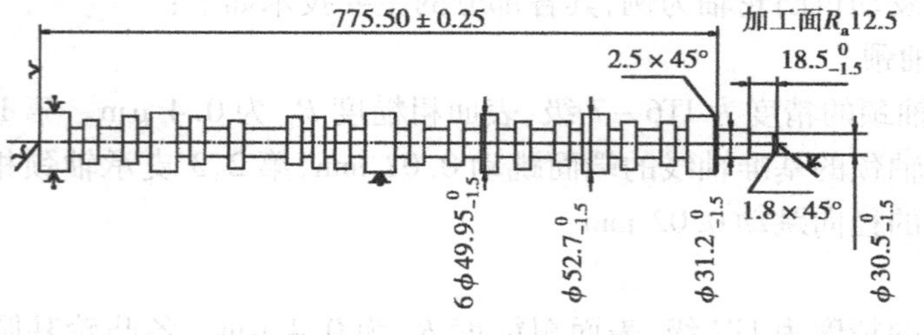

续表

| 工序号 | 工序名称 | 工序简图 | 设　备 |
| --- | --- | --- | --- |
| 30 | 车第 2,4 主轴颈两侧开挡 | 加工面$R_a$12.5; 28 ± 1; 16 ± 1; $\phi$30 ± 1; 111.7 ± 0.4; 153.2 ± 0.4; 607.7 ± 0.4; 649.2 ± 0.4; 678.7 ± 0.4 | 多刀车床 |
| 35 | 车齿轮轴颈及第 3 主轴颈两侧开挡 | 加工面$R_a$12.5; 17 ± 1; 32 ± 1; 16 ± 1; $\phi$30 ± 1; 60.7 ± 0.4; 233.7 ± 0.4; 269.70 ± 0.35; 355.7 ± 0.4; 403.2 ± 0.4; 556.7 ± 0.4 | 多刀车床 |
| 40 | 车偏心轮两侧及其余部分开挡 | 加工面$R_a$12.5; 13 ± 1; 16 ± 1; $\phi$30 ± 1; $\phi 30_{-1.0}^{0}$; 32.2 ± 0.4; 434.7 ± 0.4; 458.7 ± 0.4 | 多刀车床 |
| 45 | 车油槽 | 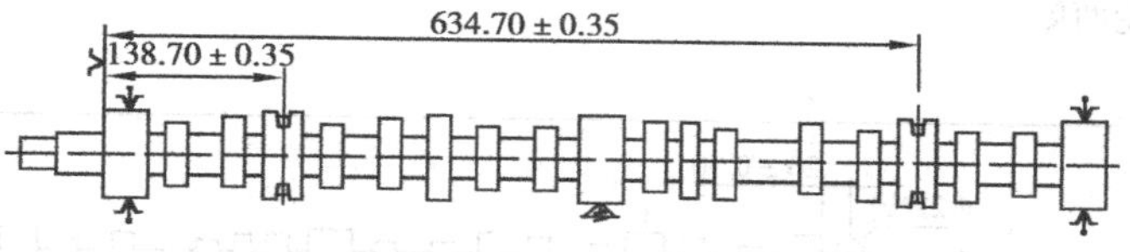 634.70 ± 0.35; 138.70 ± 0.35 | 油槽车床 |
| 50 | 钻油孔 | 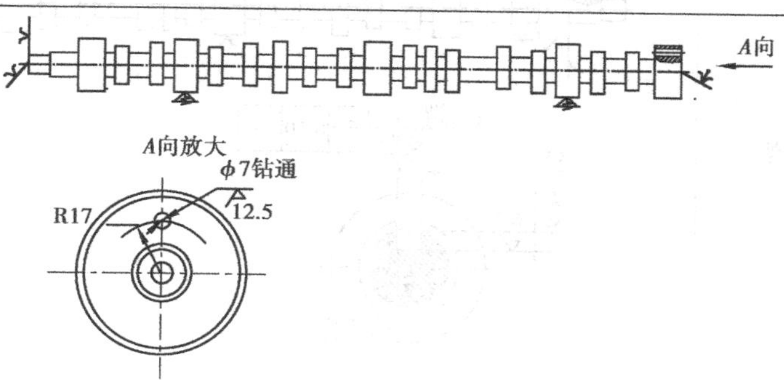 A向; A向放大; $\phi$7钻通; 12.5; R17 | 专用机床 |

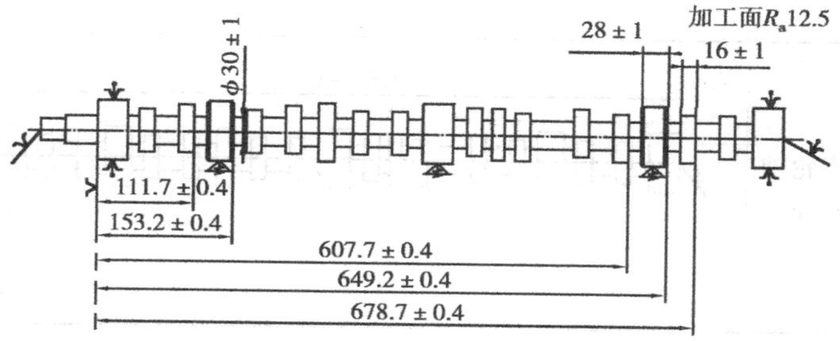

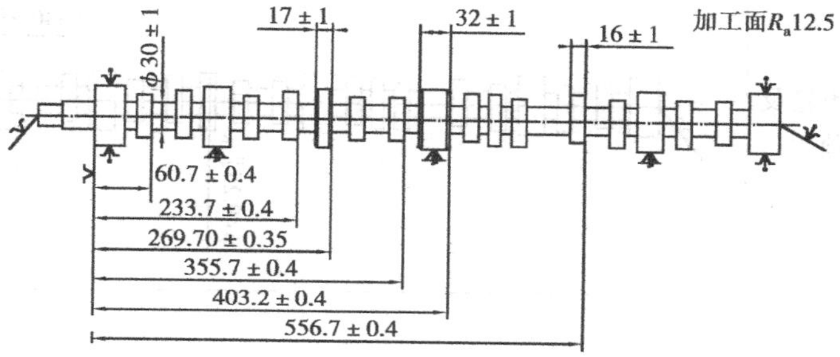

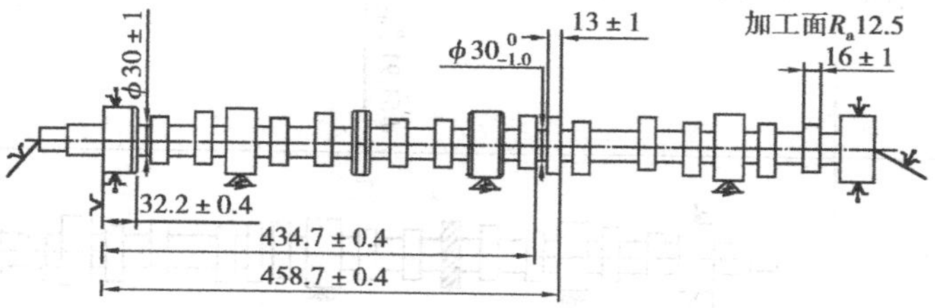

续表

| 工序号 | 工序名称 | 工序简图 | 设备 |
| --- | --- | --- | --- |
| 55 | 粗磨齿轮轴颈及端面 | 776.1 ± 0.5<br>$\phi 30.55_{-0.05}^{0}$ | 外圆端面磨床 |
| 60 | 粗磨齿轮及螺纹轴颈 | 各轴颈表面粗糙度$R_a$1.6<br>29.40 ± 0.50<br>$\phi 49.25_{-0.10}^{0}$<br>$\phi$29.85 ± 0.10 | 外圆磨床 |
| 65 | 粗磨主轴颈 | $R_a$1.6<br>$\phi 51.91_{-0.05}^{0}$ | 外圆磨床 |
| 70 | 滚齿 | | 滚齿机 |
| 75 | 去齿轮两侧毛刺 | | 去毛刺机 |
| 80 | 铣键槽 | 20 ± 0.50<br>$\phi 22_{0}^{+1.8}$<br>$6_{-0.055}^{-0.010}$<br>0.10 A<br>3.2<br>3.2<br>$6.75_{0.00}^{+0.25}$<br>6.3<br>A | 键槽铣床 |

续表

| 工序号 | 工序名称 | 工序简图 | 设备 |
|---|---|---|---|
| 85 | 车全部凸轮及偏心轮 | A A B B $R_a$6.3<br>A–A放大<br>$\phi35.76_{-0.54}^{0}$<br>B–B放大<br>$\phi41.37_{-0.30}^{0}$<br>4<br>35° | 凸轮车床 |
| 90 | 铣螺纹 | 31 ± 0.50<br>M30 × 1.5–6 g | 螺纹铣床 |
| 95 | 粗磨凸轮及偏心轮 | A A B B $R_a$1.6<br>A–A放大<br>$\phi34.62_{-0.20}^{0}$<br>B–B放大<br>$\phi40.62_{-0.20}^{0}$<br>4<br>35° | 凸轮磨床 |
| 100 | 去毛刺、清洗 | | |
| 105 | 中间检查 | | |
| 110 | 主轴颈、凸轮、偏心轮表面淬火 | | 淬火机 |

续表

| 工序号 | 工序名称 | 工序简图 | 设备 |
| --- | --- | --- | --- |
| 115 | 修中心孔 | | 立式钻床 |
| 120 | 校直 | | 压床 |
| 125 | 精磨正时齿轮轴颈及端面 | 775 ± 0.3<br>$R_a$0.8<br>0.03 A–B<br>$\phi 30.028_{-0.02}^{0}$<br>0.02 A–B<br>A B | 端面外圆磨床 |
| 130 | 半精磨凸轮及偏心轮 | A B $R_a$1.6<br>A B<br>A–A放大<br>$\phi 34.62_{-0.20}^{0}$<br>B–B放大<br>$\phi 40.62_{-0.20}^{0}$<br>4<br>35° | 凸轮磨床 |
| 135 | 精磨主轴颈 | $R_a$1.6<br>$\phi 51.91_{-0.05}^{0}$ | 主轴颈磨床 |
| 140 | 精磨凸轮及偏心轮 | A B $R_a$1.6<br>A B<br>A–A放大<br>$\phi 34.62_{-0.20}^{0}$<br>B–B放大<br>$\phi 40.62_{-0.20}^{0}$<br>4<br>35° | 凸轮磨床 |

续表

| 工序号 | 工序名称 | 工序简图 | 设备 |
|---|---|---|---|
| 145 | 修整螺纹，去毛刺 | | |
| 150 | 抛光主轴颈和凸轮 | $R_a0.4$ | 抛光机 |
| 155 | 校直 | | 压床 |
| 160 | 清洗 | | |
| 165 | 终检 | | |

## 思考题

1. 写出凸轮轴各主要加工表面的加工方案。
2. 说明凸轮轴各主要加工工序中定位基准的选择及定位、夹紧方式。
3. 针对凸轮轴的结构和工艺特点，说明采取了哪些措施来保证设计要求？
4. 在实习现场，凸轮轴的凸轮加工方式有哪些？试分析机床的运动。

## 4.6　齿轮加工

齿轮是传递运动和动力的重要零件，齿轮传动可以用来传递空间任意两轴间的运动，具有传动比准确、结构紧凑、传动功率大、效率高等特点，广泛应用于汽车、拖拉机、机床、精密仪器及通用机械上。由于齿轮生产在机械制造业中占有极为重要的地位，长期以来，各国竞相在提高齿轮制造精度、生产效率和减低成本等方面发展。同时，随着生产和科学技术的发展，要求机械产品的工作精度越来越高、传递的功率越来越大，转速也越来越高，因此，对齿轮及其加工技术提出了更高的要求。

### 4.6.1　齿轮的结构特点及技术要求

齿轮形状根据使用要求不同有不同的结构形式。从机械加工的角度来看，齿轮是由齿圈和轮体构成。按照齿圈的几何形状，齿轮可分为圆柱齿轮（直齿、斜齿和人字齿）、锥齿轮（直齿、斜齿和螺旋齿）和准双曲面齿轮。按轮体的外形特点，齿轮可分为盘形齿轮、套筒齿轮、轴齿轮和齿条等。其中,标准直齿圆柱齿轮最为常见。

齿轮的技术要求主要包括4个方面:①齿轮精度和齿侧间隙;②齿坯主要表面(包括定位基面、度量基面、装配基面等)的尺寸精度和相互位置精度;③表面粗糙度;④热处理方面的要求。

齿轮精度包括:传递运动的准确性;传动的平稳性;载荷分布的均匀性;传动副的侧隙。按GB/T 10095—2001渐开线圆柱齿轮精度标准的规定,齿轮及齿轮副分为12个精度等级,精度由高到低依次为1,2,3,…,12级。通常认为2~5级为高精度级,6~8级为中等精度级,9~12级为低精度级。按中国汽车工业总公司发布的汽车变速器、分动器及取力器齿轮的技术条件:轿车变速器齿轮精度取6~8级精度;货车、越野车变速器、分动器、取力器齿轮精度取为7~9级。

在齿轮加工和装配过程中,必须控制齿轮内孔、顶圆和端面的加工。内孔是齿轮的设计基准、定位基准和装配基准,加工精度一般不得低于IT9级;齿顶圆是齿形的测量基准和加工时的调整基准,其直径公差和径向跳动量应控制在一定范围内。

齿面粗糙度 $R_a$ 一般为0.63~10 μm;基面的粗糙度 $R_a$ 一般为0.63~2.5 μm,且与齿形精度相适应。

### 4.6.2 齿轮的材料、毛坯及热处理

**1. 齿轮的材料**

齿轮材料直接影响到齿轮的工作寿命,也影响到齿轮的加工性能。

速度较高的齿轮传动,齿面易产生疲劳点蚀,应选用齿面硬度较高且硬层较厚的材料;有冲击载荷的齿轮传动,轮齿易折断,应选用韧性好的材料;低速重载的齿轮传动,齿易折断,齿面易磨损,应选用机械强度大、齿面硬度高的材料。根据齿轮的工作条件(速度、载荷等)和失效形式(点蚀、折断、剥落等),齿轮常用以下材料制造:

1)优质中碳结构钢。多采用45钢等进行调质或表面淬火,热处理后,综合力学性能较好,但切削性能较差,齿面粗糙度值较大,适于制造低速、载荷不大的齿轮。

2)中碳合金结构钢。多采用40 Cr进行调质或表面淬火,热处理后,综合力学性能优于45钢,热处理变形小,用于制造速度、精度较高,载荷较大的齿轮。

3)渗碳钢。多采用38CrMnTi等材料进行渗碳或碳氮共渗,渗碳淬火后齿面硬度可达58~63HRC,心部有较高韧性,既耐磨损,又耐冲击,适于制造高速、中等载荷或承受冲击载荷的齿轮。渗碳处理后的齿轮变形较大,需进行磨齿加以纠正,成本较高。碳氮共渗处理变形较小,由于渗层较薄,承载能力不如渗碳处理。

4)渗氮钢。多采用38CrMoAl进行渗氮处理,变形较小,可不再磨齿,齿面耐磨性较高,适合制造高速齿轮。

**2. 齿轮毛坯**

齿轮毛坯一般根据齿轮材料、结构现状、尺寸大小、使用条件以及生产批量等因素来确定。

要求强度高、耐磨、耐冲击的齿轮,其毛坯多用锻件,生产批量较小或尺寸较大的齿轮采用自由锻造;生产批量较大的中小齿轮采用模锻。

当齿轮直径较大、结构复杂时,锻造毛坯较困难,可采用铸钢毛坯。对锻造和铸钢毛坯,机

械性能较差,加工性能不好,加工前应进行正火处理,以消除内应力,改善晶粒组织和切削性能。

一些结构简单、对强度要求不高、不重要的齿轮,可直接采用棒料做毛坯。

**3. 齿轮的热处理**

(1)齿坯的热处理

齿坯的热处理常采用正火或调质,其目的是改善材料的加工性能,减少锻造引起的内应力,防止淬火时出现较大变形。

正火是将齿坯加热到相变临界点以上 30 ~ 50 ℃,保温后从炉中取出,在空气中冷却至室温的热处理过程。正火可细化晶粒,经过正火的齿轮,淬火后变形较大,但加工性能较好,拉孔和切齿时刀具磨损较轻,加工表面粗糙度较小。齿轮正火一般安排在粗加工之前。

调质是将齿坯淬透后高温(500 ~ 600 ℃)回火的热处理过程,同样可细化晶粒,而且可提高韧性,但会使切削性能略有减低。调质则多安排在齿坯粗加工之后。

(2)轮齿的热处理

轮齿的齿形加工后,为提高齿面的硬度及耐磨性,常安排渗碳或表面加热淬火等热处理工序。渗碳采用高频淬火(适于小模数齿轮),超音频感应加热淬火(适于模数为 3 ~ 6 mm 的齿轮)和中频感应加热淬火(适于大模数齿轮)。由于加热时间极短,表面加热淬火齿轮的齿形变形较小,内孔直径通常要缩小 0.01 ~ 0.05 mm,淬火后应予以修正。

渗碳是将齿轮放在渗碳介质中,在 900 ~ 950 ℃高温下保温,使碳原子渗入到低碳钢的表层,使表层含碳量增高。从而使齿轮在淬火后,齿轮表面具有高硬度的耐磨表层,而心部组织成分并未改变,以保持一定的强度和较高的韧性。

在齿轮生产中,热处理质量对齿轮加工精度和表面粗糙度影响较大。往往因为热处理质量不稳定,导致齿轮定位基面和齿面变形过大或粗糙度值过大而报废。

### 4.6.3　齿轮的机械加工工艺过程

齿轮加工的工艺过程是根据其材料、毛坯类型、热处理要求、齿轮结构、精度要求、生产规模和现有生产条件等综合指定的。一般齿轮(钢件)加工可归纳为如下工艺路线:

毛坯制造—齿坯热处理—齿坯加工—齿形粗加工—轮齿热处理—齿轮主要表面精加工—齿形精整加工。

概括起来可分为 4 个主要阶段:齿坯加工阶段、齿形加工阶段、热处理阶段和齿形精加工阶段。在实际生产中,由于齿轮结构尺寸、技术条件、加工精度要求、生产规模、设备条件不同,上述工艺路线中各阶段的工艺方案并不相同,但追求高质量、高效益的目标是一致的。

**1. 齿轮齿形加工方法**

齿形加工是整个齿轮加工的核心和关键。目前齿形加工的方法很多,按其在加工中有无切屑而区分为:无屑加工和有屑加工两大类。按形成齿形的原理可分为:成形法和展成法两大类。目前铸造、辗压(热轧、冷轧)等方法的加工精度还不够高,精密齿轮主要靠切削法制造。

常见的齿形加工方法如表 4.6 所示。

表 4.6　常见齿形加工方法

| 齿形加工方法 | | 刀　具 | 机　床 | 加工精度及适用范围 |
|---|---|---|---|---|
| 成形法 | 铣齿 | 模数铣刀 | 铣床 | 加工精度及生产率较低，一般精度为 9 级以下，加工成本低 |
| | 拉齿 | 齿轮拉刀 | 拉床 | 加工精度及生产率较高，拉刀需专门制造，成本较高，多用于大量生产中，适宜拉内齿轮 |
| 展成法 | 滚齿 | 齿轮滚刀 | 滚齿机 | 通常加工 6～10 级精度齿轮，最高能达 4 级，生产率较高，通用性大，常用于加工直齿、斜齿的外啮合圆柱齿轮和蜗轮 |
| | 插齿 | 插齿刀 | 插齿机 | 通常加工 7～9 级精度齿轮，最高能达 6 级，生产率较高，通用性大，常用于加工内外啮合齿轮、阶梯齿轮、扇形齿轮、齿条等 |
| | 剃齿 | 剃齿刀 | 剃齿机 | 能加工 5～7 级精度齿轮，生产率较高，主要用于滚、插齿后、淬火前的齿形精加工 |
| | 磨齿 | 砂轮 | 磨齿机 | 能加工 3～7 级精度齿轮，生产率高，成本高，用于淬火后的精加工 |
| | 珩齿 | 珩磨轮 | 珩齿机或剃齿机 | 能加工 6～7 级精度齿轮，用于剃齿和高频淬火后的齿形精加工 |
| | 冷挤齿 | 挤轮 | 挤齿机 | 属无屑加工，能加工 6～8 级精度齿轮，生产率比剃齿高，成本低，多用于淬火前的齿形精加工，可代替剃齿 |

(1)铣齿

铣齿是在万能铣床上用成形铣刀以成形法加工齿轮齿形的方法，如图 4.46 所示。图(a)所示为用盘形铣刀加工直齿圆柱齿轮，图(b)所示为用指状铣刀加工直齿圆柱齿轮。加工时，工件安装在分度头上，对齿轮的齿槽进行铣削，加工完一个齿槽后，进行分度，再铣下一个齿槽。

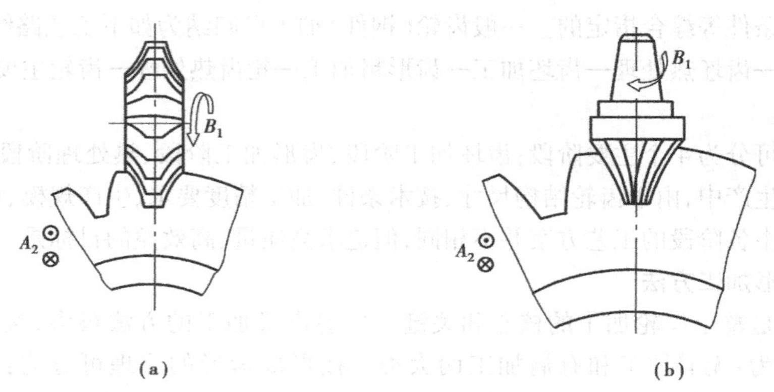


图 4.46　铣齿

(2)滚齿

滚齿加工是按照展成法的原理来加工齿轮。用滚刀来加工齿轮相当于一对交错轴的螺旋齿轮啮合,其中一个齿轮的齿数很少(只有一个或几个),且螺旋角很大,就变成了一个蜗杆,再将其开槽并铲背,就成为齿轮滚刀。在齿轮滚刀螺旋线法向剖面内各刀齿面成了一根齿条,当滚刀连续转动时就相当于一根无限长的齿条沿刀具轴向连续移动。因此,滚齿时滚刀与工件按齿轮齿条啮合关系传动,在齿坯上切出齿槽,形成渐开线齿面,如图4.47(a)所示。在滚切过程中,分布在滚刀螺旋线的各刀齿相继切出齿槽中一薄层金属,每个齿槽在滚刀旋转中由几个刀齿依次切出,渐开线齿廓则由切削刃一系列瞬时位置包络而成,如图4.47(b)所示。滚齿是加工直齿和斜齿渐开线圆柱齿轮最常见的加工方法。

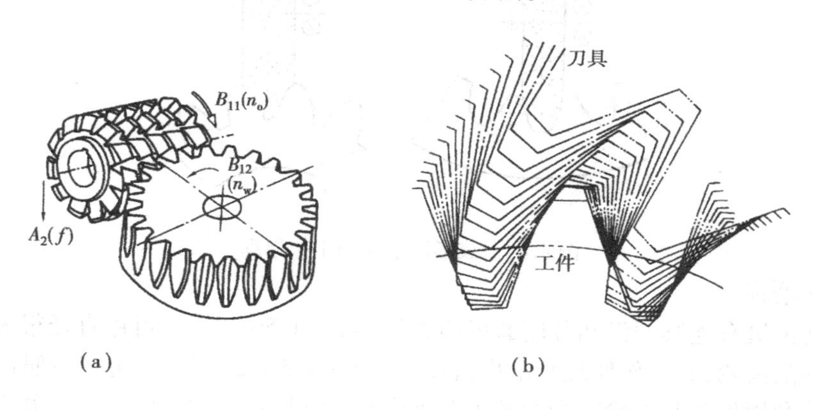


图4.47　滚齿原理

(3)插齿

插齿也是按展成法原理来加工齿形。插齿刀实质上是一个端面磨有前角,齿顶及齿侧均磨有后角的齿轮,如图4.48所示,其模数和压力角与被加工齿轮相同。插齿时,插齿刀沿工件轴向作直线往复运动以完成切削运动,在刀具与工件轮坯作“无间隙啮合运动”的过程中,在轮坯上逐渐地切出全部齿廓。刀具每往复一次,仅切出工件齿槽的一小部分,齿廓曲线渐开线是在插齿刀刃多次相继切削中由刀刃各瞬时位置的包络线所形成的。

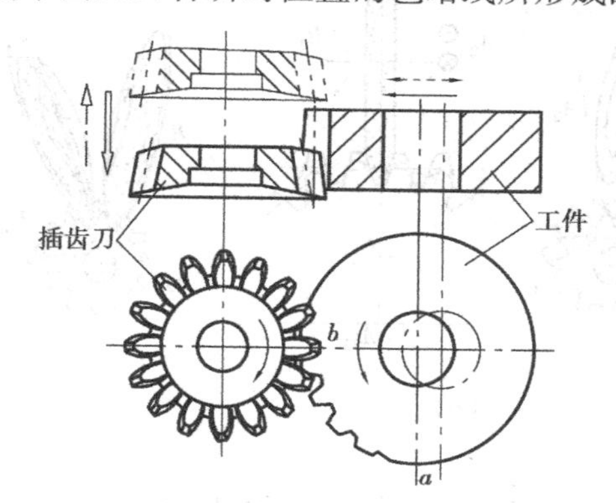


图4.48　插齿原理

(4)磨齿

磨齿是用磨削方法对淬硬齿轮的齿面进行精加工。通过磨齿可以消除预加工的各项误差,能消除淬火后的变形,加工精度较高。磨齿按加工原理的不同可分为两大类:成形法磨齿和展成法磨齿。成形法磨齿机应用较少,多数磨齿机为展成法。

1)成形法磨齿

图4.49所示是成形法磨齿的工作原理。将砂轮的截面形状修整成工件轮齿间的齿廓状。成形法磨齿时,砂轮高速旋转并沿工件轴线方向作往复运动,一个齿磨完后,工件需分度一次,再磨第二个齿。砂轮对工件的切入进给运动,由安装工件的工作台作径向进给运动得到。

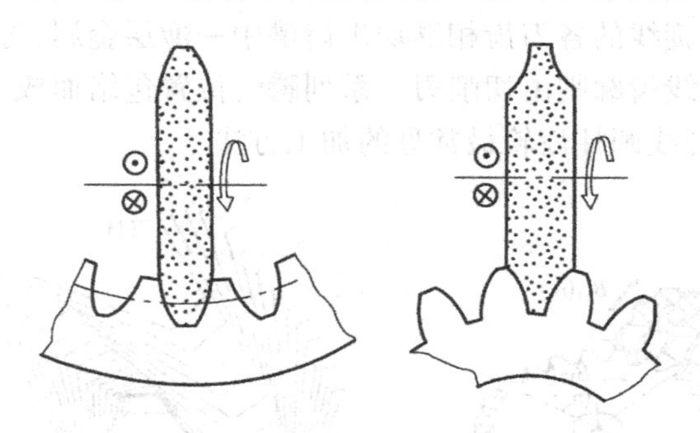

图4.49　成形法磨齿的工作原理

2)展成法磨齿

展成法磨齿机有连续磨齿和分度磨齿两大类,如图4.50所示。可用直径很大的修整成蜗杆形的砂轮磨削齿轮,其工作原理与滚齿机相似,如图4.50(a)所示。可用按照齿条的齿廓修整的锥形砂轮利用齿条和齿轮啮合原理来磨削齿轮,当砂轮按切削速度旋转,并沿工件导线方向作直线往复运动时,砂轮两侧锥面的母线就形成了假想齿条的一个齿廓,如图4.50(b)所示。也可用两个碟形砂轮的端平面(实际是宽度约为0.5 mm的工作棱边所构成的环形平面)来形成假想齿条的不同轮齿两侧面,同时磨削齿槽的左右齿面,加工时,被磨削齿轮在假想齿条上滚动,当被磨削齿轮转动一个齿的同时,其轴心线移动一个齿距的距离,便可磨出工件上一个轮齿一侧的齿面。经多次分度,才能磨出工件上全部轮齿齿面,如图4.50(c)所示。

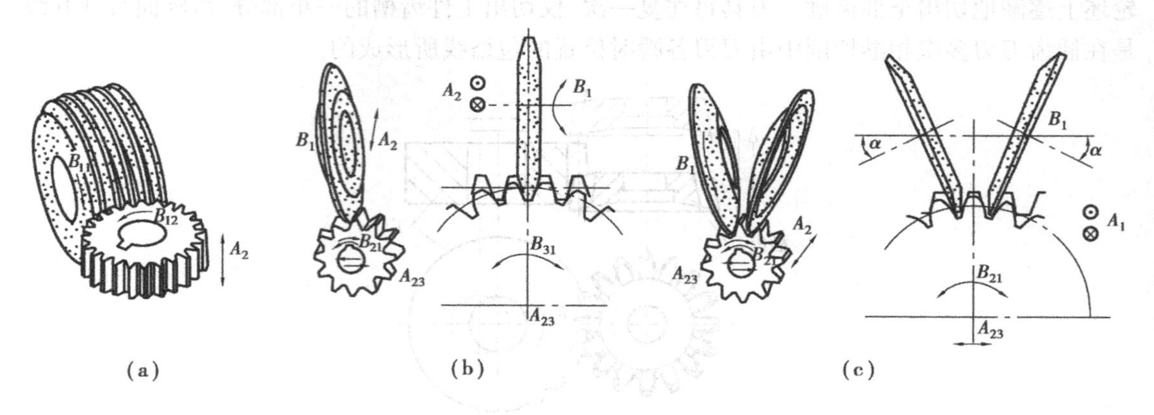


图4.50　范成法磨齿的工作原理

(5)剃齿

剃齿在原理上属展成法加工,所用刀具称为剃齿刀,它的外形很像一个斜齿圆柱齿轮,齿形做得非常准确,并在齿面上开出许多小沟槽,以形成切削刃(见图4.51)。在与被加工齿轮啮合运转过程中,剃齿刀齿面上众多的切削刃,从工件齿面上剃下细丝状的切屑,从而提高了齿形精度,减小了齿面粗糙度。

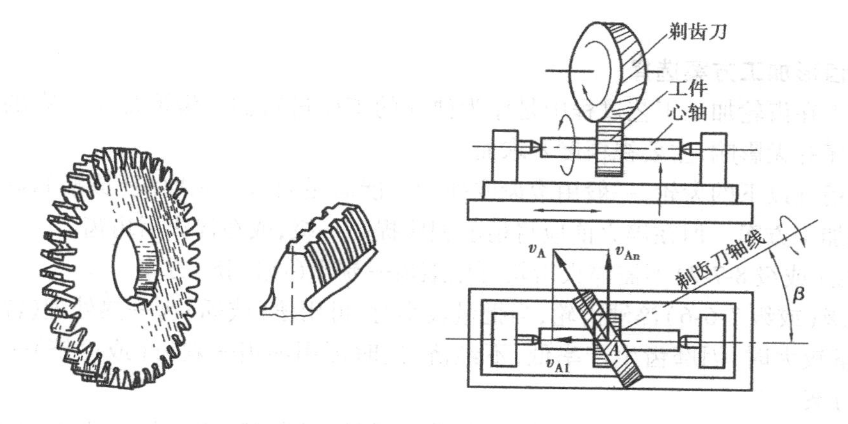


图4.51　剃齿原理

(6)珩齿

珩齿与剃齿的原理完全相同,只不过不用剃齿刀,而用珩磨轮。珩磨轮是用磨料与环氧树脂等浇铸或热压而成的、具有很高齿形精度的斜齿圆柱齿轮。当它以很高的速度带动工件旋转时,就能在工件齿面上切除一层很薄的金属,使齿面粗糙度 $R_a$ 值减小到0.4 μm以下。珩齿对齿形精度改善不大,主要是减小热处理后齿面的粗糙度。

珩齿在珩齿机上进行,珩齿机与剃齿机的工作原理近似,但转速高得多。图4.52所示为珩磨轮与珩磨原理。

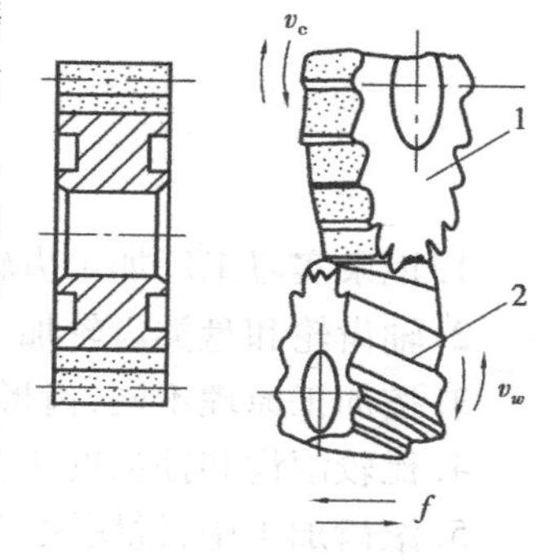


图4.52　珩磨原理

**2.齿轮加工定位基准选择**

确定齿轮加工的定位基准,对齿轮制造精度有重要的影响。齿轮加工时的定位基准选择主要遵循“互为基准”、“自为基准”的原则。齿形加工时,应尽可能选择装配基准、测量基准为定位基准,以避免由于基准不重合而产生的基准不重合误差,即应遵循“基准重合”原则。而且在齿轮加工的全过程中保持“基准统一”。

对于小直径轴齿轮,通常采用两端中心孔定位或在轴心内孔钻出后,用中心斜面定位。中心孔定位的准确度较高,能做到基准重合。对于大直径的轴齿轮,可采用轴颈外圆定位,并以一个较大的端面作支承。作为定位基准的中心孔应具有一定的精度要求,在热处理后,需对中心孔进行修复加工。

对于带孔齿轮,在加工齿形时通常采用两种安装方式:

(1)内孔和端面定位

以齿坯内孔与夹具心轴之间的配合决定中心位置,再以端面作为定位支撑面,并对端面夹紧。这样选择的定位基准符合基准重合原则。但是,孔和端面两者应以哪一个作为主要的定位基准,要从定位的稳定性来决定。内孔和端面定位的特点是:定位、测量和装配的基准重合;定位精度高,不需要找正,生产率高,适于成批生产。

(2)外圆和端面定位

将齿轮毛坯套在夹具心轴上,内孔和心轴有较大的配合间隙,用千分表找正外圆以决定中心位置,再以端面作为定位基准,并对端面夹紧。这种方法与内孔定位相反,其特点是:要找正,生产效率低;对齿坯的内、外圆同轴度要求高;但无需心轴,对夹具精度要求不高,故适于单件小批生产。

**3. 齿轮齿形加工方案选择**

齿形加工在齿轮加工工艺过程中是作为独立的工序进行的。齿形加工方案的选择,对齿轮的加工顺序并无影响,主要视精度要求而异。

对8级精度以下的齿轮,一般用滚齿或插齿就能满足要求。采取滚(或插)齿—热处理—校正内孔的加工方案。但在淬火前应将精度相应提高一级,或在淬火后珩齿。

7级精度(或级8-7-7)不需淬火齿轮可用滚齿—剃齿(或冷挤)方案。

对于7级(或级7-6-6)淬硬齿轮,当批量较小时,可用滚(或插)齿—热处理(淬火)—磨齿方案;当批量较大时,因磨齿生产率低,不经济,这时可用滚齿—剃齿(或冷挤)—热处理(淬火)—珩齿方案。

5~6级淬硬齿轮,可参考下列方案:粗滚齿—精滚(或精插)齿—热处理(淬火)—磨齿。

## 思考题

1. 记录实习工厂加工齿轮的种类、材料、主要技术要求及所采用的加工方案。

2. 轴齿轮和盘类齿轮加工基面有何不同?

3. 按加工原理不同,齿形加工分为哪两大类?各有哪些加工方法?

4. 比较滚齿和插齿的工艺特点,各适合于何种齿轮加工?

5. 滚齿加工中,说明滚刀安装时应考虑的主要问题。

6. 现场记录1~2种齿轮从毛坯到成品的加工工艺过程,标明工序号、工序内容、工序简图、所用机床、夹具等。

7. 归纳整理生产现场各种齿形加工方法和机床型号、工艺范围、生产率、齿轮加工刀具的特点。

8. 结合实习,分析粗、精基准选择原则在齿轮加工中的实际应用。

# 第 5 章 机械功能原理及结构实习

机械功能原理及结构实习是生产实习的一个重要组成部分,重点在于掌握典型机械的功能原理分析方法及分析机械结构的组成要素和结构功能。其目的在于:掌握结构设计要求及特点,丰富学生的机械结构设计知识,启发设计思维,通过实习使学生的原理和结构设计理论得以巩固、加深,为今后进行机械产品设计打下良好基础。

具体主要有以下几方面:在生产实习现场,对常见的设备或机构的功能原理进行分析,熟悉机械的原动,传动、执行、控制等系统的组成分析方法,掌握提高产品性能和降低成本的结构措施,了解箱体类和大型支承件设计要求和特点,了解铸造件、焊接件、锻造件、铆接或粘结的结构特点,分析了解机械设备在人机工程方面的设计要求,了解不同机械设备在外观造型和色彩方面的特点等。

## 5.1 车间常见设备功能原理介绍

**1. 摇头电风扇的功能原理**

在各个车间实习都经常见到用于通风、降温的摇头电风扇。摇头电风扇是将电风扇扇叶驱动电机提供的旋转运动经过摇头机构变换使电风扇往复摆动。

如图 5.1 所示,此电风扇的摇头机构是一双摇杆机构 *ABCD*,电机 1 与连杆 *AB* 固连,蜗轮 2 与连杆铰链连接,*AD* 为机架,当风扇工作时,通过电机 1 的蜗杆带动蜗轮 2 转动,从而使风扇(*AB*)绕 A 往复摆动,达到摇头的功能。

**2. 牛头刨床刨刀运动的功能原理**

牛头刨床是机械加工车间用于刨削工件的常用设备,其主体机构采用旋转导杆机构实现刨床刨削加工的工艺要求。

如图 5.2 所示,在旋转导杆机构中,机架 $AB<$ 曲柄 $BC$,主动曲柄 $BC$ 匀速转动转换为旋转导杆 $CD$ 的非匀速转动,平均传动比为 1,其急回特性使刨床切削行程较慢,回程较快($BC$ 顺时针向转动 $\varphi_1$ 角时,滑块 $E$ 以较慢的近于等速切削,而 $BC$ 继续转动 $\varphi_2$ 角时,E 快速返回)。行程 $S=2AD$。比值$\dfrac{BC}{AB}$较小时,机构的动力性能变坏,一般推荐$\dfrac{BC}{AB}>2$。

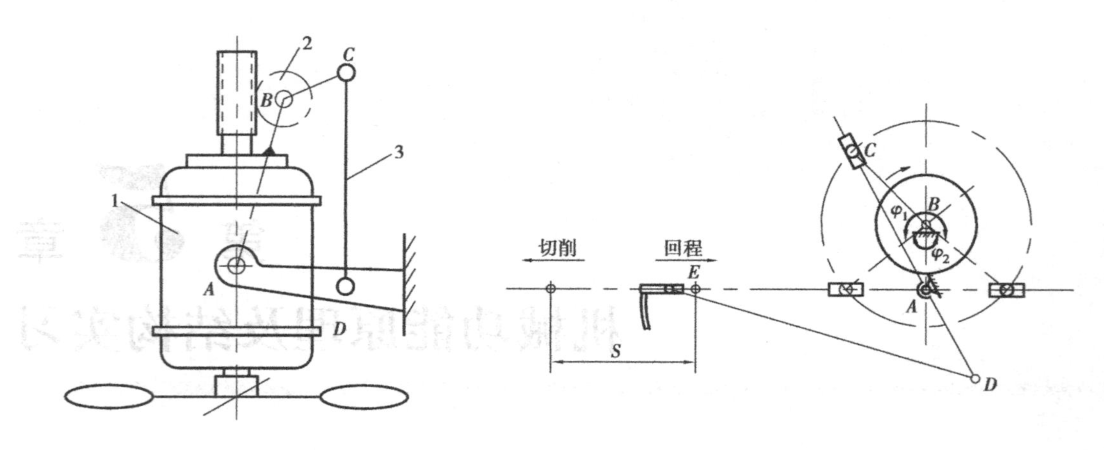


图 5.1　摇头电风扇原理　　　　图 5.2　牛头刨床刨刀运动的功能原理

**3. 在装配车间中用于大行程传送工件的机构**

如图 5.3 所示，一对与上、下齿条同时啮合的齿轮，由曲柄 $AB$ 带动作往复运动。下齿条固定不动，齿轮带动上齿条作增大行程的往复运动。曲柄长为 $r$ 时，上齿条的行程 $S=4r$。

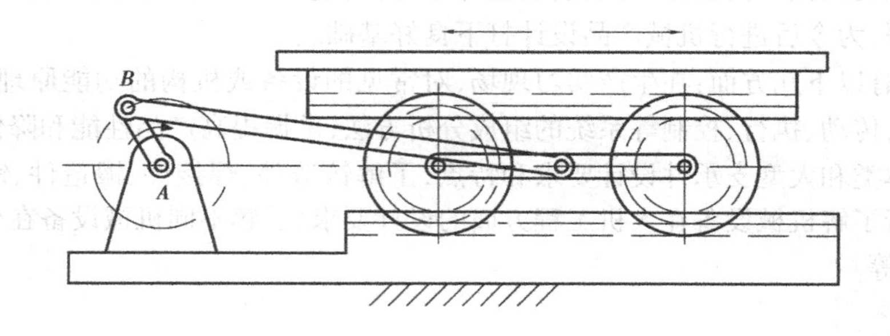


图 5.3　行程放大机构

**4. 叉车机构功能原理**

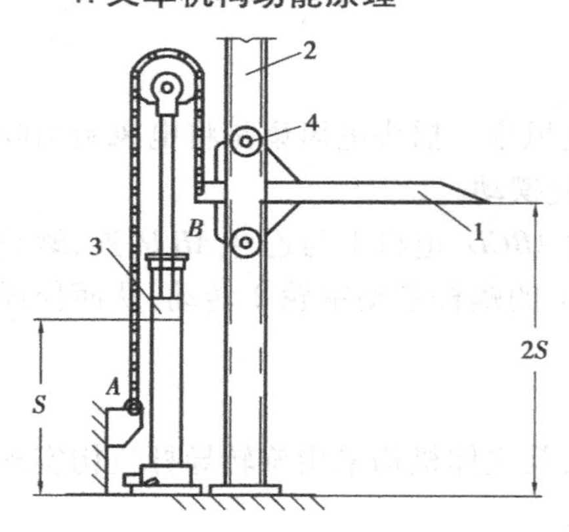


图 5.4　叉车门架提升机构

叉车在装配车间是很常用的搬运和堆放设备的机械。

如图 5.4 所示，活塞 3 端部装一链轮，链条一端绕过链轮与叉车架上 $A$ 点连接，另一端与叉板 1 在 $B$ 点连接，导向滚子 4 可在导槽 2 中上下移动。叉板 1 的提升高度为活塞行程的 2 倍。

**5. 两轴移动联锁装置**

在变速箱中必须保证每个挡位停止在可靠位置常使用自锁装置，而且只允许一个挡位接通其他挡位不接通使用两轴的互锁的结构。

如图 5.5 所示，轴 1，2 互相联锁，移动其中一根轴，则另一根轴被锁住。如先移动轴 2，则 2 将钢球 4 向上推入轴 1 的凹槽中（图 b），这时，轴 1 被锁住不能动，反之，轴 1 先移动时可将轴 2 锁住。

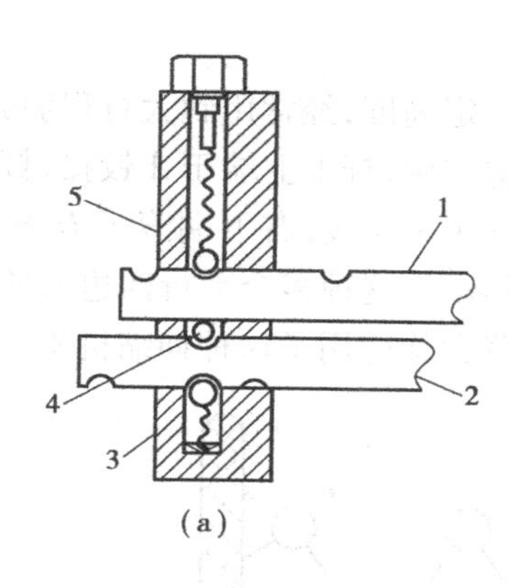


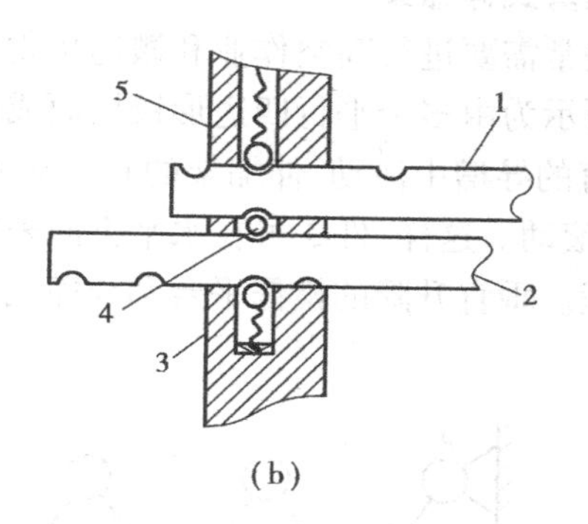


图5.5　两轴移动联锁装置

### 6. 钢球式单向机构

如图5.6所示,生产线经常需要工件单向输送时,将电机的旋转运动通过曲柄摇杆机构变为摇杆的摆动用于驱动超越离合器达到工件的单向步进运动。

主动杆1带动2往复运动时,从动轴3作单向转动。

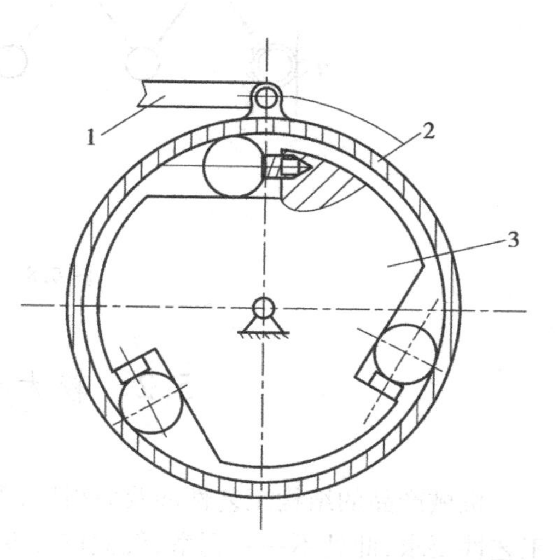


图5.6　钢球式单向机构

### 7. 剪式升降平台

在车间经常用到对工件的移动搬运,在库房对货物的移动搬运都会用到移动运输的搬运设备。常用剪式升降平台。

图5.7(a)所示,长度相等的支撑杆$AB$和$DC$,彼此铰接与中点$E$,滚轮1,2与支撑杆铰接于$B$,$D$点,可在上下平板的导槽中滚动,汽缸下部与下平板固联,活塞杆上部以球形头与上平面球窝于$F$点接触。通过升降汽缸3可使上平台垂直升降。这类剪式伸缩机构均为平行四边形机构的变态。

图5.7(b)所示,长度相等的支撑杆$A$,$B$和$C$,$D$,铰接于中点$E$,杆的$B$,$D$端分别于滑块及活塞杆1铰接,卧式油缸的活塞杆1使平台2垂直升降。

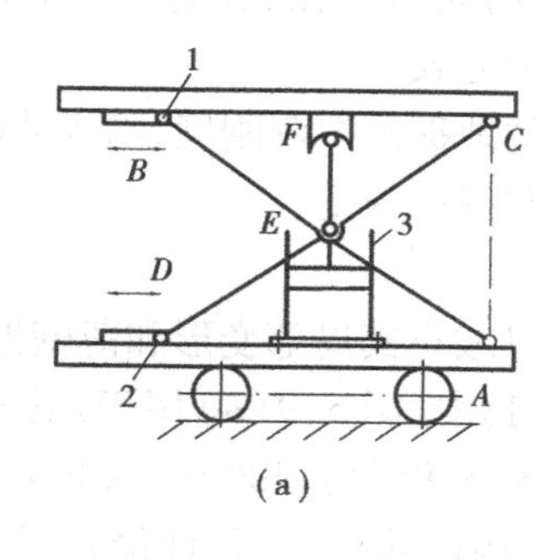


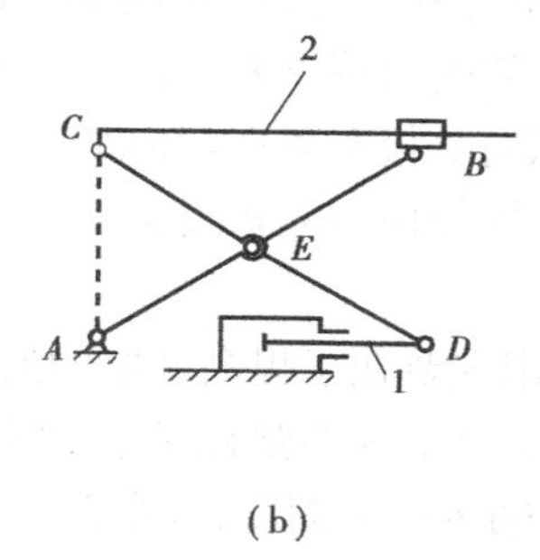


图5.7　剪式升降平台

**8. 大行程剪式伸缩架**

工厂中经常需要进行高空作业和搬运货物到一定高度,经常用到大行程剪式伸缩架。

图5.8所示为由多个平行四边形铰接而成的剪式架,杆1上端于$A$铰接,杆2下端铰接滚子$B$可在垂直的导槽中滚动,伸缩架的右上端$C$与件3铰接,右下端滚子$D$紧贴件3的垂直面,并可上下滚动。这样,件3可在水平方向来回移动。这种多个平行四边形伸缩架能获得较大的伸缩行程。垂直升降的检修平台和仓库用升降台均应用了这种伸缩机构。

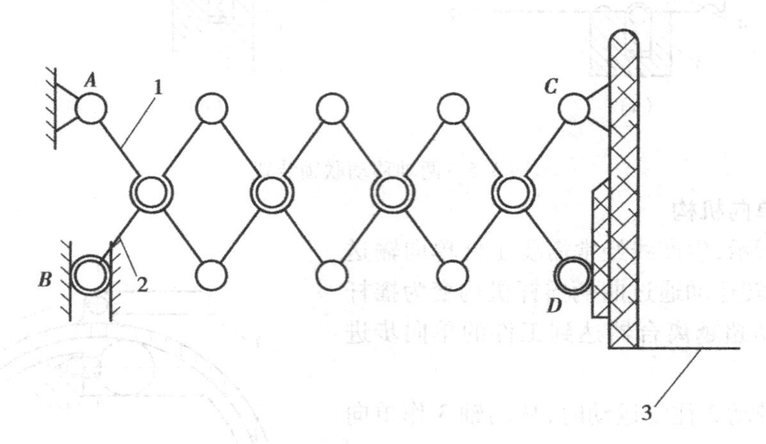


图5.8 大行程剪式伸缩架

## 5.2 较大零件的结构工艺性

机械产品的结构工艺性涉及面很广,毛坯制造、机械加工、热处理、装配等对零件都有结构工艺性要求,此处不一一列举,仅就较大零件在刚性等方面对结构的要求作简单介绍。

**1. 大件的隔板和加强筋**

隔板和加强筋也称筋板和筋条。在箱体类和支撑类零件中合理布置隔板和加强筋通常比增加壁厚的综合效果更好。

(1)隔板

隔板实际上是一种内壁,它可连接两个或两个以上的外壁。隔板有纵向、横向和斜向之分。纵向隔板的抗弯效果好,而横向隔板的抗扭作用大,斜向隔板则介于上述两者之间。所以,应根据支承件的受力特点来选择隔板类型和布置方式。

应该注意,纵向隔板布置在弯曲平面内才能有效地提高抗弯刚度,因为此时隔板的抗弯惯性矩最大。此外,增加横向隔板还会减小壁的翘曲和截面畸变。

(2)加强筋

加强筋的作用主要在于提高外壁的局部刚度,以减小其局部变形和薄壁振动,一般布置在壁的内侧。图5.9所示为加强筋的几种常见形式,其中,图5.9(a)用于加强导轨的刚度;图5.9(b)用于提高轴承座的刚度;其余3种则用于壁板面积大于400 mm×400 mm的构件,以防止产生薄壁振动和局部变形。其中,图5.9(c)的结构最简单、工艺性最好,但刚度也最低,可用于较窄或受力较小的板形支承件上;图5.9(d)的结构刚度最高,但铸造工艺性差,需要几种不同泥芯,成本较高;图 5.9(e)结构居于上述二者之间。常见的还有米字形和蜂窝形筋,刚度更高,工艺性也更差,仅用于非常重要的支承件上。筋的高度一般可取为壁厚的 4 ~5 倍,筋的厚度可取为壁厚的 0.8 倍左右。

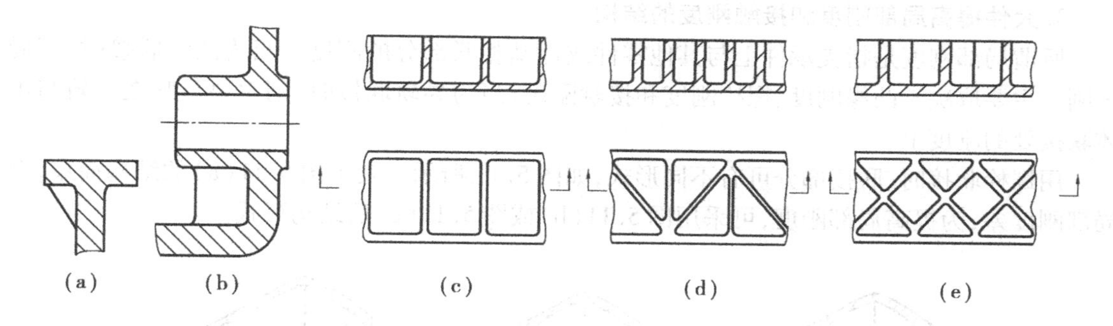


图 5.9　加强筋的几种常见形式

(3)大件的隔板和加强筋结构

如图 5.10 所示为车床床身,一般设计成由前、后两壁和若干隔板组成。

图 5.10(a)中采用了 T 形隔板,主要用于提高水平面内抗弯刚度,其结构简单、铸造工艺性好。图 5.10(b)为∩形隔板,在垂直平面内和水平面内的抗弯刚度都比 T 形隔板好,铸造工艺也较好。图 5.10(c)隔板呈连续的 W 形,能较大地提高水平面的抗弯、抗扭刚度,但铸造工艺性较差。图 5.10(d)所示为对角纵向隔板与三角形隔板的组台形式,既提高了床身的刚度,又解决了排屑问题,但是结构较复杂、工艺性较差。

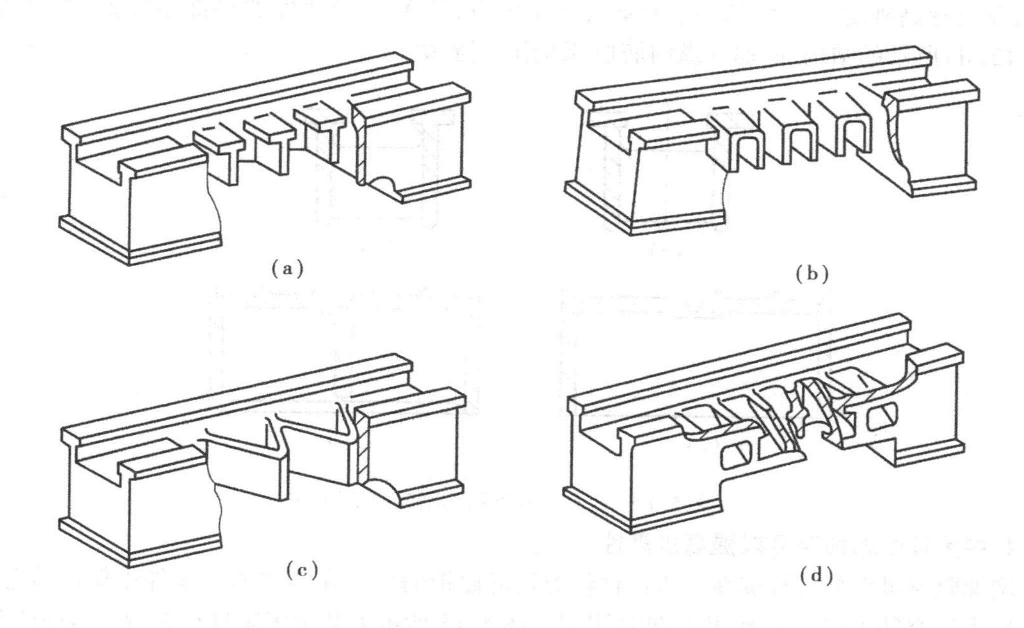


图 5.10　车床床身的隔板和加强筋结构

**2. 大件合理开孔和加盖的结构**

支承件壁上开孔会降低刚度,但因结构和工艺要求常常需要开孔。当开孔面积小于所在壁面积的 0.2 时,对刚度影响较小;当大于 0.2 时,扭转刚度降低很多。故孔宽或孔径以不大于壁宽的1/4为宜,且应开在支承件壁的几何中心附近或中心线附近。

开孔对抗弯刚度影响较小,若加盖且拧紧螺栓,抗弯刚度可接近未开盖的水平,且嵌入盖比覆盖盖效果更好。扭转刚度在加盖后可恢复到原来的35%~41%。

**3. 大件提高局部刚度和接触刚度的结构**

所谓局部刚度是指支承件上与其他零件或地基相联部分的刚度。当为凸缘联接时,其局部刚度主要取决于凸缘刚度、螺栓刚度和接触刚度;当为导轨联接时,则主要反映在导轨与本体联接处的刚度上。

用螺栓联接时,联接部分可有不同形式,如图5.11所示。其中图5.11(a)的结构简单,但局部刚度差,为提高局部刚度,可采用图5.11(b)或图5.11(c)的结构形式。

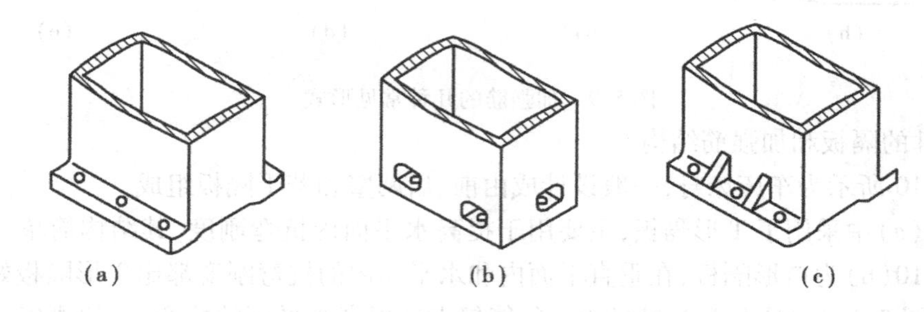


图5.11　提高局部刚度和接触刚度的结构

图5.12(a)所示为车床床身,其导轨与本体连接刚度较差,若在局部加筋,如图5.12(b)所示,则可提高刚度。图5.12(c)为龙门刨床床身,其V形导轨处的局部刚度低,若改为如图5.12(d)所示的结构,即加一纵向筋板,则刚度得到提高。

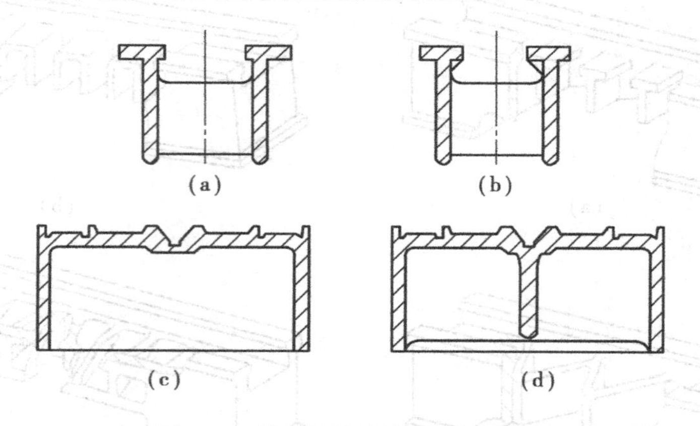


图5.12　提高导轨处局部刚度的结构

**4. 在大件中增加阻尼以提高抗震性**

增加阻尼可以提高抗震性。铸铁材料的阻尼比钢的大。在铸造的支承件中保留砂芯,在焊接件中填充砂子或混凝土,均可增加阻尼。图5.13所示为某车床床身有无砂芯两种情况下固有频率和阻尼的比较。由图可见,虽然二者的固有频率相差不多,但由于砂芯的吸振作用使阻尼增大很多,从而提高了床身的抗震性。其不足之处是增加了床身的重量。

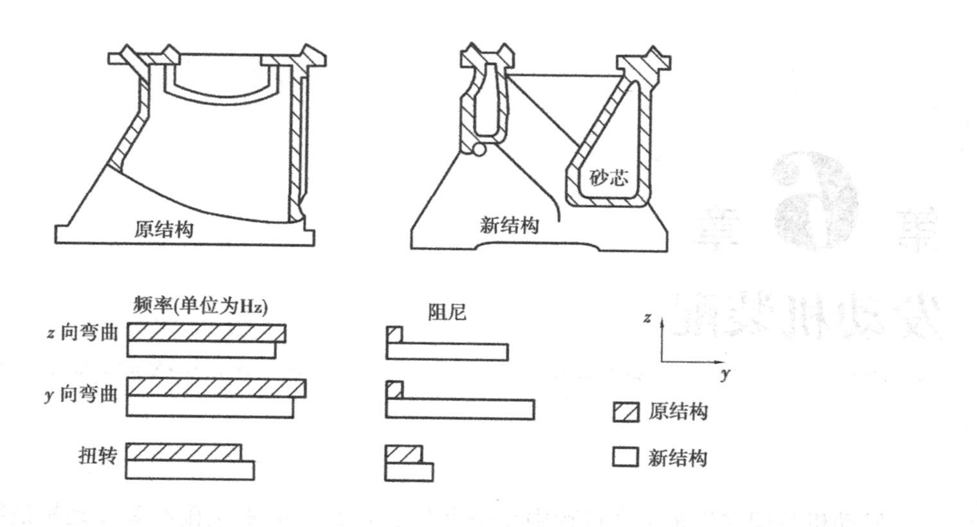


图 5.13　床身结构的抗震性

## 思考题

1. 分析发动机各轴的布局和位置。

2. 分析发动机零件的装配结构特点。

3. 分析各轴的支承结构:轴承类型、轴承的轴向固定、轴承的间隙调整和预紧及密封等。

4. 分析发动机内各运动部分的润滑方式。

5. 观察发动机机体的结构形状,分析哪些结构是为提高强度和刚性设置的,哪些是功能要求而存在的,哪些是从工艺要求考虑的。(绘图说明)

6. 分析发动机中各轴的结构形状。弄清各结构要素的作用(因何设置),了解轴上零件的轴向定位、固定和周向定位的方法,分析其结构尺寸、形状与轴的功能、强度、刚度等的关系以及它们装配的关系。(绘图说明)

7. 分析发动机中主要零件的材料及热处理要求、形位公差、表面粗糙度确定的依据。分析发动机箱体及各轴技术要求提出的依据。

8. 分析发动机重要零部件为保证工作能力和寿命在结构设计上采取的措施有哪些?

9. 发动机润滑和密封装置主要考虑的问题有哪些?

# 第 6 章 发动机装配

发动机装配在汽车生产过程中是一个非常重要的步骤，装配线是发动机最终状态、最终结构、最终精度的展示，对确保发动机的精度、质量至关重要。合理地规划发动机装配线可以更好地实现产品的高精度、高效率、高柔性和高质量。

在发动机装配线上，实习的主要内容为：了解汽车发动机装配线的布局，结构形式及其特点；了解装配技术要求，观察和记录发动机各部件的装配过程，掌握各零部件相互间的装配关系，螺栓的紧固力矩及装配间隙的调整等；了解各种装配设备、工具、量具的正确使用方法；了解发动机装配中装配质量的检测和控制方法，常用试验设备、试验内容和要求；了解汽车发动机装配的物流方式和管理。

通过发动机装配实习，加深学生对装配工艺理论知识的理解和掌握；使学生进一步熟悉发动机装配各零部件名称、作用和结构特点，理解和掌握汽车发动机各个部分的工作原理，对发动机各个部分总成、零件的结构和组成、调整、安装、修理工艺、装配工艺、故障原因分析及解决办法等有更深的了解，了解装配设备、工具、量具的正确使用方法等。

## 6.1 装配工艺分析

### 6.1.1 发动机装配的准备工作

制定装配工艺规程时，必须根据产品特点、要求和工厂生产规模等具体情况，确定装配方法以及采用的装配工具，不能脱离实际。因此，必须掌握足够的原始资料，拟定装配工艺规程。

**1. 总装作业指导书主要的原始资料**

1）产品的总装图、部件装配图以及主要零件的工作图；

2）产品验收技术条件；

3）所有装配零部件的明细表；

4）工厂生产规模和现有生产条件；

5）同类型产品工艺文件或标准工艺等参考资料。

**2. 拟定装配工艺规程的内容及其步骤**

(1)装配工艺规程的内容

装配工艺规程是组织和指导装配生产过程的技术性文件,也是指导工人装配的依据。因此,它必须包含以下几个方面的内容:

①合理的装配顺序和装配方法;

②划分装配工序和规定工序内容;

③选择装配过程中必需的设备和工夹具;

④规定质量检查方法、使用的检验工具及检查频次等。

(2)拟定装配工艺规程的步骤

①分析装配图及技术要求,了解发动机的结构特点,查明发动机的尺寸链,确定适当的装配方法。

②确定装配顺序(即装配过程)。装配顺序基本上由发动机的结构特点和装配形式决定,先确定一个零件作为基准件,然后将其他零件逐次装到基准件上。例如,EQD6105发动机的总装顺序是以曲轴箱为基准件,其他零件(或部件)逐次往上装,按照由下部到上部、由固定件到运动件再到固定件、由内部到外部等规律来安排装配顺序。

③划分装配工序和确定工序内容。在划分工序时确保前一工序的活动应保证后一工序能顺利地进行,应避免妨碍后一工序进行的情况。

④编写装配工艺文件。装配工艺文件包括过程卡(装配工序卡)和操作指导卡等。过程卡是为整台机器编写的,包括完成装配工艺过程所必需的一切资料;操作指导卡是专为某一个较复杂的装配工序或检验工序而编写的,包括完成此工序的详细操作指示。本发动机装配工艺文件有清洗、部装、总装和磨合作业指导书及发动机出厂验收技术条件共同组成。

**3. 装配工艺规程的评价**

根据上述信息拟定的装配工艺文件通过试运行,并测试其关键工序的质量保证能力和生产节拍均匀性,即可确定装配工艺文件的可行性,否则根据具体情况进行修订后再实施。

### 6.1.2　发动机装配的要求

发动机的装配精度要求很高,在装配前,应对已经选配的零件和组合件,认真清洗、吹干、擦净,确保清洁。检查各零件,不得有毛刺、擦伤,保持完整无损。做好工具、设备、工作场地的清洁。工作台、机工具应摆放整齐。特别应仔细检查、清洗汽缸体和曲轴上的润滑油道,并用压缩空气吹净。否则,会因清洁工作的疏忽,造成返工甚至带来严重后果。

按规定配齐全部衬垫、螺栓、螺母、垫圈和开口销,并准备适量的机油、润滑脂等常用油、材料。

**1. 装配间隙要求**

在发动机的装配过程中,控制装配间隙是保证装配质量的关键之一。装配间隙基本上分为两类,一类是运动间隙,如滑动轴承与轴颈、活塞与汽缸套以及齿轮之间的间隙。机油在间隙内形成油膜,保证机件不是干摩擦,而是油润滑,可以减少摩擦功率。另一类不是以减少机件磨损为目的的间隙,而是直接影响发动机的燃烧、配气等工作性能,如活塞顶平面与汽缸盖底平面的间隙(影响压缩容积)、摇臂与气门杆顶端的间隙(气门间隙)等。

以曲轴装配为例,必须具有适当的轴向间隙和径向间隙,特别是轴向间隙要控制得当,以保证曲轴位置正确。轴向间隙太大,曲轴就会产生轴向窜动和撞击,还可能使活塞-连杆组单边受力,以致汽缸、活塞磨损不均匀;轴向间隙过小,受热膨胀后可能使零件卡住,以致磨损功率增加或不能工作。又如活塞顶平面与汽缸盖的间隙,直接影响发动压缩比的大小,对发动机功率、燃油消耗、启动性能等有较大的影响。与此同时,对曲轴轴颈、主轴承孔、连杆的大、小头孔、活塞销孔、活塞销等所用的配合间隙都要特别注意,以便获得适当的压缩比。又如气门间隙,如果间隙过小,在发动机工作时气门受热膨胀后杆端就会紧靠在摇臂或挺杆上,影响气门头部与气门座的密封,使气门关闭不严,发生漏气、回火等故障,并且容易烧损气门,使发动机的功率减小,经济性降低;如果间隙过大,则在气门开启和关闭时造成很大冲击,产生强烈的磨损,噪声大,并降低气门的开闭时间,废气不能很好的排除,也会影响发动机的功率和经济性。间隙的大小与发动机的结构形式、气门和有关零件的材料和构造有关。

**2. 装配扭矩要求**

在发动机的装配中,获得正确的锁紧力及在一组螺纹联接中保持锁紧力的均衡性是非常重要的。若锁紧力不均衡,容易造成用螺纹联接的部分轴承的轴承孔变形;在连杆体与连杆盖的螺栓联接中,在变载荷作用下,将产生应力集中;机体与汽缸盖的联接中将产生翘曲,以致密封不好;在飞轮组件中产生飞轮偏摆和振动。因此对重要部件应提出扭矩的要求。

为了获得正确的装配扭矩,必须满足螺纹联接的主要技术要求:

①获得规定的锁紧力,对于一组螺纹联接应获得均匀的锁紧力;

②获得规定的配合;

③螺栓不会偏斜和弯曲;

④防松装置应可靠。同时应注意遵守一定的装配顺序,即先中间,后两侧,十字交叉进行,分2~3次拧紧等。

**3. 零件的清洗要求**

零件的清洗是装配过程中极为重要的工序。零件清洗不干净,往往影响装配工作和产品质量。清洗工作的主要任务如下:

①清除零件表面的油脂;

②清除零件表面的磨屑,灰尘及其他脏物;

③防锈。

清洗溶液大致可分为石油溶剂(汽油、煤油、柴油等),氯化碳氢溶剂(三氯乙烯、四氯化碳等),强碱性或弱碱性清洗水溶液(氢氧化钠、碳酸钠、磷酸三钠、磷酸二氢钠、水玻璃、烷基苯黄酸钢、十二烷基硫酸钠、硫酸三乙醇胺、苯甲酸钠等)以及含非离子型表面活性剂清洗液(聚氯乙烯脂肪醇醚、聚乙二醇、油酸、三乙醇胺、亚硝酸钠、聚氧乙烯脂肪醇醚、烷基酰胺、浮化油等)。

清洗方法主要有浸洗、刷洗、喷洗、超声波清洗及气体(三氯乙烯)清洗等,采用机械清洗及手工操作。

清洗剂和清洗方法的选择,主要根据零部件的金属结构类型、所带脏物的性质以及对清洗的要求来决定。例如清洗油脂,可采用石油落剂浸洗和三氯乙烯溶剂进行浸洗;清除灰尘、磨料等固体物料,则主要依靠喷洗、刷洗及超声波清洗方法;对于沾有水溶性污物则宜选用水溶液来浸洗及喷洗等。此外,带磁性的钢件(如磨削、磁力探伤后的钢件)在清洗前应做退磁处理,否则附着的磨屑很难清除。

**4. 装配的检验要求**

装配对发动机质量起着重要的作用，即使零件全部合格，也只有通过装配完全符合质量要求才能出厂。在装配过程中进行检验就是要及时检查是否符合装配技术要求，其中包括零件接合的误差等。在组件、部件及发动机的装配过程中，在重要工序的前后，都需要进行中间检验，并应进行最终检验。

（1）检验的内容

①检验主要的装配间隙。在发动机中重要的配合间隙，采用完全互换法和分组互换法，可直接装配和根据同记号装配，在装配前后进行检验；采用修配法及调整法者，必须测量配合件的实际尺寸。

②检验零件之间的位置精度。在装配中检验零部件之间的垂直度、平行度及位置精度等。例如活塞裙部轴线与连杆大头孔轴线的垂直度；汽缸套上凸缘凸出机体上平面的高度公差；汽缸体上紧固汽缸盖的螺栓与机体上平面的垂直度及螺栓的高度公差。

③ 检验零件接合的情况。检验固定联接的可靠性，主要是检验螺纹联接零件的坚固程度，各种表面接合的紧密性等。例如重要部位的螺栓、螺母的坚固程度，均衡性及自锁；汽缸盖上出砂孔丝堵紧固以后的密封性等。检验活动联接的表面接触质量，例如曲轴轴颈与轴瓦的表面接触面积；进、排气门与气门座密封带研磨的质量；分配齿轮的齿间啮合的接触痕迹等。

（2）检验的方法

① 直观检验。直观检验是凭检验人员的工作经验用肉眼观察或以主观感觉作出的判断。例如螺母上的开口销是否安装正确；零、部件表面是否有缺陷、毛刺、金属碎屑、污物等；活动联接的表面接触质量；根据活塞环在环槽中的情况；把湿式汽缸套放入机体中查看是否能自由移动；然后予以装配，以免在发动机工作时不能保证汽缸受热膨胀而引起的变形；检验齿轮的啮合情况，包括观察一个齿轮对另一个齿轮的自由摆动角度来判断啮合间隙的情况及根据齿轮工作时的噪声来确定齿轮啮合的正确性等。

②用量具及检验夹具等检验。量具及检验夹具等是用来检验零件接合的间隙、尺寸公差、平行度、垂直度等。检验间隙使用最广泛的量具是厚薄规，它不仅能量出间隙的大小，并且可以检验各种表面接合的紧密性。例如检验齿轮的啮合间隙，凸轮轴、曲轴与机体之间的轴向间隙、活塞裙部与汽缸套的间隙等。不可能或不容易直接测出的间隙（如活塞与汽缸盖的间隙、轴颈与轴承的间隙等）可用铅丝或铅块在间隙处承受挤压，从其形状尺寸间接度量出来。检验零件之间的位置精度的例子是：用卡尺检验汽缸套凸缘高出机体上平面的高度；用检验夹具检验活塞裙部轴线对连杆大头孔轴线的垂直度。在大量生产中也有采用专用夹具及自动检测装置的。

此外，在检验密封性时，汽缸盖用专用设备作水压密封性检验，还有就是在进、排气门与气门座之间用煤油通入进、排气管作密封性试验等。

### 6.1.3　发动机主要部件装配

发动机装配包括各组合件装配和总成装配两部分。总装配的步骤，随车型、结构的不同而异，但其原则是以汽缸体为装配基础，由内向外逐段装配。

**1. 缸套的安装**

发动机在更换新的缸套及活塞组时，其新缸套与所取活塞有三组分组配合尺寸，应配对使用以保证合适的缸壁间隙。

1)汽缸套装上新橡胶密封圈后,装进汽缸体,用专用工具压紧。

2)用专用测量工具测量汽缸套相对缸体顶面的凸起量。汽缸套凸起量0.03~0.10 mm,各汽缸套间凸起量差值最大不超过0.05 mm。

3)若汽缸套间凸起量超出范围,则选择合适的钢质或铜质调整片装入缸套下定位止口处,再测量确认其凸起量和各缸差别使其均在允许范围内。缸套凸起如果过多,会造成缸体外部漏水;缸套凸起不足,则会造成缸体内漏(高温、高压气体冲入水道或冷却液进入燃烧室)。

**2. 安装曲轴**

安装的顺序与拆卸顺序相反。但在安装前应注意检查零部件尺寸及配合尺寸、顺序,进行规范化操作。

将汽缸体洗净倒置在工作台上,安装曲轴前先将正时齿轮装上。发动机正时齿轮多用键连接,正时齿轮与轴颈的配合为过渡配合,以保证它们的对中性。安装曲轴时,擦净各道轴承和曲轴轴颈,并涂上一层薄薄的机油。然后,将已装好正时齿轮及飞轮的曲轴组合件安放在轴承内,把各轴承盖按记号装到各轴颈上。

部分发动机因其上轴承有油槽,所以将5道曲轴主轴承的上轴承涂少许润滑油放在轴承座上。把擦净的曲轴平放在轴承上,扣上对应的涂好油的下轴承及轴承盖,1,2,3,5号下轴承无油槽,4号下轴承有油槽,要与有油槽的4号轴承盖配用,3号的上下轴承为止推轴承,止推轴承为翻边轴承,两边设有半圆止推环,老式的止推轴承两侧另有半圆止推环。捷达车为半圆止推环。按规定扭矩依次将主轴承盖螺栓拧紧,最后达65 N·m。轴承全部装好后,用手搬动曲轴臂,曲轴应能转动。

为了适应发动机机件正常工作的需要,曲轴必须留有合适的轴向间隙,间隙过小,会使机件因受热膨胀而卡死;间隙过大,则给活塞连杆组机件带来不正常磨损。用百分表触杆顶在曲轴平衡铁上,前后撬动曲轴,观察表针摆动数值。也可用厚薄规在3号止推轴承处直接检查。为了达到规定的装配技术要求,技术人员需要对发动机总装图、部装图和主要零部件图进行分析,了解每一部分的结构特点、用途和工作性能,了解各零件的工作条件以及零件间的配合要求,从而在制定装配工艺规程时,采取必要措施,使之完全达到图纸要求。对构成发动机总成的零部件图及装配图进行分析还可以发现产品的装配工艺是否合理。确定组成发动机各个零部件的公差,保证它们装配后形成的累积误差不大于发动机按其工作性能所要求的数值。

## 6.2 东风汽车有限公司发动机厂装配车间装配线布局及工艺

### 6.2.1 发动机装配线概述

一条发动机装配线要能够保证发动机的装配技术条件,实现高精度;要保证装配节拍,实现高效率;要多机型同时装配,实现高柔性;要有效地控制装配精度,实现高质量。

发动机装配线尽管具备各种功能,但其最终目的、最基本功能就是保质、保量和按节拍装配出合格的发动机。

新工艺、新技术及新产品的不断涌现,使发动机装配向智能化、数字化和可视化发展,未来的发动机装配线的规划将有更多选择。

汽车发动机装配线主要包括总装线、分装线、工位器具及线上工具等。在总装线和分装线上,目前国内普遍采用柔性输送线输送工件,并在线上配置自动化装配设备以提高效率。柔性输送线主要有摩擦辊道和启停式动力辊道两种形式,输送速度一般为3~15 m/min。

摩擦辊道为连续运行方式,行进速度恒定。输送线上设置停止器,定位准确可靠。线上可配置装配托盘输送工件,托盘可在工位间实现积放,一个工位可积放多个托盘。也可采用特别处理的辊面实现无托盘输送。

启停式输送辊道只在需要输送工件时启动辊道运转,为了启停平稳,通常采用变频电机。工位间无需设置停止器,但每个工位需设置单独驱动,不论是否配置托盘,工件只能按设置好的工位进行积放,其柔性较摩擦辊道差,成本也较摩擦辊道高,但使用寿命长、耗能少,通常用于重型装配线的输送。辊道传动方式为伞齿轮或链传动,采用减速电机驱动,运行稳定可靠,噪声小,基本不需日常维护。辊道纵梁可采用铝合金材料或钢板制成,并敷设盖板及外罩板,专机工位设置护网,整线外表美观。

发动机托盘的使用,可适应多品种机型装配需要,操作灵活,并符合人机工程的需要。

装配线上的自动化设备主要有自动打号机、拧紧机、自动翻转机以及其他专用装配设备等,可大大提高装配线的装配能力。

### 6.2.2 装配线布局

发动机装配的生产线布局一般型式有直线型和回转型等。为了减少车间长度,多采用回转型的布局形式。

东风汽车有限公司发动机厂的发动机装配线主要有:缸盖装配线、发动机内装线、发动机外装线和一些部件装配线,如图6.1所示。3条主要装配线均采用了回转型的布局形式,缸盖和发动机的内装采用辊道输送方式,而外装线采用悬挂式输送方式。

### 6.2.3 装配工艺过程简介

**1.内部件装配过程**

缸体总成上线打号→缸体上内装线→装曲轴后油封、主轴瓦→装配曲飞离总成→安装主轴承盖并拧紧至规定力矩→装离合器壳、分离叉→装活塞连杆总成→拧紧连杆螺栓至规定力矩→装曲轴正时齿轮→装机轴滤清器总成→装正时齿轮室→装凸轮轴及正时齿轮总成(对准曲轴凸轮正时齿轮上的正时标记)→装挡油环→装正时齿轮室盖及油封总成→装发动机悬置→装油底壳→转外部件装配。

**2.外部件装配过程**

装扭转减震器→装挺杆体→装汽缸垫→吊装缸盖总成→拧紧缸盖螺栓至规定力矩→装顶杆→装摇臂轴总成→拧紧力矩紧固→装机油泵传动轴→调节气门间隙(初调)→装入火花塞→装汽缸罩→装推杆室盖(带曲轴箱强制通风管)→装空压机总成、皮带→装进回油管→装水泵总成→装风扇皮带轮→装进排气管总成→装曲轴箱通风单向阀(接曲轴箱通风管)→装水管总成(带节温器)→装发电机支架→吊装发动机上喷漆悬链。

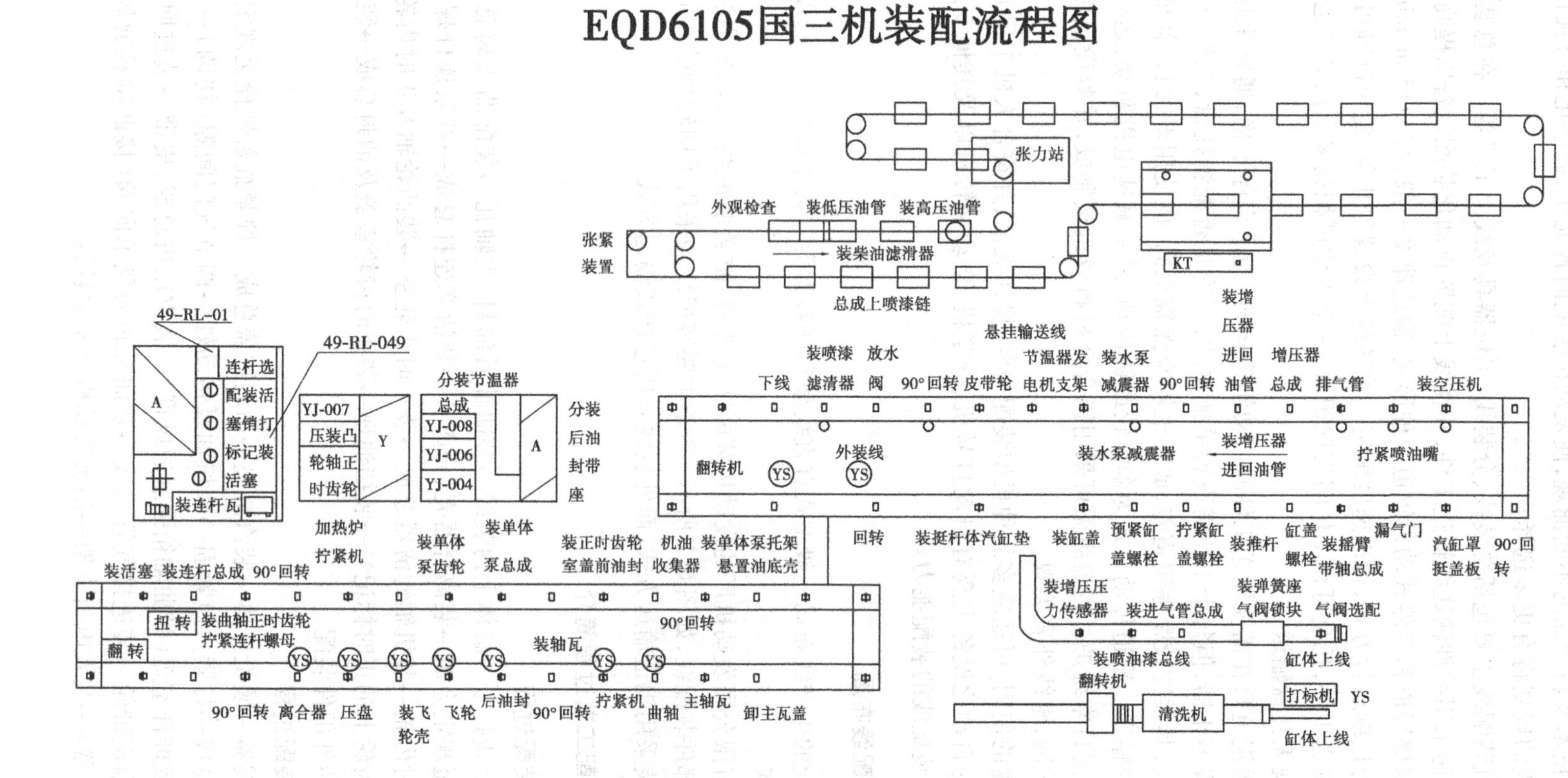

图6.1　东风汽车有限公司发动机厂的发动机装配线

**3. 喷漆悬链装配**

上喷漆悬链线→安装小循环管路→喷漆房喷漆—烘干→装起动机→装交流发电机、皮带→装化油器总成→装机油滤清器(初滤器)→装汽油泵总成→装汽油管路→装分电器→装真空管→下线装车→送至汽油机试验站。

**4. 总成分装**

曲轴、飞轮、离合器总成分装:装飞轮、轴承、从动盘及压盘总成,曲飞离总成动平衡试验。

活塞连杆总成分装:配选与缸径相配合的活塞、安装连杆、活塞销(压装)、锁止环、活塞环、安装连杆大头轴瓦。

凸轮轴及正时齿轮总成分装:装隔圈、半圆键、止推凸缘、正时齿轮(液压机压装)、紧固螺母(拧紧力矩)。

正时齿轮室盖及油封总成分装:压入油封组件(液压机压装)。

出水管总成分装:装节温器、衬垫、大循环接头、紧固螺母。

缸盖及气门总成分装:安装气门、气门油封、气门弹簧、气门锁夹、气门上下座。

**5. 发动机调试(调试、装配、补漆入库、复试)**

1)调试:对发动机进行出厂前的各项指标的测试及部分零部件的调整。

天车吊置试验台架→接好水路、油路、电路→点火起动发电机→查看三路、异响→调节气门间隙(用塞尺微调)→调试点火正时(用点火枪)→测取油压→调试合格。

2)装配:对发动机部分镀锌件和不宜喷漆的零部件在试后进行装配;装变速箱→装离合器分泵→装机油标尺→装风扇→装空气滤清器→机油滤清器(细滤器)→上铭牌。

3)补漆入库:发动机调试合格后,对某些部位进行补漆,吊装入库,按市场所需机型归类发货。

4)复试:对发动机台架实验过程中有问题的发动机修理后再进行调试检测。

## 6.3　发动机装配工艺设备

发动机装配工艺装备主要分为5个类型:总成和分总成装配线、移载翻转设备、自动拧紧设备、专用装配设备和检测设备等。

柔性装配线的应用为确保产品高质量、高生产率的专用装配机创造了条件。在轿车发动机装配中普遍地采用了定扭矩的多头螺栓(母)扭紧机(也称装配机)。拧紧方法采用控制扭矩-转角法,这种方法是目前世界上最先进的方法。此外还采用气门自动装配机、装配机械手、自动涂胶机等设备,这些设备的采用使国内发动机装配技术水平接近了国外先进水平。

在轿车发动机装配中,一些重要的结合面(如油底壳、水泵壳等与缸体结合面),采用了涂密封胶新工艺,取代结合面间的垫片,既简化了生产工艺,又提高了密封质量。发动机装配主要设备和目前国内制造水平见表6.1。

表6.1　发动机装配主要设备和目前国内制造水平

| 序　号 | 设备名称 | 国内制造水平 |
|---|---|---|
| 1 | 发动机总成非同步装配线 | 能够设计制造,但质量不过关,使用寿命短,目前使用的该类设备以引进为主 |
| 2 | 缸盖非同步装配线 | |
| 3 | 活塞连杆非同步装配线 | |
| 4 | 气门锁夹压装机 | |
| 5 | 火花塞导管压装机 | 国内能够设计制造,并且质量可靠,但目前没有专业生产厂,生产分散,影响设备整体水平提高,目前使用的该类设备以国内制造为主 |
| 6 | 活塞环装配机 | |
| 7 | 活塞销压装机 | |
| 8 | 缸体翻转机 | |
| 9 | 活塞插入横转台 | |
| 10 | 翻转移载机 | |
| 11 | 发动机编号打印机 | |
| 12 | 主轴承盖螺栓拧紧机 | 能够设计制造,但质量不过关,故障率高 |
| 13 | 连杆螺栓拧紧机 | 目前国内一些厂为节约投资采用关键的拧紧头引进,机身部分自行制造,基本能满足使用要求。目前使用的该类设备95%以上为引进 |
| 14 | 油底壳螺栓拧紧机 | |
| 15 | 缸盖螺栓拧紧机 | |
| 16 | 飞轮螺栓拧紧机 | |
| 17 | 油底壳和后油封涂胶机 | 够设计制造,但质量不过关、故障率高 |
| 18 | 曲轴回转力矩检测机 | 目前国内一些厂为节约投资采用关键的密封测能试元件引进,机身部分自行制造,基本能满足使用要求。目前使用的该类设备95%以上为引进 |
| 19 | 气门及导管密封性检测机 | |
| 20 | 发动机总成密封性检测机 | |
| 21 | 气门间隙调整机 | |

## 6.4　发动机装配线上的检测设备

为确保发动机产品质量,装配结束后应进行发动机总成试验,以验证发动机各项技术指标是否符合出厂标准,暴露装配质量问题和零部件质量问题,发现问题之后,需要返修、拆装、换件、重试等。以装配过程中的各种检测工序部分取代和完全取代发动机装配完成后所进行的总成试验,可及早发现各种质量问题,大大缩短发动机总成试验时间,从而大大节约试验面积和试验设备,减少返修工作量,确保产品质量。实现装配过程中的检测需要专用的装配检测设备,这些设备有完成检测一道或几道装配工序的功能,有些设备还附带有自动装配功能和零件检测功能。装配检测设备与冷加工自动生产线上的检测设备一样可直接串联在生产线中,也可以放在线外,通过一定的机械与生产线连接起来。

装配过程一般把发动机装配质量问题归结为松、漏、响、脏、错和紧6个字。松，即螺钉螺母拧得太松或太紧；漏，即漏水、漏油、漏气或渗漏；响，即发动机各摩擦副异响和发动机噪声超标；脏，即发动机清洁度超标；错，即零件错装漏装，在多品种混流装配时此类质量问题较多；紧，即发动机各对摩擦副摩擦阻力或摩擦阻力矩超差。针对上述发动机装配中常见的质量问题有各种各样的检测设备，下面将逐项作一介绍。

### 6.4.1　自动定值电动扳手

螺栓螺母是将各零件装配在一起的主要手段，但螺栓螺母松动也是主要的装配质量问题之一。以往为了防止紧固件松动，在拧紧螺钉之后用力矩扳手进行抽检，检查其是否达到规定的紧固力矩，但是这种检查方法必须破坏螺栓螺母原先的紧固状态。在再一次拧紧或松开的一瞬间才能读出数值，测量误差太大。自动定值电动扳手是在拧紧螺栓的同时检测拧紧力矩，当力矩达到预定值时就自动停止转动。随着现代拧紧理论的发展，定值电动扳手还可以根据需要在拧紧的过程中不但控制拧紧力矩，还能控制拧紧的角度或者扭矩和转角的变化率，以及控制材料的屈服点等。如图6.2所示，它的工作原理是在电动马达A和扳手头D之间装有力矩传感器B和角度传感器C，后两个元件将拧紧力矩和扳手头的转动角度传给控制柜E，由电脑对这些信号进行处理后来控制电动马达转动。整个过程是拧紧、检测、比较、再拧紧、再检测、再比较，直到达到规定的力矩值、转角或屈服点为止。目前最先进的定值电动扳手力矩精度能达到±1%，角度精度达到±1°。这种扳手还能组装成多头形式由微机控制，可以实现分批按顺序重复拧紧松开等特殊要求，同时还能发现不合格螺栓、螺纹孔等零件质量问题，特别适用于发动机缸盖螺栓、连杆螺母等的拧紧，是一种极有前途的螺栓装配兼拧紧检测设备。

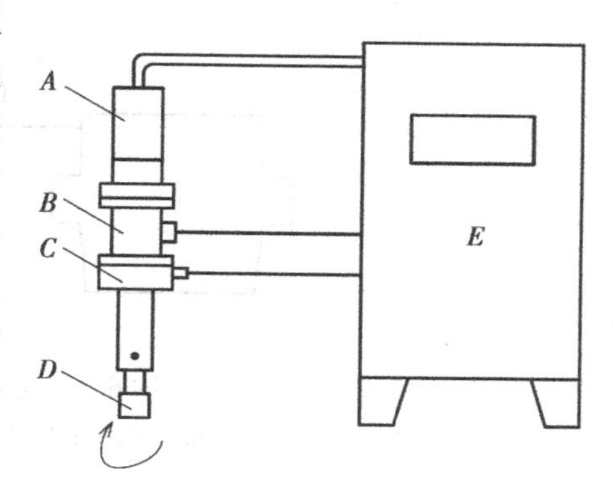


图6.2　自动定值电动扳手原理示意图
A—马达；B—力矩传感器；C—角度编码器；
D—扳手头；E—控制柜

### 6.4.2　试漏机

在各密封件装完之后，立即用各种试漏机检查漏水、漏气及漏油是保证装配质量减少总成返修的好方法。试漏机不但能检查装配质量，还能间接发现密封元件的某些缺陷，其主要用于检查水腔、油腔、缸筒等在橡胶密封件以及气门和活塞环等装配之后的泄漏情况。试漏机的工作原理是向待检的密封腔内通入一定量的压缩空气，由压力传感器和计时装置检测压力下降的速度，确定是否渗漏。

图6.3是某发动机油腔试漏机原理示意图。试验时打开电控阀门C，向A腔通入压缩空气，当压力达到规定值后，关闭阀门C，计时装置开始计时，在经过一定时间之后电脑将A腔压力值与规定值相比较，大于压力规定值的是合格品。

图6.4所示为发动机气门密封试漏机工作原理图。CT1和CT2为可关闭进气口和排气口的电控阀，CT3为可关闭下堵盖的电控阀。检测时，首先将侧堵盖和下堵盖压在发动机缸盖上，形成封闭待测腔。然后接通CT3，计时器开始计时，同时将定压压缩空气通入各缸燃烧室，

过一定时间后关闭 CT3,压力传感器将腔内压力值输入计算机,在规定的一段时间后,燃烧室内压力值大于规定值的则认为气门密封合格。反之,测漏机自动进入下一个判断程序,同时打开 CTI 和 CT2,让进气口和排气口与大气相通,计算机将各燃烧室的压力值与规定值进行比较判别,分清哪个进排气门漏,再通过 CTI 和 CT2 向进排气孔里通入定压压缩空气,重复检测压力值,确定哪个阀杆油封渗漏,最后计算机发出综合指令通过机械动作和电声信号,指出渗漏的气门和阀杆油封,这种气门试漏机不但能测出渗漏的气门和油封,还能测出缸盖的砂眼渗漏。

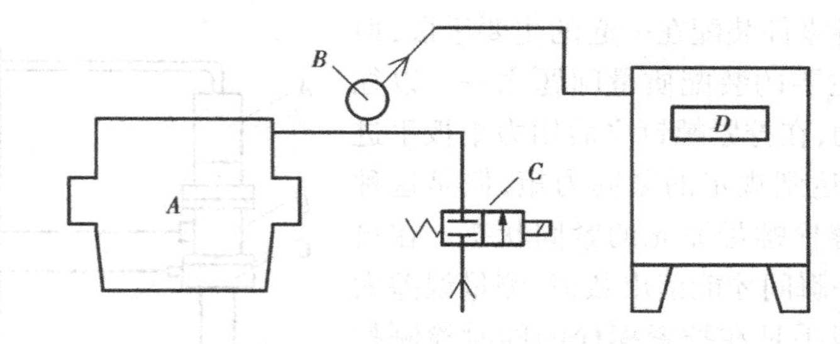


图 6.3　发动机油腔试漏机原理示意图

*A*—被检油腔;*B*—压力传感器;*C*—电控阀;*D*—控制柜

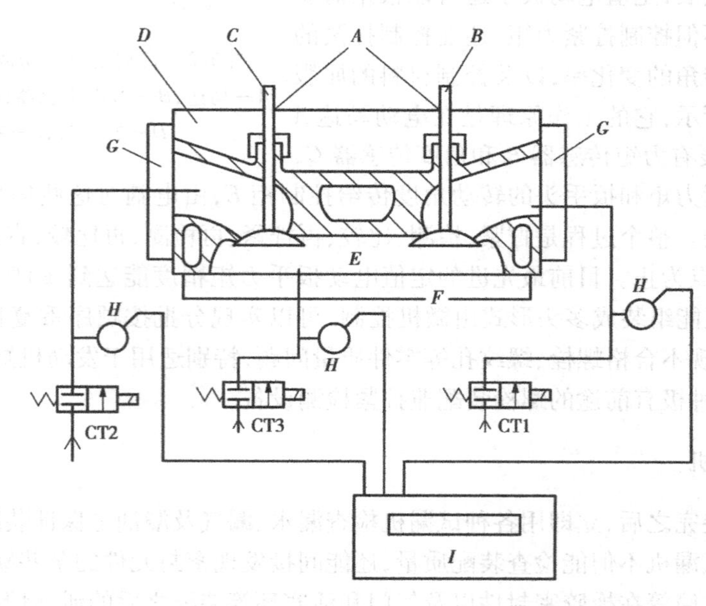


图 6.4　气门密封试漏机原理简图

*A*—阀杆油封;*B*—进气门;*C*—排气门;*D*—汽缸盖;*E*—燃烧室;

*F*—下堵盖;*G*—侧堵盖;*H*—压力传感器;*I*—控制箱

### 6.4.3　发动机装配管理系统

“错装漏装”是现代发动机厂多品种混流生产中常见多发问题。为解决这个问题除提高装配工技术水准及责任心外,发动机管理系统的采用使错装漏装的频次降到了最低限度,即使发生错装漏装也能尽早发现并及时纠正,把返修拆装工作量降到合理的范围。

发动机管理系统主要分为以下几个部分:计算机、信息载体、信息拾取设备、信息写入装置及信息传输手段。发动机管理系统的核心是计算机。工作人员预先将当天装配线所要装的各种发动机有关信息输入计算机,在发动机上或者在发动机的输送夹具上有一个信息存储器,在发动机装配线的第一个工位上,信息写入设备根据计算机指令将该台发动机的编号、种类、特殊装配要求等写入信息存储器,以后在每一个相应工位上信息读取装置读取有关信息后校对上一道工序的装配情况,指令本工位工人或自动装配机正确工作,然后将本工位装配情况和检测数据写入信息存储器供以后的有关工位使用。在每一个关键工位,支线末端的修理工位及发动机装配检测设备上都有信息读取和写入装置,并与发动机管理系统的主机计算机联网,计算机根据既定程序适时监控全线装配及检测情况,一旦出现异常情况立刻发出警报,通知管理人员及时处理。发动机管理系统的使用,解决了多品种混流生产中错装漏装问题,同时在装配结束之后将每台发动机的装配和检测信息汇总整理归档就成为发动机的档案。将成批发动机的档案进行统计分析,找出规律以指导加工和装配。尽管这样的发动机管理系统有许多优点,但投资大、操作人员素质要求高。目前,已有以机械与电子相结合利用条形码、机械形位码作为信息载体的发动机管理系统。国内已有类似的系统,具有投资小及简单实用的优点。

### 6.4.4　冷拖试验机

冷拖试验机是相对热试发动机而言的,它是用外界的动力拖转发动机,检验发动机在一定拖动转速下的各项技术参数。此时发动机不点火工作,机身是冷的。冷试一般安排在发动机内腔件全部装完,缸盖罩盖和机油盘装好,发动机已成封闭状态但外部零件尚未安装时进行。

发动机进入冷试机后各种管线都接上,由电机或油马达,或其他动力将发动机拖转到一定转速,设备自动检测下列项目:曲轴起动力矩和在一定转速下的力矩、缸体温度、曲轴和凸轮轴正时、机油泵压力、油温、机油流量、轴承间隙、进气真空度、排气压力等。通过上述项目的检查,不但能查出装配质量问题,而且通过统计分析还能判断出零件加工存在的问题。

### 6.4.5　快速热试机

快速热试机是一种全新概念的新型发动机试验设备,其主导思想是发动机的质量主要靠各零部件加工质量保证,不需要通过较长时间的热试来暴露问题。采用快速热试机试验一台发动机仅需 170 s,包括发动机自动进出热试机及装接各种管路和传感器的时间。检测项目有:发动机转速、机油压力和温度、缸体温度、水温、恒温器全开温度、水腔泄漏、油腔泄漏、点火正时、后端震动、进气真空度、排气压力、二次电压、失火率、润滑油流量、曲轴箱压力(活塞漏气)等并附带油路清洗。任何一项参数超过工艺规定值,测试机会自动判定该发动机不合格,必要时会自动中断热试过程,确保发动机及设备的安全。全部多工况的试验数据均自动存入电脑,便于分析和查询。

## 思考题

1. 发动机装配生产的布局型式有几种?你在车间现场见到的属于哪种布局型式?
2. 发动机装配生产线上用的输送移动线有哪几类?

3. 发动机装配线的生产节拍是如何确定的？
4. 在发动机装配生产线上用的翻转设备有几种？转位设备有几种？
5. 发动机装配过程有哪些环节进行了装配质量的检验？
6. 发动机装配除了主装配线外还有几条分装线？
7. 发动机曲轴装配是用曲轴的哪个部分进行轴向定位的？用什么方法承受轴向载荷？
8. 现场观察到的检测油路和水道密封查漏是什么方法？
9. 发动机装配中哪些螺栓的拧紧需要对拧紧力矩进行严格控制？
10. 装配缸盖时缸盖螺栓拧紧是否一次完成，拧紧的顺序有何要求？
11. 在活塞装配时，活塞与活塞销采用什么装配方法？
12. 飞轮齿圈的装配采用什么装配方法？
13. 为什么曲轴经过动平衡后，装上了飞轮和离合器后还要进行动平衡测试？
14. 活塞环是如何装到活塞上的，画出所用工装设备的原理。
15. 发动机进气门间隙是如何调整的？
16. 试列出现场发动机装配过程中采用的专用工具。
17. 发动机有哪些装配工序是安排在悬挂输送线上的？为什么？
18. 现场发动机装配物流系统包括哪些？
19. 现场发动机装配线采用的什么控制系统？
20. 发动机装配车间管理有哪些特点？
21. 发动机装配完成后应做哪些检验？
22. 简述发动机测试台的工作原理。

# 第7章 机械加工设备

在一般的机械制造中，机床所担负的工作量，占机器制造总工作量的40%～60%，在一般机械制造企业的主要技术装备中，机床占设备总台数的60%～80%，所以，机床是加工机器零件的主要设备。

全面了解机床的性能、运动、主要结构特点及适用范围是生产实习大纲规定的主要任务之一。学生在实习中应结合各分厂、生产作业部(车间)的具体生产情况对其所使用的典型机床进行重点分析。主要实习要求为：记录现场各种通用机床及数控机床的名称、型号，了解机床的主要技术性能；认真分析机床典型机构特点，掌握机床运动分析的基本方法；了解车间机床布局形式及特点；运用所学知识，分析机床运动实现方案及结构设计特点；将课堂理论知识与实习现场的生产实际结合起来，印证、巩固、拓展所学知识。由于生产实习中学生将面临的机床数量大、类型多、实习内容分散面广，为了便于指导学生实习，本章仅就典型通用机床和数控机床进行介绍。

## 7.1 通用机床

通用机床又称万能机床，可用于加工多种零件的不同工序，加工范围较广，通用性较大，但结构比较复杂，自动化程度低，生产率低，这种机床主要适用于单件小批生产，例如卧式车床、万能升降台铣床、万能外圆磨床等。

### 7.1.1 车削加工设备

车削加工是机械制造中应用最广泛的一类加工方法，车床是应用最广泛的一类机床(往往可占机床总台数的20%～35%)。

车床的种类很多，按其用途和结构不同，主要分为：落地及卧式车床，回轮、转塔车床，立式车床，仿形及多刀车床，单轴自动车床，多轴自动、半自动车床等。此外，还有各种专门化车床，如曲轴与凸轮轴车床等。普通卧式车床是车床中应用最广泛的一种，约占车床总数的60%。

**1. 普通卧式车床**

(1)用途

卧式车床通用性好，常用于加工各种轴类、套筒类、轮盘类零件上的回转表面和回转体的端面,有的车床还可以进行螺纹、孔加工,以及切槽、滚花等。其加工范围如图7.1所示。

(2)机床的运动

卧式车床必须具备以下运动:

① 主运动。车床以工件的旋转运动作为主运动,以其转速 $n$(r/min)表示。主运动是实现切削最基本的运动,其特点是速度高,消耗的功率大。

② 进给运动。刀具的直线移动是车床的进给运动,进给量常以工件每转一转刀具的位移量 $f$(mm/r)表示。进给运动方向可以是平行于工件轴线(纵向进给运动)或垂直于工件轴线(横向进给运动),也可以与工件轴线成一定角度或作曲线运动。进给运动的特点是速度较低,消耗的功率较小。

③ 其他辅助运动。为了将毛坯加工到所需尺寸,车床还具有切入运动。卧式车床的切入运动常与进给运动方向垂直,由工人手动操作刀架来实现。

为了减少空行程时间和减轻工人的劳动强度,有些车床还具有由单独电动机驱动的刀架纵、横向快速移动。重型车床还有尾座的机动快速移动。

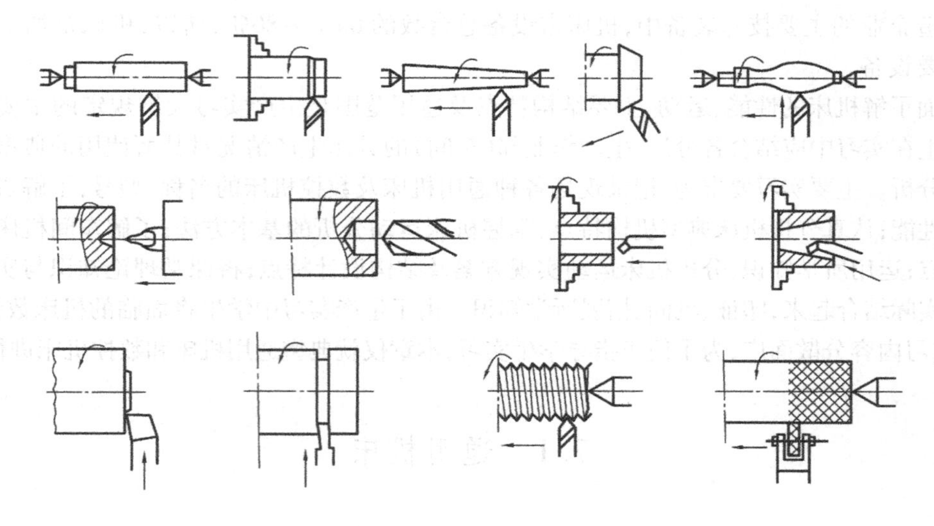

图7.1 卧式车床所能加工的典型表面

(3)机床的总体布局

卧式车床主要由主轴箱、进给箱、溜板箱、刀架、尾座和床身组成,图7.2是CA6140型卧式车床的外形图。主轴箱1固定在床身4的左上方,它的功用是支撑主轴并把动力经主轴箱内的变速传动机构传给主轴,使主轴带动工件按规定的转速旋转,以实现主运动。刀架部件2安装在床身4的中部,用于装夹车刀,沿床身导轨实现纵、横向或斜向运动。尾座3装在床身4右边的尾座导轨上,尾座套筒中可装后顶尖支承长工件,也可以安装钻头、中心钻等刀具进行孔类表面加工。进给箱8固定在床身4的左前侧,内装有进给运动的换置机构,包括变换螺纹导程和进给量的变速机构(基本组和增倍组)、丝杠和光杠的转换机构、操纵机构以及润滑系统等。溜板箱6与刀架2联结在一起作纵向运动,把进给箱传来的运动传递给刀架,使刀架实现纵向和横向进给或快速移动或车削螺纹。床身4固定在左右床腿5,7上,用于安装车床的各个主要部件,使它们保持准确的相对位置或运动轨迹。

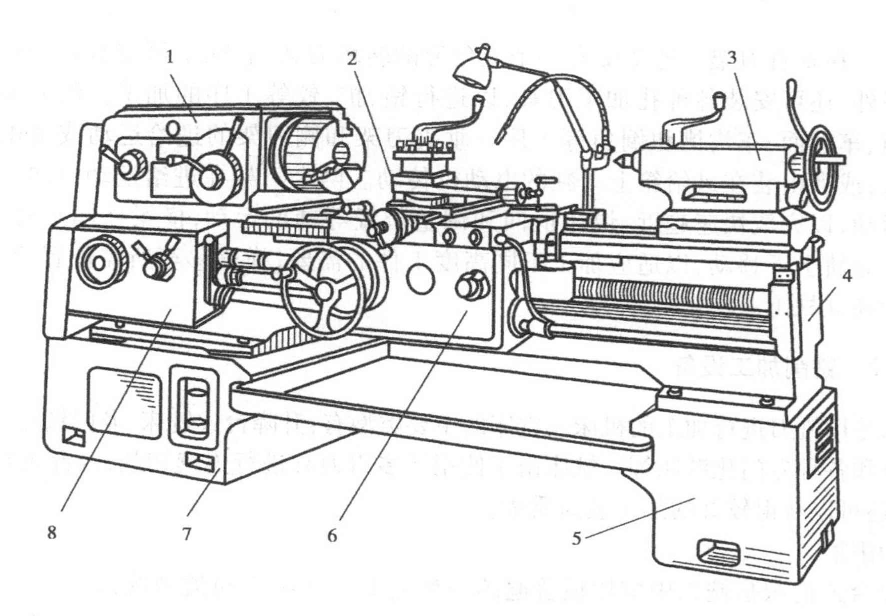


图7.2 CA6140型普通卧式车床外形

1—主轴箱;2—刀架;3—尾座;4—床身;5,7—床腿;6—溜板箱;8—进给箱

**2. 立式车床**

(1)用途

立式车床主要用于加工径向尺寸大而轴向尺寸相对较小,且形状比较复杂的大型或重型零件,是汽轮机、水轮机、重型电机、矿山冶金重型机械制造厂不可缺少的加工设备。立式车床分单柱式和双柱式两种,单柱式立式车床用于加工直径不太大的工件。图7.3是单柱立式车床,它的主轴垂直布置,并有一个直径很大的圆形工作台,供安装工件之用。

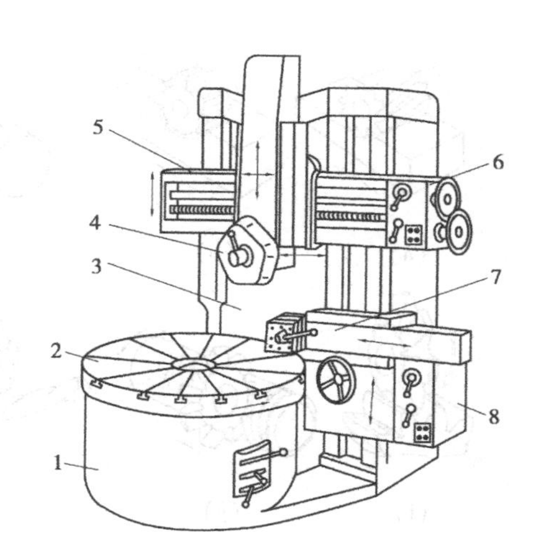


图7.3 立式车床外形

1—底座;2—工作台;3—立柱;4—垂直刀架;5—横梁;6—垂直刀架进给箱;7—侧刀架;8—侧刀架进给箱

(2)机床的运动

工作台带动安装在其上的工件绕垂直轴线的旋转运动为主运动;进给运动由侧刀架、垂直刀架带动刀具的横向和垂直直线移动;除此之外,还有侧刀架、垂直刀架的快进、快退,横梁的上下移动以调整高度位置等辅助运动。

(3)机床的总体布局

如图7.3所示,单柱立式车床具有一个箱形立柱,与底座固定地联成一整体,构成机床的支承骨架。工作台装在底座的环形导轨上,由它带动安装在它的台面上的工件绕垂直轴线旋转,完成主运动。在立柱的垂直导轨上装有横梁5和侧刀架7,在横梁的水平导轨上装有一个垂直刀架4。垂直刀架可沿横梁导轨移动作横向进给,以及沿刀架滑座的导轨移动作垂直进给,刀架滑座可左右扳转一定角度,以便刀架作斜向进给。因此,垂直刀架可用来完成车内外圆柱面、内外圆锥面、车端面以及车沟槽等工序。在垂直刀架上通常带有一个五角形的转塔刀架,它除了可安装各种车刀以完成上述工序外,还可安装各种孔加工刀具,以进行钻、扩、铰等工序的加工。侧刀架7可以完成车外圆、车端面、车沟槽和倒角等工序。垂直刀架和侧刀架的进给运动或者由主运动传动链传来,或者由装在进给箱上单独的电动机传动。两个刀架在进给运动方向上都能作快速调位运动,以完成快速趋近、快速退回和调整位置等辅助运动,横梁连同垂直刀架一起,可沿立柱导轨上下移动,以适应加工不同高度工件的需要,横梁移至所需位置后,可手动或自动夹紧在立柱上。

### 7.1.2 铣削加工设备

铣床是用铣刀进行加工的机床。铣床的主要类型有:升降台式铣床、龙门铣床、工具铣床、仿形铣床和各种专门化铣床等。铣床由于使用了多刃刀具进行连续切削,因此可获得较高的生产率,还可以获得较好的加工表面质量。

(1)用途

升降台式铣床是铣床中应用最普遍的一种类型。使用不同类型的铣刀,配置万能分度头、圆工作台等附件,可以加工平面(水平面、垂直面等)、沟槽(键槽、T型槽、燕尾槽等)、分齿零件(齿轮、链轮、棘轮、花键轴等)、螺旋形表面(螺纹和螺旋槽)及各种曲面等,如图7.4所示。

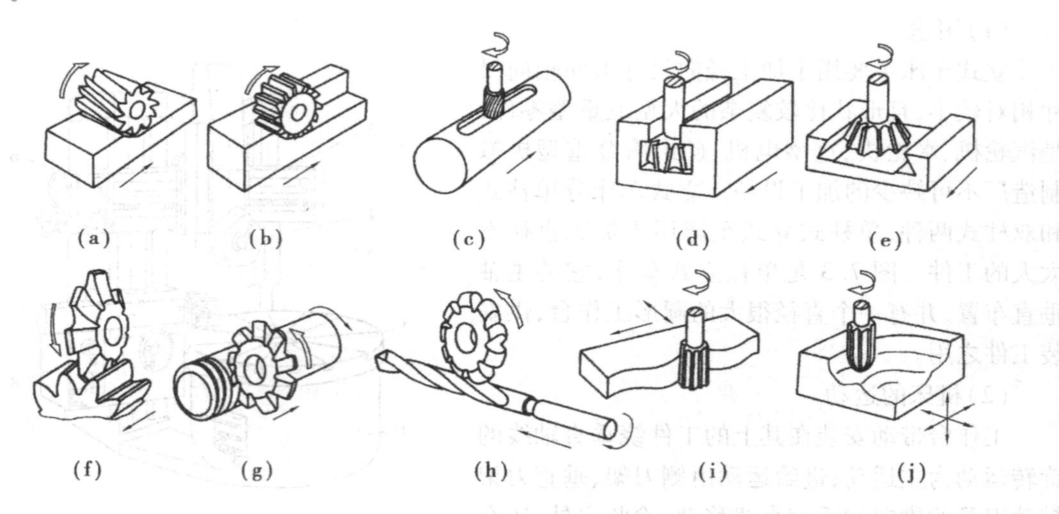


图7.4 铣削加工的典型表面

(2)机床的运动

主轴带动铣刀旋转实现主运动,其轴线位置通常固定不动;工作台可在相互垂直的三个方向上调整位置,并带动工件在其中任一方向上实现进给运动。

(3)机床的总体布局

升降台式铣床根据主轴的布局可分为卧式和立式两种。

①卧式升降台铣床

卧式升降台铣床如图7.5所示,其主轴水平布置。床身1固定在底座8上,床身内装有主轴部件、主运动变速传动机构及其操纵机构等。床身1顶部的燕尾型导轨上装有可沿主轴轴线方向调整其前后位置的悬梁2,悬梁上的刀杆支架4用于支承刀杆的悬伸端。升降台7装在床身1的垂直导轨上,可以上下(垂直)移动,升降台内装有进给电动机,进给运动变速传动机构及其操纵机构等。升降台的水平导轨上装有床鞍6,可沿平行于主轴轴线的方向(横向)移动。工作台5装在床鞍6的导轨上,可沿垂直于主轴轴线的方向(纵向)移动。因此,固定在工作台上的工件,可随工作台一起在相互垂直的三个方向上实现任一方向的进给运动或调整位置。

万能卧式升降台铣床的结构与卧式升降台铣床基本相同,但在工作台5和床鞍6之间增加了一层转盘。转盘相对于床鞍在水平面内可绕垂直轴线在±45°范围内转动,使工作台能沿调整后的方向进给,以便铣削螺旋槽。

卧式升降台铣床配置立铣头后,可作立式铣床使用。

②立式升降台铣床

立式升降台铣床的主轴是垂直布置的,可用端铣刀或立铣刀加工平面、斜面、沟槽、台阶、齿轮、凸轮等表面。图7.6所示为常见的一种立式升降台铣床,其工作台3、床鞍4及升降台5的结构与卧式升降台铣床相同。铣头1可根据加工要求在垂直平面内调整角度,主轴2可沿其轴线进给或调整位置。

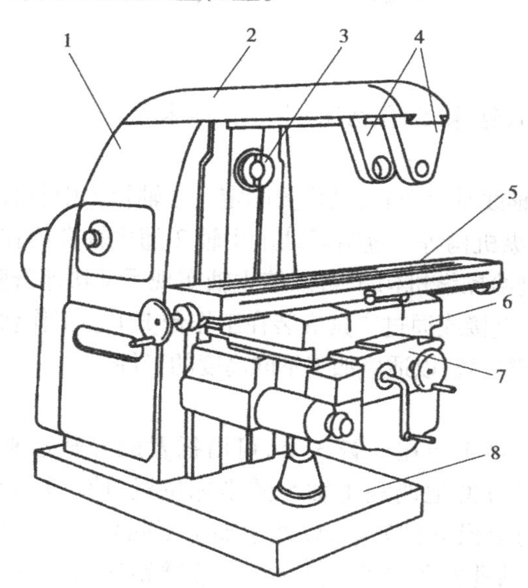


图7.5 卧式升降台铣床

1—床身;2—悬梁;3—主轴;4—刀杆支架;5—工作台;6—床鞍;7—升降台;8—底座

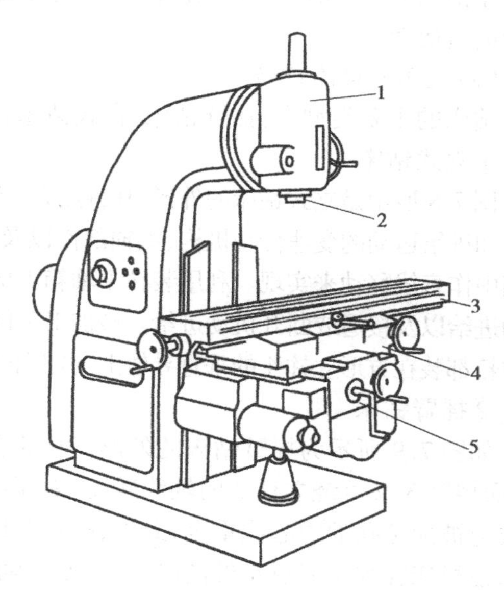


图7.6 立式升降台铣床

1—铣头;2—主轴;3—工作台;4—床鞍;5—升降台

### 7.1.3 孔加工设备

孔是各种机器零件上最多的几何表面之一,孔加工的方法很多,常用的有:钻孔、扩孔、铰孔、锪孔、镗孔、磨孔,除此之外,还有金刚镗、珩磨、研磨、挤压以及孔的特种加工等。

**1. 钻床**

(1)用途

钻床是一种孔加工机床,它一般用于加工直径不大、精度要求不高、没有对称回转轴线的工件上的孔。其主要加工方法是用钻头在实心材料上钻孔,此外还可在原有孔的基础上扩孔、铰孔、锪平面、攻螺纹等加工。钻床的加工方法如图7.7所示。

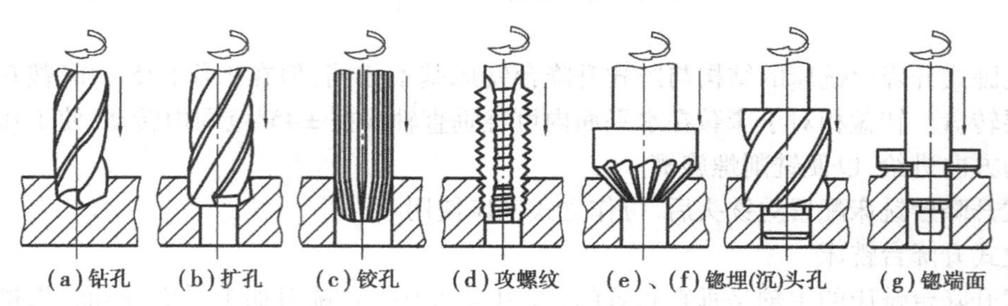


图7.7 钻床的加工方法

(2)机床的运动

在钻床上加工时,工件固定不动,主运动是刀具(主轴)的旋转,刀具(主轴)沿轴向的移动即为进给运动。

(3)机床的总体布局

钻床的主要类型有:摇臂钻床、台式钻床、立式钻床、深孔钻床、中心孔钻床等。

①立式钻床

图7.8所示是立式钻床的外形,其特点为主轴轴线垂直布置,且位置固定。主轴箱3中装有主运动和进给运动的变速传动机构、主轴部件以及操纵机构等。进给运动由主轴2随主轴套筒在主轴箱中作直线移动来实现。利用装在主轴箱上的进给操纵机构5,可以使主轴实现手动快速升降、手动进给以及接通或断开机动进给。被加工工件可直接或通过夹具安装在工作台1上。工作台和主轴箱都装在方形立柱4的垂直导轨上,可上下调整位置,以适应加工不同高度的工件。

②摇臂钻床

如图7.9所示为摇臂钻床的外形。它的主轴箱4装在摇臂3上,可沿摇臂的导轨水平移动,而摇臂3又可绕立柱2的轴线转动,因而可以方便地调整主轴5的坐标位置,使主轴旋转轴线与被加工孔的中心线重合,此外,摇臂3还可以沿立柱升降,以便于加工不同高度的工件。为保证机床在加工时有足够的刚度,并使主轴在钻孔时保持准确的位置,摇臂钻床具有立柱、摇臂及主轴箱的夹紧机构,当主轴位置调整完毕后,可以迅速地将它们夹紧。底座1上的工作台6可用于安装尺寸不大的工件,如果工件尺寸很大,可将其直接安装在底座上,甚至就放在地面上进行加工。摇臂钻床适用于单件和中、小批量生产中加工大、中型零件。

**2. 镗床**

镗床主要是用镗刀镗削工件上已铸出或已钻出的孔。除镗直径较大的孔(一般 $D$ 为80~100 mm)、内成形面或孔内环槽等外,大部分镗床还可以进行铣削、钻孔、扩孔、铰孔等工作。

镗床的主要类型有卧式镗床、坐标镗床和金刚镗床等。卧式镗床的加工方法如图7.10所示。图(a)所示为用装在镗轴上的悬伸刀杆镗孔,图(b)所示为利用长刀杆镗削同轴线上的两孔,图(c)所示为用装在平旋盘上的悬伸刀杆镗削大直径的孔,图(d)所示为用装在镗轴上的端铣刀铣平面,图(e)和(f)所示为用装在平旋盘刀具溜板上的车刀车内沟槽和端面。

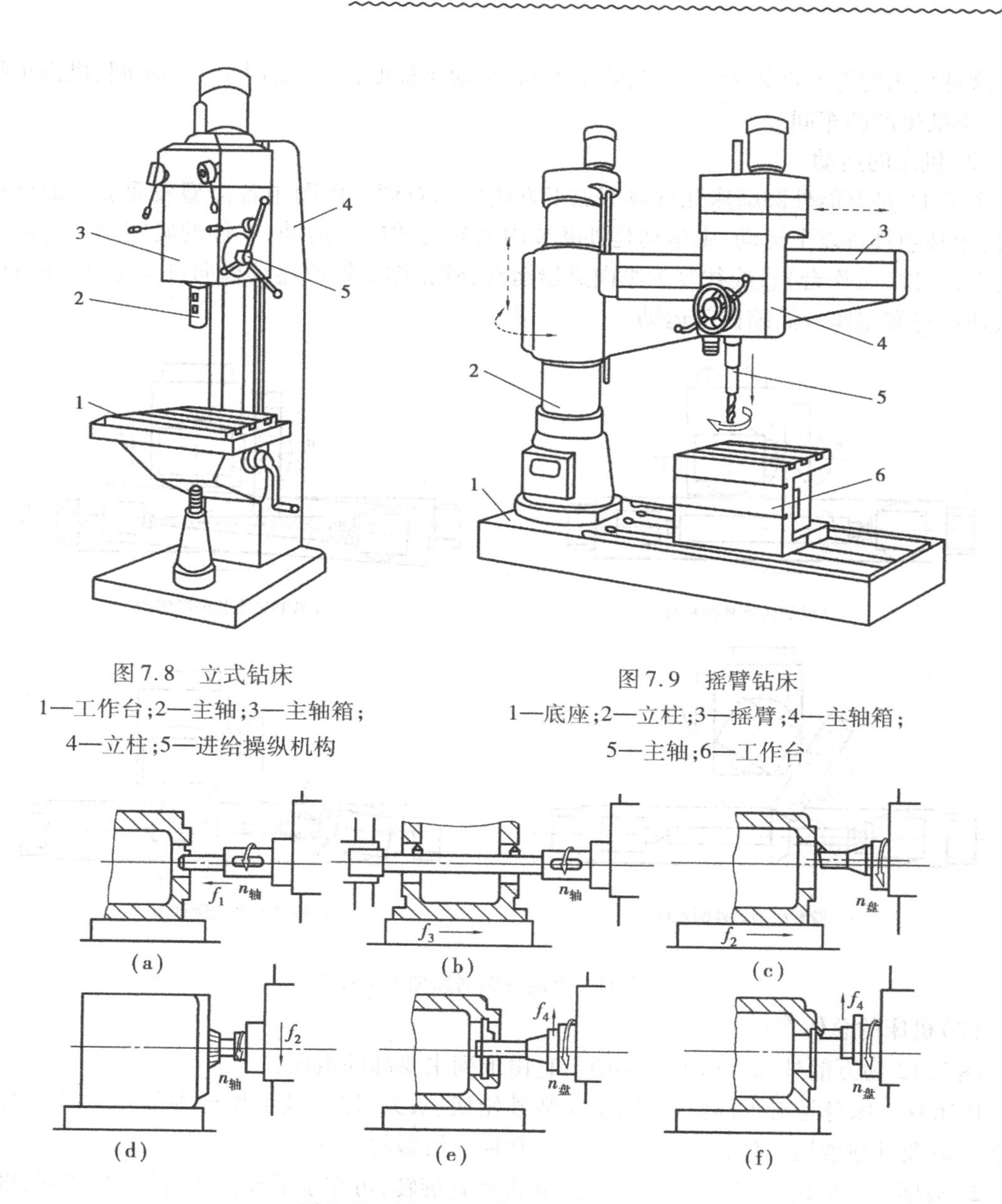


图7.8 立式钻床
1—工作台;2—主轴;3—主轴箱;
4—立柱;5—进给操纵机构

图7.9 摇臂钻床
1—底座;2—立柱;3—摇臂;4—主轴箱;
5—主轴;6—工作台

图7.10 卧式铣镗床的典型加工方法

### 7.1.4 磨削加工设备

磨削加工是一种多刃高速切削加工方法,主要用于零件的精加工,尤其是淬硬钢和高硬度特殊材料零件的精加工。磨床可以加工内外圆柱面、圆锥面、平面、渐开线齿廓面、螺旋面以及成形面,还可以刃磨刀具和进行切断等工作,其应用范围十分广泛。磨床的种类繁多,主要类型有:内、外圆磨床、平面磨床、工具磨床、刀具刃磨机床以及各种专门化磨床。

**1. 万能外圆磨床**

(1)用途

万能外圆磨床主要用于磨削圆柱形或圆锥形的外圆和内孔,也可磨削阶梯轴的轴肩及端面。这种机床的万能性较大,但磨削效率不高,自动化程度较低,适用于工具车间、机修车间和单件、小批生产的车间。

(2)机床的运动

图7.11是万能外圆磨床几种典型加工方法的示意图。由图中各典型表面加工的分析可知,机床必须具备以下运动:主运动是外磨或内磨砂轮的旋转运动;工件的旋转运动为圆周进给运动,工件(工作台)直线往复为纵向进给运动,砂轮作周期或连续横向进给运动;还有砂轮架快速进退和尾座套筒缩回等运动。

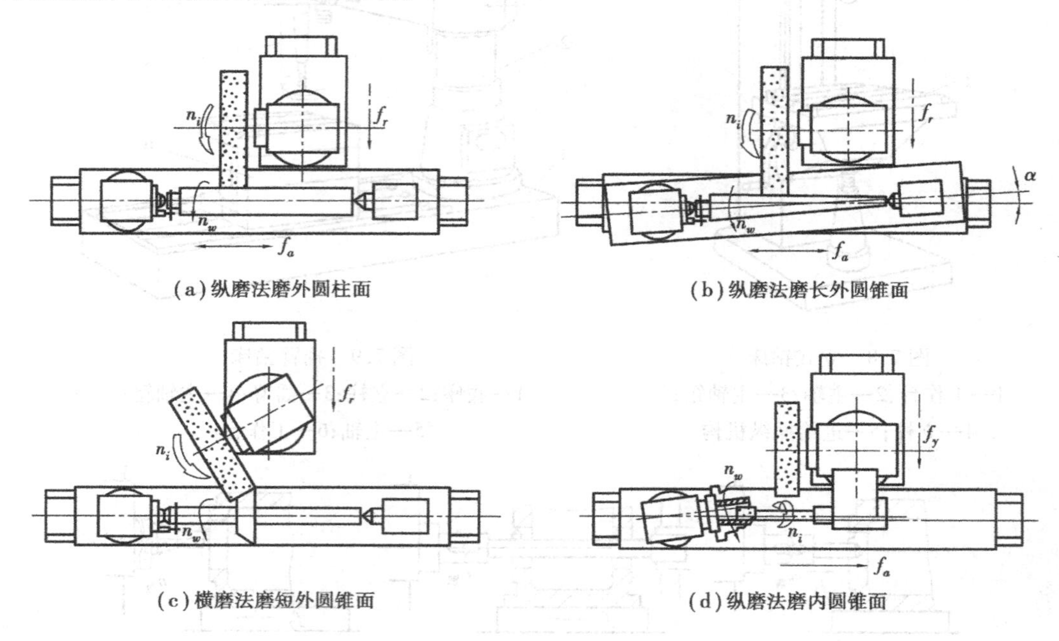


图7.11　万能外圆磨床加工示意图

(3)机床的总体布局

图7.12为万能外圆磨床的外形图。它由下列主要部件组成:

1)床身　床身是支承部件,并用于安装砂轮架、头架、尾座及工作台等部件。床身内部装有液压缸及其他液压元件,用来驱动工作台和横向滑鞍的移动。

2)头架　头架用于安装及夹持工件,并带动其旋转,可在水平面内逆时针方向转动90°。

3)工作台　工作台由上下两层组成,上工作台可相对于下工作台转动很小的角度(±10°),用来磨削锥度不大的长圆锥面。上工作台顶面装有头架和尾座,它们随工作台沿床身导轨作纵向往复运动。

4)内圆磨装置　内圆磨装置用于支承磨内孔的砂轮主轴部件,由单独的电动机驱动。

5)砂轮架　砂轮架用于支承并传动高速旋转的砂轮主轴。砂轮架装在滑鞍上,当需磨削短圆锥时,砂轮架可在±30°内调整角度位置。

6)尾座　尾座和头架的顶尖一起支承工件。

**2. 普通外圆磨床**

普通外圆磨床与万能外圆磨床的结构基本相同,不同之处在于这类磨床的砂轮架和头架都不能像万能外圆磨床那样绕其垂直轴线调整角度。此外,头架主轴不能转动,机床又没有内圆磨具。因此，工艺范围较窄，只能磨削外圆，但生产率较高，也较易保证磨削质量。

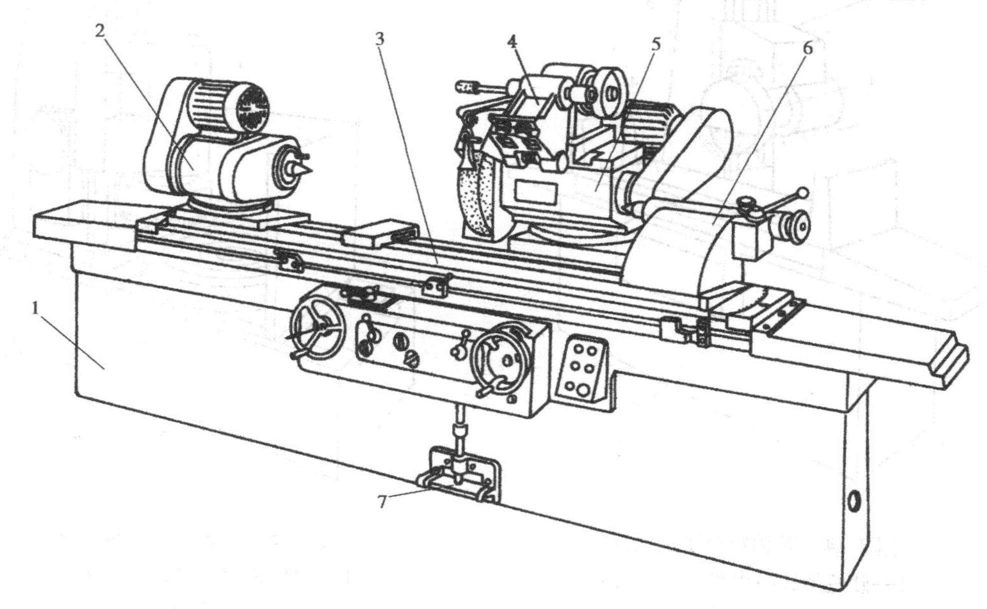


图7.12　万能外圆磨床

1—床身；2—头架；3—工作台；4—内圆磨装置；5—砂轮架；6—尾座；7—脚踏操纵板

### 3. 普通内圆磨床

普通内圆磨床用于磨削各种圆柱形或圆锥形的通孔、盲孔和阶梯孔。图7.13所示为一种普通内圆磨床的布局型式。磨床的砂轮架安装在工作台上，随工作台作纵向进给运动，横向进给运动由砂轮架实现，工件头架可绕其垂直轴线调整角度，以便磨削锥孔。

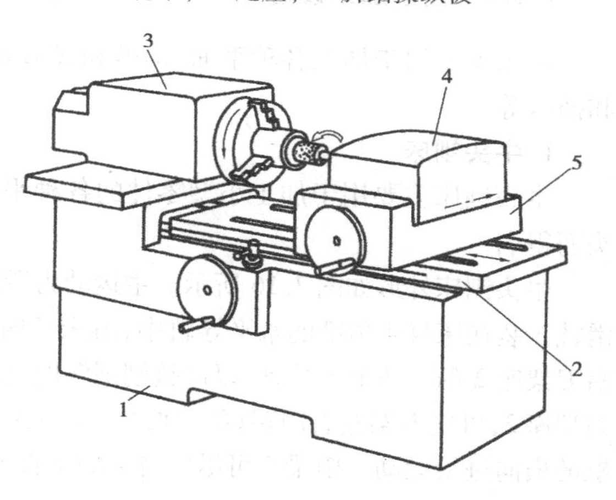


图7.13　普通内圆磨床

1—床身；2—工作台；3—头架；4—滑座

### 4. 平面磨床

平面磨床主要用于磨削各种工件的平面。根据磨削方法和机床布局不同，主要有4种类型：卧轴矩台型、卧轴圆台型、立轴矩台型和立轴圆台型。其中，应用较多的是卧轴矩台式和立轴圆台式平面磨床。

图7.14所示是一卧轴矩台平面磨床的外形（砂轮架移动式）。工作台4只作纵向往复运动，而由砂轮架1沿滑鞍2上的燕尾型导轨移动来实现周期的横向进给运动，滑鞍和砂轮架一起可沿立柱3的导轨垂直移动，完成周期的垂直进给运动。

图7.15所示是一立轴圆台平面磨床的外形。圆形工作台4除了作旋转运动实现圆周进给外，还可以随床鞍5一起沿床身3的导轨纵向快速运动，以便装卸工件。砂轮架可作垂直快速调位运动，砂轮主轴轴线的位置，可根据加工要求进行微量调整，使砂轮端面和工作台台面平行或倾斜一个微小的角度。

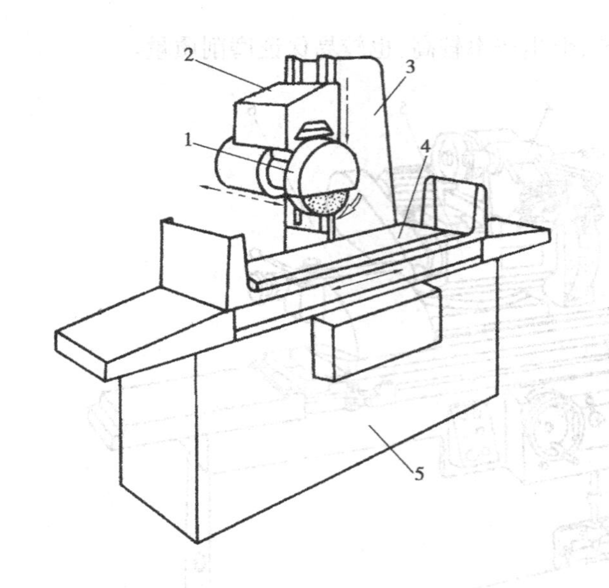


图 7.14　卧轴矩台平面磨床

1—砂轮架;2—滑鞍;3—立柱;

4—工作台;5—床身

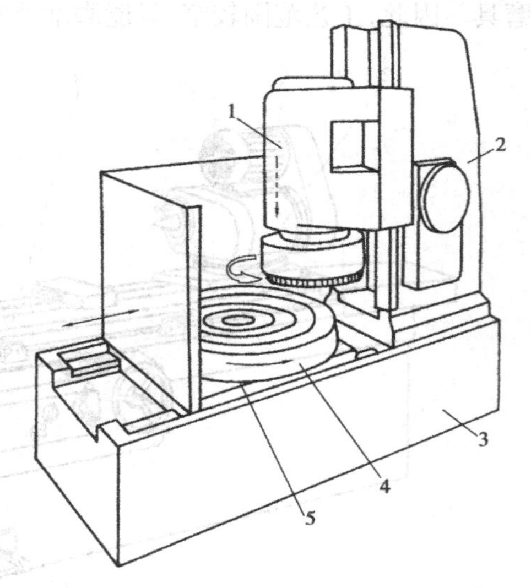


图 7.15　立轴圆台平面磨床

1—砂轮架;2—立柱;3—床身;

4—工作台;5—床鞍

### 7.1.5　刨削加工设备

刨床主要用于加工各种平面、沟槽和成形表面。常见的刨床类机床有牛头刨床、龙门刨床和插床等。

**1. 牛头刨床**

牛头刨床主要用于加工小型零件的各种平面和沟槽,因其主要部件之一——滑枕形似牛头而得名。

牛头刨床外形如图 7.16 所示。主运动为滑枕 3 带动刀具在水平方向所作的直线往复运动。滑枕 3 装在床身 4 顶部的水平导轨中,由床身内部的曲柄摇杆机构传动实现主运动。刀架 1 可沿刀架座 2 的导轨上下移动,以调整刨削深度,也可在加工垂直平面和斜面时作进给运动。调整刀架座 2,可使刀架左右回转 60°以便加工斜面或斜槽。加工时,工作台 6 带动工件沿横梁 5 作间歇的横向进给运动。横梁 5 可沿床身 4 的垂直导轨上下移动,以调整工件与刨刀的相对位置。

**2. 龙门刨床**

龙门刨床主要用于加工大型或重型零件上的各种平面、沟槽和各种导轨面,也可在工作台上一次装夹数个中小型零件进行多件加工。应用龙门刨床进行精细刨削可得到较高的平直度和较低的表面粗糙度。

龙门刨床的外形如图 7.17 所示。它由顶梁 4、左右立柱 3 和 7、床身 10 组成的“龙门”式框架、工作台 9、横梁 2、垂直刀架 5 和 6、侧刀架 1 和 8 等主要部件所组成。其主运动是工作台 9 沿床身 10 的水平导轨所作的直线往复运动。横梁 2 上装有两个垂直刀架 5 和 6,可在横梁导轨上沿水平方向作进给运动。横梁 2 可沿左右立柱的导轨上下移动,以调整垂直刀架的位置,加工时由夹紧机构夹紧在两个立柱上。左右立柱上分别装有左右侧刀架 1 和 8,可分别沿立柱导轨作垂直进给运动,以加工侧面。

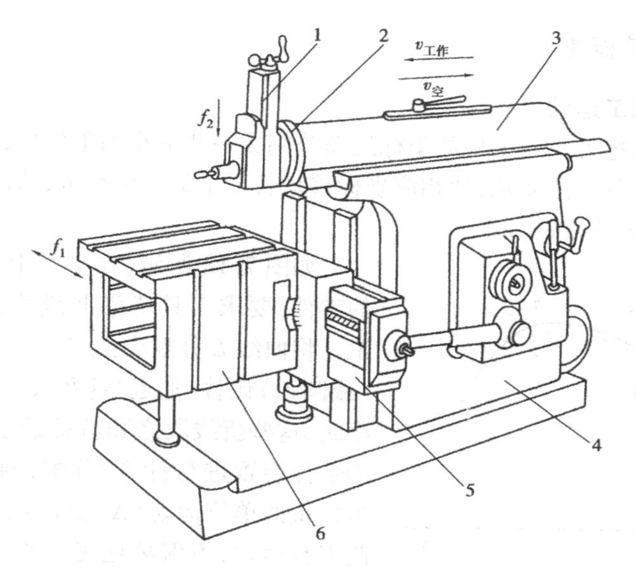


图7.16 牛头刨床

1—刀架;2—刀架座;3—滑枕;4—床身;5—横梁;6—工作台

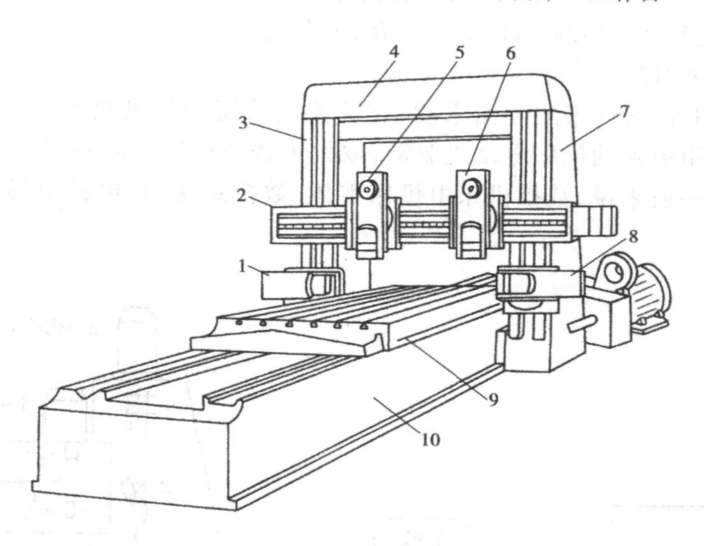


图7.17 龙门刨床

1,8—左、右侧刀架;2—横梁;3,7—立柱;4—顶梁;

5,6—垂直刀架;9—工作台;10—床身

## 7.2 数控机床

数控机床是用数字化信号对设备运行及其加工过程进行控制、能自动化加工的机床。在被加工零件或加工工序变换时,它只需改变控制的指令程序就可以实现新的加工。所以,数控机床是一种灵活性很强、技术密集度及自动化程度很高的机电一体化加工设备。

### 7.2.1 数控机床概述

**1. 数控机床的加工运动**

数控机床加工是把刀具与工件的坐标运动分割成一些最小的单位量，即最小位移量，由数控系统按照零件加工程序的要求，使相应坐标移动若干个最小位移量，从而实现刀具与工件相对运动的控制，以完成零件的加工。

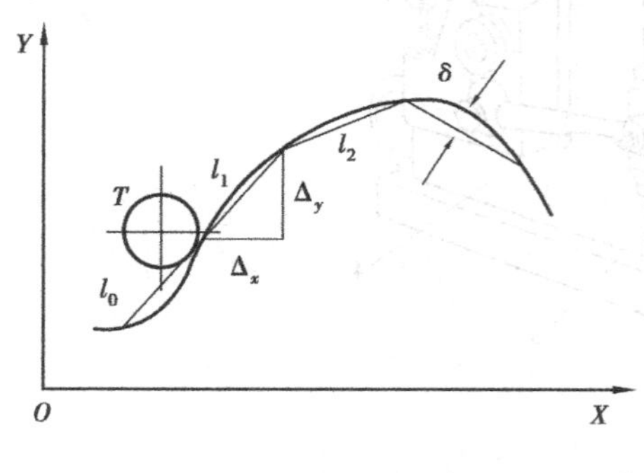


图 7.18 数控机床的组成

如图 7.18 所示，在平面上，要加工任意曲线 $L$ 的零件，要求刀具 $T$ 沿曲线轨迹运动，进行切削加工。将曲线 $L$ 分割成：$l_0, l_1, l_2, \cdots, l_i$ 等线段，用直线（或圆弧）代替（逼近）这些线段，当逼近误差 $\delta$ 相当小时，这些折线段之和就接近了曲线。由数控机床的数控装置进行计算、分配，通过两个坐标轴最小单位量的单位运动（$\Delta x$、$\Delta y$）的合成，不断连续地控制刀具运动，不偏离地走出直线（或圆弧），从而非常逼真地加工出平面曲线。它的特点是不仅对坐标的移动量进行控制，而且对各坐标的速度及它们之间的比率都要进行严格控制，以便加工出给定的轨迹。

**2. 数控机床的组成**

数控机床是由普通机床演变而来的，它的控制采用计算机数字控制方式，各个坐标方向的运动均采用单独的伺服电动机驱动，取代了普通机床中联系各坐标方向运动的复杂机械传动链。一般来说，数控机床由机床本体、数控系统、机电接口等组成，如图 7.19 所示。

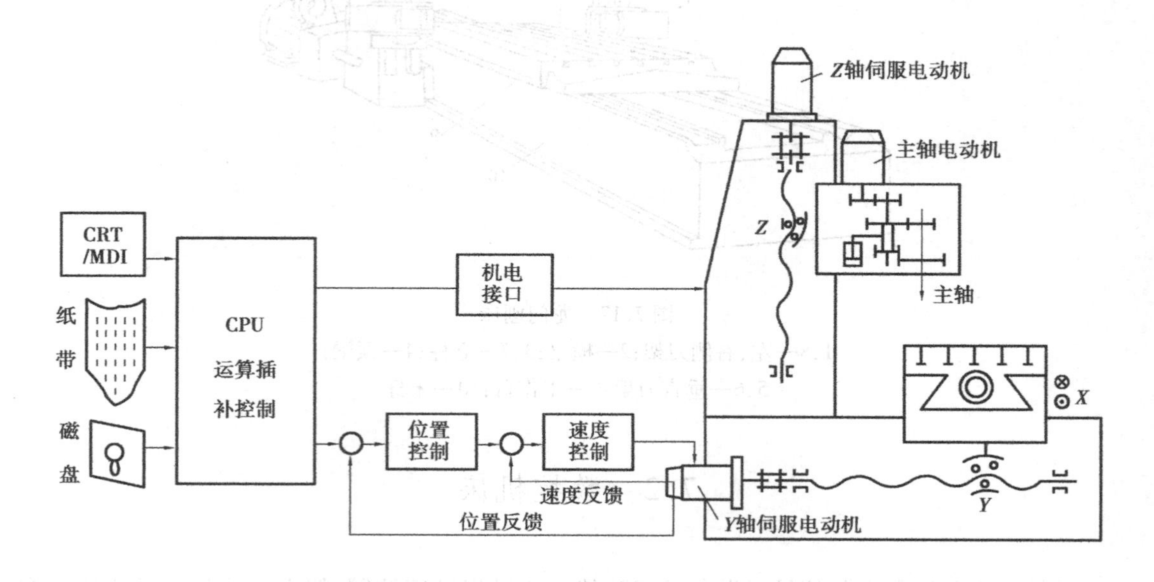


图 7.19 数控机床的组成

(1)机床本体

机床本体包括机床的主运动部件、进给运动部件、执行部件和底座、立柱、刀架、工作台等基础部件。数控机床的主运动、进给运动都由单独的电动机驱动,传动链短、结构较简单。机床的进给传动系统一般均采用精密滚珠丝杠、精密滚动导轨副、摩擦特性良好的滑动(贴塑)导轨副,以保证进给系统的灵敏和精确。在加工中心上还具备有刀库和自动交换刀具的机械手。同时还有一些良好的配套设施,如冷却、自动排屑、防护、可靠的润滑、编程机和对刀仪等,以利于充分发挥数控机床的功能。

(2)数控系统

数控系统由输入输出装置、计算机数控(CNC)装置、伺服系统、检测系统、可编程控制器(PLC)等组成。数控系统输入装置可以通过多种方式输入数控加工程序和各种参数、数据,一般配有显示器作为输出设备显示必要的信息,并能显示图形。CNC装置是数控系统的核心,用以完成加工过程中各种数据的计算,利用这些数据由伺服系统将CNC装置的微弱指令信号通过解调、转换和放大后驱动伺服电动机,实现刀架或工作台运动,完成各坐标轴的运动控制;检测系统主要用于闭环和半闭环控制,用以检测运动部件的坐标位置,进行严格的速度和位置反馈控制;PLC用来控制电器开关器件,如主轴的启动与停止、各类液压阀与气压阀的动作、换刀机构的动作、冷却液的开与关、照明控制等。

(3)机电接口

PLC完成上述开关量的逻辑顺序控制,这些逻辑开关量的动力是由强电线路提供的,而这种强电线路是不能与低压下工作的控制电路或弱电线路直接连接,必须经过机电接口电力转换成PLC可接收的信号。

**3. 数控机床的分类**

随着数控技术的发展,数控机床的品种规格繁多,分类方法不一。根据数控机床的功能和组成的不同,可以从多种角度对数控机床进行分类,通常从以下3个方面进行分类。

(1)按工艺用途分类

- 普通数控机床
  - 金属切削数控机床:数控车床、数控铣床、数控钻床、数控镗床、数控磨床、数控齿轮加工机床、数控雕刻机等
  - 金属成形数控机床:数控压力机、弯管机、折弯机、旋压机等
  - 特种加工数控机床:数控线切割机、电火花成形机、火焰切割机、点焊机、激光加工机等
- 加工中心

(2)按运动控制方式分类

①点位控制数控机床

只要求控制机床的运动部件从一点到另一点的精确定位,对其移动的运动规迹则无严格要求,在移动过程中刀具不进行切削加工。主要用在数控钻床、数控坐标镗床、数控冲床、数控点焊机、数控测量机等,如图7.20所示。

②直线控制数控机床

在点位控制基础上,除了控制点与点之间的准确定位外,还要求运动部件按指定的进给速度,沿平行于坐标轴或与坐标轴成45°的方向进行直线移动和切削加工,如图7.21所示。目前具有这种运动控制的数控机床已很少。

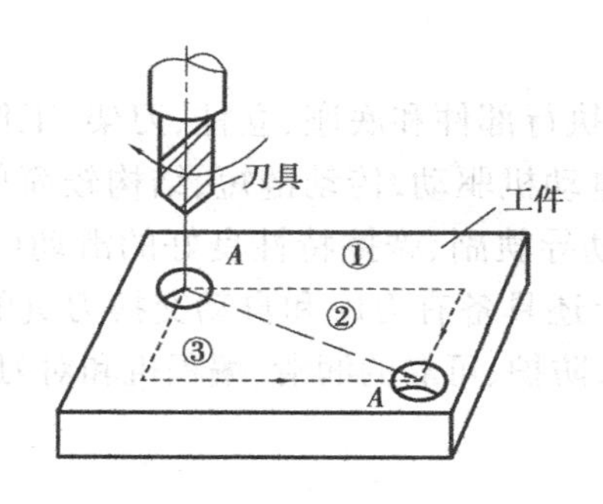


图 7.20　数控钻床加工示意图

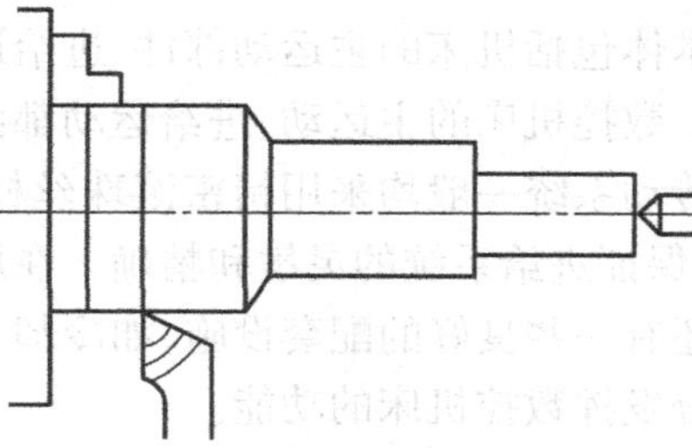

图 7.21　直线控制数控车床加工示意图

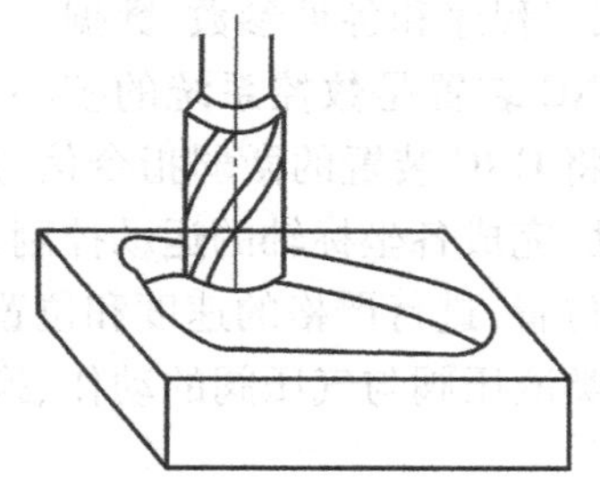

图 7.22　两坐标轮廓控制数控铣床加工示意图

③轮廓控制数控机床

轮廓控制（又称连续控制）数控机床的特点是机床的运动部件能够实现两个或两个以上的坐标轴同时进行联动控制。它不仅要求控制机床运动部件的起点与终点坐标位置，而且对整个加工过程每一点的速度和位移量也要进行严格的、不间断的控制，使刀具与工件间的相对运动符合工件加工轮廓要求。这种控制方式要求数控装置在加工过程中不断进行多坐标之间的插补运算，控制多坐标轴协调运动。这类数控机床可加工曲线和曲面，如图 7.22 所示。

（3）按伺服系统控制方式分类

①开环控制数控机床

开环控制数控机床不带位置检测装置。数控装置发出的控制指令直接通过驱动电路控制伺服驱动电机的运转，并通过机械传动系统使执行机构（刀架、工作台）运动，如图 7.23 所示。开环控制数控机床结构简单、价格便宜，控制精度较低，目前在国内多用于经济型数控机床，以及对旧机床的改造。

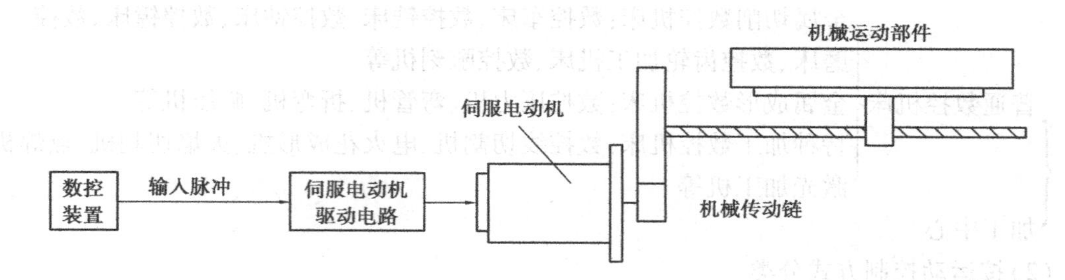


图 7.23　开环控制系统框图

②闭环控制数控机床

闭环控制数控机床带有位置检测装置，而且检测装置装在机床运动部件上，用以把坐标移动的准确位置检测出来并反馈给数控装置，将其与插补计算的指令信号相比较，根据差值控制伺服电机工作，使运动部件严格按实际需要的位移量运动，如图 7.24 所示。

从理论上讲，闭环控制系统中机床工作精度主要取决于测量装置的精度，而与机械传动系统精度无关。但是由于许多机械传动环节都包含在反馈回路内，而各种反馈环节具有丝杠与螺母、工作台与导轨的摩擦，且各部件的刚性、传动链的间隙等都是可变的，因此机床的谐振频率、爬行、运动死区等造成的运动失步,可能会引起振荡,降低了系统稳定性,调试和维修比较困难,且结构复杂、价格昂贵。

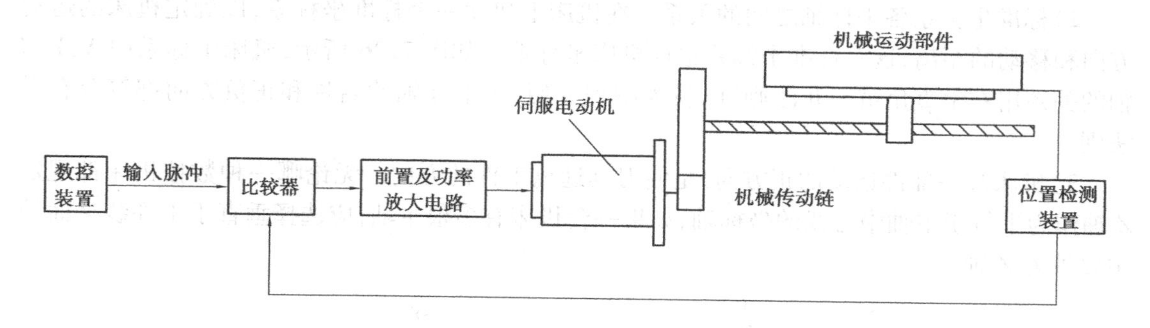


图7.24 闭环控制系统框图

③半闭环控制数控机床

半闭环控制数控机床也带有位置检测装置,与闭环控制数控机床的不同之处是检测装置装在伺服电动机或丝杠的尾部,用测量电动机或丝杠转角的方式间接检测运动部件的坐标位置,如图7.25所示。由于电动机到工作台之间的传动部件有间隙、弹性变形和热变形等因素,因而检测的数据与实际的坐标值有误差。但由于丝杠螺母副、机床运动部件等大惯量环节不包括在闭环内,因此可以获得稳定的控制特性,使系统的安装调试方便,而且半闭环系统还具有价格较便宜、结构较简单、检测元件不容易受到损害等优点,因此,半闭环控制正成为目前数控机床首选的控制方式,广泛用于加工精度要求不是很高的数控机床上。

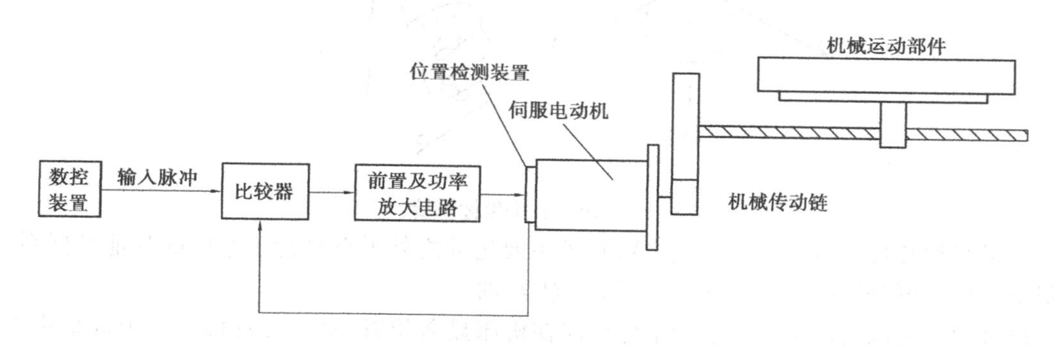


图7.25 半闭环控制系统框图

除了以上3种基本分类方法外,还有其他的分类方法,如按控制坐标数和联动坐标数分类,有两轴、两轴半、三轴、四轴、五轴联动以及三轴两联动、四轴三联动等;按控制装置类型分类,有硬件数控、计算机数控(又称软件数控);按功能水平分类,有高、中(普及型)、低档(经济型)数控等。

**4. 数控机床的坐标系**

为了准确地描述机床的运动,简化编程及保证程序的通用性,国际标准化组织(ISO)对数控机床的坐标系制订了统一的标准。参照ISO标准,中国也颁布了《数字控制机床坐标和运动方向的命名》(GB 3051—1999)的标准,规定直线运动的坐标轴用$X$,$Y$,$Z$表示,围绕$X$,$Y$,$Z$轴旋转的圆周进给坐标轴分别用$A$,$B$,$C$表示。对各坐标轴及运动方向规定的内容和原则如下:

1)刀具相对于静止工件而运动的原则。编程人员在编程时不必考虑是刀具移向工件,还是工件移向刀具,只需根据零件图样进行编程。

2)标准坐标系各坐标轴之间的关系。在机床上建立一个标准坐标系,以确定机床的运动方向和移动的距离,这个标准坐标系也称机床坐标系。如图7.26所示,机床坐标系中$X,Y,Z$轴的关系用右手直角笛卡儿法则确定;为编程方便,对坐标轴的名称和正负方向都符合右手法则。

3)机床某一部件运动的正方向,是使刀具远离工件的方向。无论哪一种数控机床都规定$Z$轴作为平行于主轴中心线的坐标轴,如果一台机床有多根主轴,应选择垂直于工件装夹面的主要轴为$Z$轴。

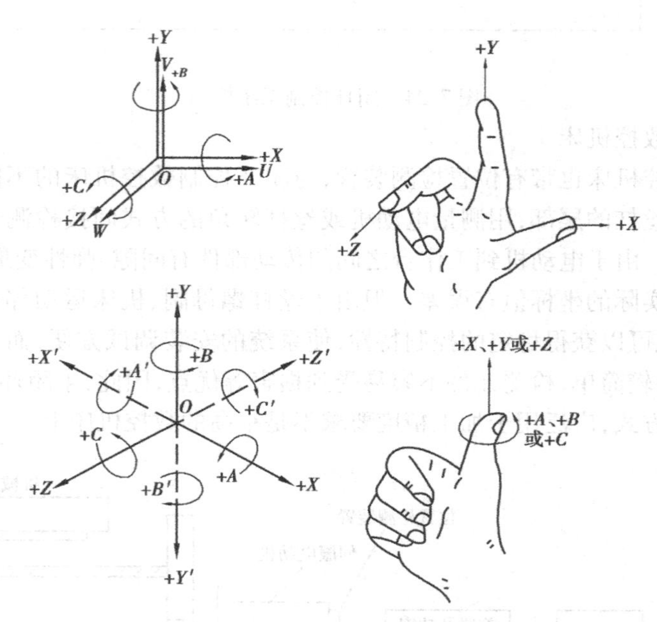


图7.26 右手坐标系统

为了编程和加工的方便,有时在$X,Y,Z$主要运动之外另有平行于它们的其他坐标系,称为附加坐标。可分别指定为$U,V,W$轴和$P,Q,R$轴。

很多数控机床会用标牌将运动坐标标注在机床显著位置,对于刀具移动的坐标轴用不加“′”的字母表示运动的正方向,对于工件移动的坐标轴用加“’”的字母表示运动的正方向。

### 7.2.2 数控机床的机械结构

早期的数控机床,包括目前部分改造的数控机床,大都是在普通机床的基础上,通过对进给系统的革新、改造而成。因此,在许多场合,普通机床的构成模式、零部件的设计计算方法仍然适用于数控机床。但现代数控机床的机械结构已经从初期对普通机床的局部改进,逐步发展形成了自己独特的结构。特别是近年来,随着电主轴、直线电动机等新技术、新产品在数控机床上的推广应用,数控机床的机械结构正在发生重大的变化;虚拟轴机床的出现和实用化,使传统的机床结构面临着更严峻的挑战。

现代数控机床与普通机床相比,在机械传动和结构上有着显著不同,并在性能方面提出更高要求,主要体现在高刚度、高精度、高速度、低摩擦等。因此,无论是机床布局、机械结构设计,还是轴承的选配,都必须十分注意它们的刚度;零部件的制造精度和精度保持性都比普通机床提高很多,基本上应按精密或高精度机床考虑;主传动和进给传动都广泛采用高性能(调速范围大)的交、直流伺服电动机驱动,机械传动系统大为简化,传动链大大缩短,这些都有助于提高机床精度;为了改善摩擦特性,提高机床灵敏度,数控机床普遍采用低摩擦传动和运动部件,如滚珠丝杠螺母副、滚动导轨、贴塑导轨等,以减少动静摩擦系数之差,避免爬行;为了防止运动死区产生,在进给系统中常采用消除间隙和预紧的措施。限于篇幅,本章主要就数控机床的主传动系统、支承件和导轨等主要的机械结构作一介绍。

**1. 数控机床主传动系统**

数控机床的主运动调速是按照控制指令自动进行的,变速机构必须适应自动无级调速要求。现代数控机床的主运动系统广泛采用交流调速电动机或直流调速电动机作为驱动元件,以实现宽范围的无级调速。

目前,数控机床主传动调速控制主要有3种配置方式,如图7.27所示。

(1)带变速齿轮的主传动(图7.27(a)所示)

在大、中型数控机床上,为了使主轴在低速时获得大扭矩和扩大恒功率调速范围,通常在使用电动机无级变速的基础上,再增加两级或三级齿轮变速机构作为补充。齿轮变速机构的结构、原理和普通机床相同。

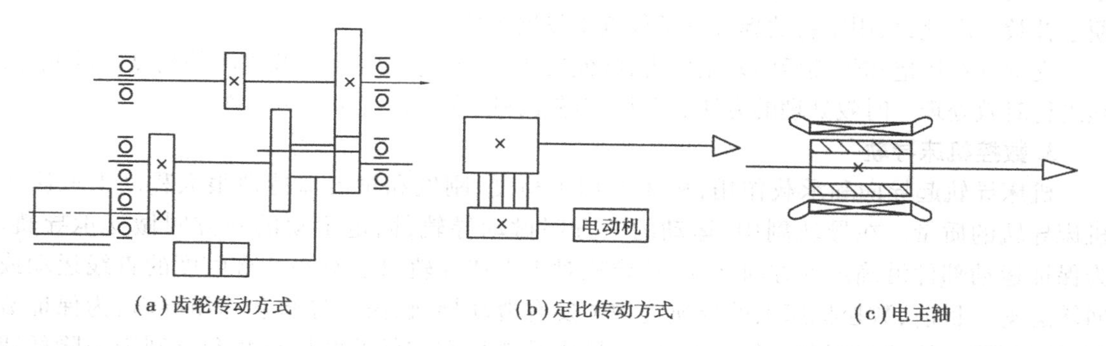


图7.27 主传动调速方式

(2)通过定比传动的主传动(图7.27(b))所示)

这种方式主要用于转速较高、变速范围不大、低速转矩要求不高的小型数控机床上。为了降低噪声与振动,通常采用三角皮带或同步皮带传动,这种方式的调速范围受电动机调速范围和输出特性的限制。主电动机和主轴直接联结的型式也属这种方式,它可以进一步简化主传动系统的结构,有效地提高主轴刚度和可靠性。但是,其主轴的输出扭矩、功率、恒功率调速范围决定于主电动机本身;另外,主电动机的发热对主轴精度有一定的影响。

(3)采用电主轴的主传动(图7.27(c))所示)

在高速加工机床上,大多数使用将电动机转子和主轴装为一体的电主轴。其优点是主轴部件结构紧凑,省去了电动机和主轴间的传动件,系统惯量小,可提高启停响应特性,且有利于控制振动和噪声,从而可以使主轴达到数万转、甚至十几万转的高速。其缺点主要是电动机发热对主轴的影响较大,因此,温度控制和冷却是电主轴的关键问题。

2. **数控机床支承件**

支承件是数控机床的基础构件,包括:床身、立柱、横梁、底座、工作台、刀架、箱体等。支承件结构设计的关键是提高结构刚度、结构阻尼,并具有较好的热变形特性和较高的刚度-重量比。

(1)支承件截面形状

为提高结构刚度,应合理设计支承件的截面形状与尺寸,合理布置隔板和加强筋。支承件主要承受弯曲和扭转载荷,支承件的抗弯和抗扭刚度除与截面积大小有关外,还与截面形状有关,即与截面惯性矩有关。支承件截面形状选择的基本原则如下:

①空心截面的惯性矩比实心的大。在截面积相同的条件下,采用空心截面、加大轮廓尺寸、减小壁厚,可大大提高刚度。

②圆形截面的抗弯刚度低于方形截面,而抗扭刚度则高于方形截面。

③不封闭的截面比封闭的截面刚度显著下降,尤其是抗扭刚度。

(2)支承件材料及时效处理

支承件的材料主要为铸铁和钢。铸铁因其铸造性能好、抗震性较强、耐磨性好、工艺简单、价格便宜,在数控机床支承件中应用较多。但由于钢材的强度比铸铁高,弹性模量为铸铁的1.5~2倍,用钢材焊接的支承件,其质量可减轻20%~50%;焊接件不需要制造木模和浇注,生产周期短且不易出废品;钢材焊接可采用完全封闭的箱型结构;如发现结构有缺陷,焊接件便于补救。因此,采用钢材的焊接支承件近来发展迅速。

支承件在铸造和焊接后的残余应力,将使支承件产生蠕变,会减低机床的精度。因此,必须进行时效处理。时效处理的方法有3种:自然时效、人工时效和振动时效。

3. **数控机床导轨**

机床导轨起导向和承载作用,机床的加工精度、刚度和精度保持性很大程度上取决于机床导轨的质量。在导轨副中,运动的一方叫做动导轨,固定不动的一方叫做支承导轨。为保证运动部件沿确定的方向运动,动导轨对于支持导轨只能有一个自由度的直线运动或回转运动。目前,数控机床上的导轨类型主要有滑动导轨、滚动导轨和静压导轨,为保证数控机床伺服进给的精度和定位精度,数控机床导轨具有较低的摩擦系数和有利于消除低速爬行的摩擦特性。

(1)滑动导轨

①导轨材料

在现代数控机床上,传统的铸铁-铸铁、铸铁-镶钢导轨已不常用,而广泛采用铸铁-塑料、镶钢-塑料的贴塑滑动导轨。贴塑导轨副是在短的动导轨摩擦表面上贴上一层由塑料和其他材料组成的导轨软带,而长的支持导轨为表面淬火的铸铁或镶装的钢导轨块。贴塑导轨的优点是:摩擦系数低,动、静摩擦系数接近,不易产生低速爬行现象;塑料的阻尼性能好,具有吸振能力,有利于减少振动和降低噪声;耐磨性高,具有自润滑能力,同时,由于质地较软,当有硬粒落入导轨面时可挤入塑料内,避免导轨的磨粒磨损和撕伤导轨;化学稳定性好,耐水、耐油;可加工性好,工艺简单、成本低。

②滑动导轨截面形状

滑动导轨的截面基本形状有:三角形、矩形、燕尾形和圆形,如图7.28所示,在实际应用中,它们可相互组合。一对导轨副一凸一凹,支承导轨为凸形不易积存较大的切屑,但也不易存留润滑油,可用于不易防护、速度较低的进给运动导轨。支承导轨为凹形则易存留润滑油,可用于速度较高的进给运动导轨和主运动导轨,但必须注意防护,以免落入切屑和灰尘。

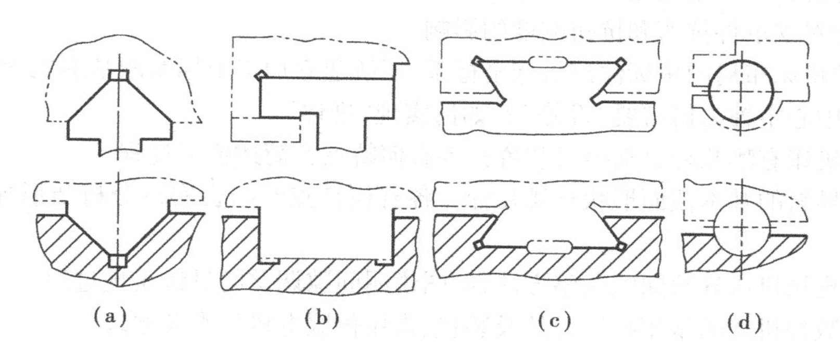


图7.28　滑动导轨截面形状

③导轨间隙调整

滑动导轨结合面之间均存在间隙。间隙过小,将增加运动阻力,加剧导轨磨损;间隙过大,导向精度会降低,甚至产生振动。因此,除在装配时应仔细调整导轨间隙之外,使用一段时间后因磨损还需重新调整。调整导轨间隙常用镶条和压板。压板用于调整辅助导轨面的间隙和承受颠覆力矩。镶条用于调整矩形和燕尾形导轨的侧面间隙,以保证导轨面的正常接触。常用的有平镶条和楔形镶条(斜镶条)两种。

(2)滚动导轨

在相配的导轨面之间放置滚珠、滚珠或滚针等滚动体,使导轨面间的摩擦性质为滚动摩擦而不是滑动摩擦,这种导轨称为滚动导轨。数控机床常用的直线滚动导轨由一根导轨条和一个或多个滑块组成,滑块内装有滚珠,如图7.29所示。导轨条作为支承导轨,使用时安装在床身、立柱等支承件上;滑块装在工作台、滑座等移动件上,沿导轨条作直线移动。当滑块相对导轨条运动时,滚珠在各自滚道内循环滚动,其承受载荷形式与滚动轴承类似。

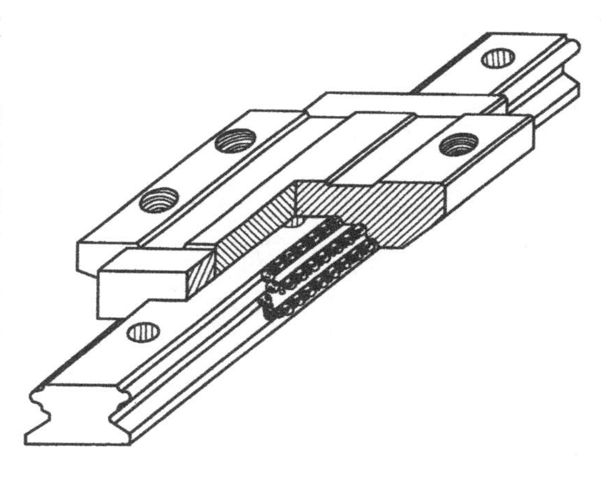

图7.29　直线滚动导轨

## 思考题

1. 熟悉机床名称、型号,画出现场各类通用机床的布局图,分析其布局特点。
2. 分析现场各类通用机床的工艺应用范围,在机床布局图上标注机床主要运动。
3. 能加工外圆表面、孔、平面、沟槽的机床各有哪些?它们的应用范围有何区别?
4. 分析卧式车床进给传动系统中既有光杠又有丝杠来实现刀架直线运动的原因。
5. 分析卧式镗床、摇臂钻床主轴结构特点及主运动末端传动机构的形式。

6. 说明龙门刨各刀架的用途及立柱中两根丝杠的作用。

7. 图示数控机床组成部分,说明各部分功能及作用。

8. 支承件的主要功用是什么?结合部分机床支承件结构形状,进行受力分析,说明各种截面形状的设计对支承件抗弯和抗扭刚度的影响。

9. 在数控机床布局图中标注出机床坐标系,了解建立加工坐标系的基本概念及方法。

10. 加工中心主轴为何需要“准停”?如何实现“准停”?

11. 数控机床有哪几种自动换刀装置?各有何特点?简述换刀过程。

12. 滑动导轨的基本截面形状有哪几种?各有何特点?结合实例分析凸形导轨和凹形导轨的特点。

13. 结合现场机床导轨间隙调整方法,画图说明间隙调整的具体实现过程。

14. 了解数控机床的常用检测元件及装置、常用伺服电机种类及原理。

# 附　录

## 附录1　东风汽车有限公司商用车公司发动机厂简介

东风汽车公司商用车公司发动机厂位于湖北省十堰市。企业始建于1969年,1971年建成投产。目前,是国内唯一一家同时生产汽、柴、天然气发动机的制造厂,建厂至今累计生产发动机近300万台。

发动机厂主要生产缸体、缸盖、曲轴、凸轮轴、连杆五大件及发动机总成。最初主要生产5.4 L的EQ6100汽油机和6 L的EQ6105汽油机,1981年开始生产5.6 L的EQD6102柴油机,1997年7月建成2 L EQ491发动机生产线,2003年3月开始生产D系列柴油机(俗称大马力发动机,排量达11 L)。现在发动机厂拥有EQ6100、EQ6105、EQ491汽油机和EQD6102T、东风D系列柴油发动机5大系列20多个基本品种。产品覆盖2~11 L,功率70~330 kW,产品可达到欧Ⅲ、欧Ⅳ排放标准。由过去单为中卡配套,发展到为客车、中巴、皮卡等配套;从车用发展到为船舶、发电机、工程机械等配套;不仅生产总成,而且还为康明斯等公司生产OEM零件。东风公司发动机不仅为东风卡车的畅销作出了贡献,而且成为东南汽车、常州客车、双环集团、扬州亚星、厦门金龙等30多家整车厂的主选动力。成为一家汽、柴并举,能为中、轻配套的发动机生产企业,具有年产20万台发动机的生产能力,是我国最大的专业发动机制造厂之一。

发动机厂现有工程技术人员200余人,其中高级工程师22人,享受政府津贴专家4人,青年专家、学科带头人等20人,中高级管理人才100多人。

发动机厂拥有精良适用的各种装备,具有较先进的生产工艺,较全面的检测手段,智能化的生产流程;机械加工主要以CNC数控设备组成的多品种混流敏捷柔性生产线为主(引进的雷诺公司的Dci11发动机主要零件的生产线几乎全由加工中心构成);装配线零件采用二维码追溯。具有高精度、高效率、数字化的质量检测设备(共有计量检测设备300多台/套)和防错技术,试验台架模拟整车的运行工况进行发动机出厂试验,并对发动机EECU进行在线标定(EOL),确保出厂的发动机质量稳定。

结合自身企业特点将日产管理方式用活，取得较好的成效。工厂先后通过ISO 9001质量管理体系认证、ISO 14001国际环境体系认证、GB/T 24001—2004环境管理体系认证和GB/T 28001—2001职业健康安全管理体系认证等。

面对国际化的竞争，发动机厂积极融入东风国际合作战略之中，持续改进，开拓创新，为东风打造中国商用车第一品牌提供不竭动力。

# 附录2 东风汽车有限公司商用车公司发动机厂平面简图

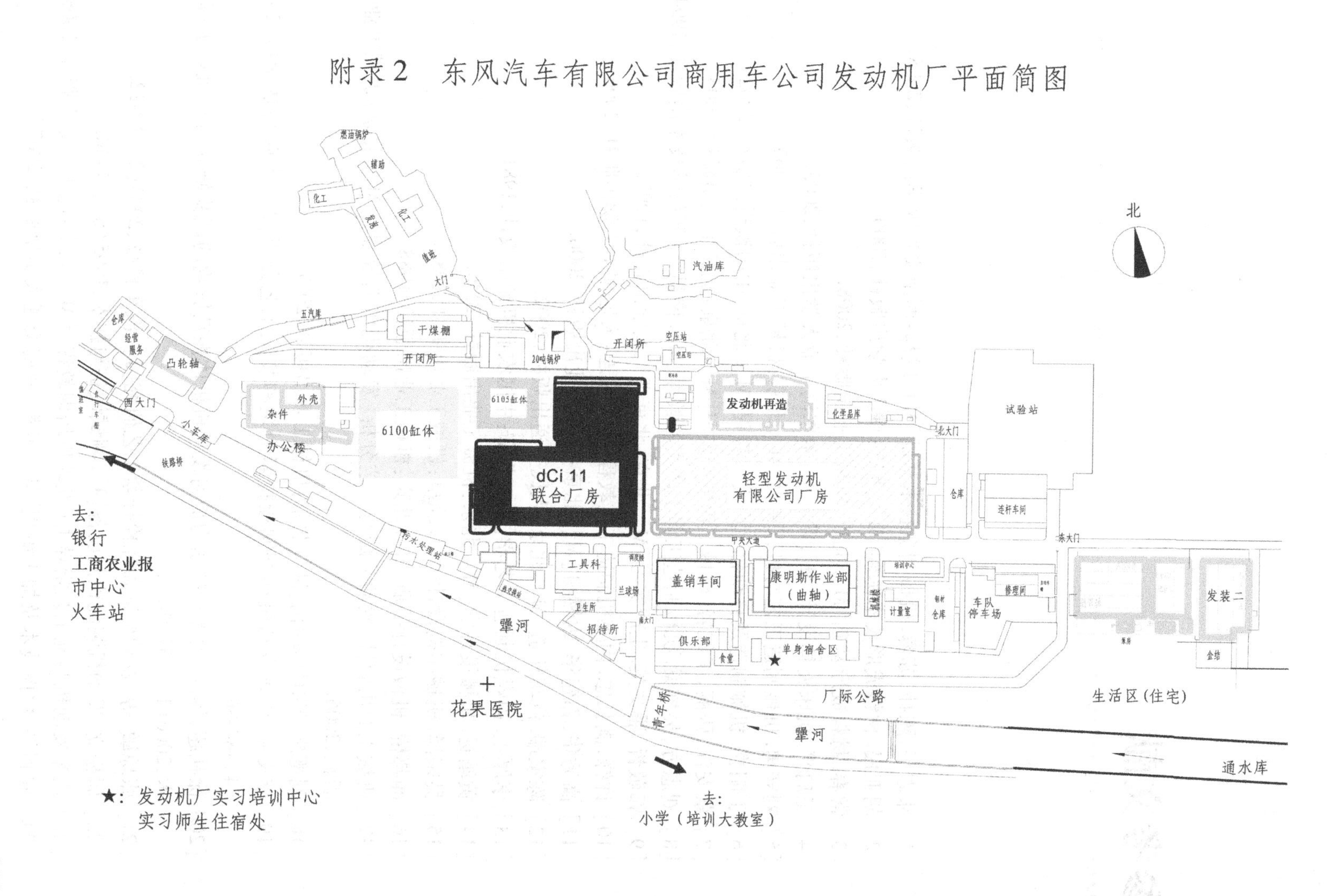

# 参考文献

[1] 邓志平,陈朴,苏蓉.机械制造技术基础[M].成都:西南交通大学出版社,2008.
[2] 胡亚民.材料成形技术基础[M].重庆:重庆大学出版社,2000.
[3] 常春.材料成形基础[M].北京:机械工业出版社,2008.
[4] 王启平.机床夹具设计[M].哈尔滨:哈尔滨工业大学出版社,2005.
[5] 刘守勇.机械制造工艺与机床夹具[M].北京:机械工业出版社,2000.
[6] 丁阳喜.机械制造及自动化生产实习教程[M].北京:中国铁道出版社,2002.
[7] 蔡安江,张丽,王红岩.机械工程生产实习[M].北京:机械工业出版社,2005.
[8] 刘志方,吴栋梁.机械制造工程生产实习教程[M].南昌:江西科学技术出版社,1994.
[9] 郭敬哲,潘文英.生产实习[M].北京:北京理工大学出版社,1993.
[10] 许锋,满长忠.内燃机制造工艺教程[M].大连:大连理工大学出版社,2006.
[11] 高秀华,郭建华.内燃机[M].北京:化学工业出版社,2006.
[12] 陈家瑞.汽车构造[M].北京:人民交通出版社,2002.
[13] 李厚生.内燃机制造工艺学[M].北京:中国农业机械出版社,1981.
[14] 黄靖远.机械设计学[M].北京:机械工业出版社,2006.
[15] 吴宗泽.机械结构设计[M].北京:机械工业出版社,1988.
[16] 闻邦椿.机械设计手册[M].北京:机械工业出版社,1988.
[17] 机械工业出版社.发动装配与工艺分析(发动机培训教程)[M].北京:机械工业出版社,2006.
[18] 刘德忠.装配自动化[M].北京:机械工业出版社,2007.
[19] 李文武.汽车发动机连杆螺栓拧紧力矩和装配工艺分析[J].山西科技学报,2004(4):84-86.
[20] 徐礼超,等.缸盖螺栓拧紧力矩对发动机机体振动影响的试验研究[J].机电工程技术,2006(10):37-39.
[21] 张琼敏,等.发动机缸盖螺栓拧紧工艺研究[J].汽车科技,2003(2):19-22.
[22] 唐松立.发动机装配检测设备[J].测试设备与技术,1995(6):37-40.
[23] 汽车发动机装配工艺指导书(发动机培训教程)[M].北京:电子工业出版社,2006.
[24] 周利平.数控技术及加工编程[M].成都:西南交通大学出版社,2007.

[25] 闫巧枝,李钦唐.金属切削机床与数控机床[M].北京:北京理工大学出版社,2007.
[26] 杨伟群.数控工艺培训教程[M].北京:清华大学出版社,2006.
[27] 戴曙.金属切削机床[M].北京:机械工业出版社,2009.
[28] 罗中先,周利平,程应端.金属切削机床[M].重庆:重庆大学出版社,1997.
[29] 刘洪军.汽缸盖机械加工工艺技术关键分析[J].科技咨询导报,2007:124.
[30] 王抒扬.发动机缸盖的机加工工艺及加工难点[J].汽车工程师,2009(8):37-40.
[31] 梁明柱,程铁仕.汽缸盖机械加工工艺设计综述[J].山东内燃机,2004(1):23-28.
[32] 邓玉明.浅谈汽缸盖机械加工工艺[J].中国新技术新产品,2008(16):94.
[33] 李庆友.机体、缸盖的加工方法和设备[J].柴油机设计与制造,2003(01):39-50.
[34] 张核军.凸轮轴制造工艺综述[J].柴油机设计与制造,2006,14(3):11-15.
[35] 钱人一.凸轮轴制造工艺综述[J].设计研究,2005(03):26-30.
[36] 沈大兹,周明.汽缸体缸孔的加工[J].轻型汽车技术,1997(1).
[37] 董晓东.缸体加工技术报告:东风汽车有限公司商用车公司发动机厂[R].十堰,2009.
[38] 王玮珏.曲轴加工技术报告:东风汽车有限公司商用车公司发动机厂[R].十堰,2009.
[39] 童建兵.数控设备技术报告:东风汽车有限公司商用车公司发动机厂[R].十堰,2009.
[40] 张明华.发动机装配工艺研究技术报告:重庆力帆汽车发动机有限公司[R].重庆,2008.